"十四五"时期国家重点出版物出版专项规划项目
先进制造理论研究与工程技术系列

粮油装备成形工艺基础

Fundamental of Forming Process for Grain & Oil Equipment

徐 琴 主编

哈爾濱工業大學出版社
HARBIN INSTITUTE OF TECHNOLOGY PRESS

内 容 简 介

本书主要介绍粮油加工装备中的成形工艺，共分6章。第1章介绍铸造成形的理论基础、成形方法及工艺和结构设计；第2章介绍金属的压力加工成形理论基础、金属的热锻成形、板料冲压及特种压力加工技术；第3章介绍焊接成形理论基础、焊接方法与工艺、金属材料的焊接性和胶接成形工艺；第4章介绍工程塑料、橡胶制品、陶瓷材料及复合材料等非金属材料的成形；第5章介绍粉末冶金成形和3D打印技术；第6章介绍材料成形方法的选择原则、常用成形件的成形特点及机械零件的成形方法。

本书可作为高等学校机械类、近机械类专业的教材，也可作为相关专业研究生、科研人员和工程技术人员的参考书，还可供粮油装备加工制造企业工程技术人员参考。

图书在版编目(CIP)数据

粮油装备成形工艺基础/徐琴主编. —哈尔滨：哈尔滨工业大学出版社，2025.5. —(先进制造理论研究与工程技术系列). —ISBN 978-7-5767-1848-5

Ⅰ. TS210.3；TS224.2

中国国家版本馆CIP数据核字第2024E45Y53号

策划编辑　许雅莹
责任编辑　宋晓翠　孙　晶
封面设计　刘　乐
出版发行　哈尔滨工业大学出版社
社　　址　哈尔滨市南岗区复华四道街10号　邮编150006
传　　真　0451-86414749
网　　址　http://hitpress.hit.edu.cn
印　　刷　哈尔滨博奇印刷有限公司
开　　本　787 mm×1 092 mm　1/16　印张15.25　字数362千字
版　　次　2025年5月第1版　2025年5月第1次印刷
书　　号　ISBN 978-7-5767-1848-5
定　　价　48.00元

前　言

我国是拥有14亿多人口的大国，保障粮食安全尤为重要，中国人的饭碗要牢牢端在自己的手上。党的十八大以来，以习近平同志为核心的党中央高度重视国家粮食安全，始终把解决好十几亿人口的吃饭问题作为治国理政的头等大事。我国是粮食生产大国和消费大国，也是储存粮食、运输粮食和加工粮食最多的国家。庞大的粮食加工量为粮食加工企业提供了发展空间。随着我国粮油加工业的不断发展，新型粮油加工装备不断涌现，产品种类繁多。

河南工业大学被誉为我国粮食行业的“黄埔军校”，为了突显该校的办学特色，使机械类专业的学生更加深刻地理解和认识粮油加工装备中的成形工艺加工方法，本教材系统阐述在粮油装备制造过程中所涉及的铸造、塑性加工、焊接及其他成形加工方法的基本原理、成形工艺、设计原则、生产装备等，并引入相关工程应用案例及相关工艺方法的最新进展，为学生后续学习粮油加工装备课程奠定基础。

本书在编写过程中，力求理论和实践、工艺与生产相结合，突出基本理论、基本概念，强化成形工艺和生产实际，注重新知识、新技术、新工艺的引入，列举了许多和实际生产中相关的应用实例，选用了最新的国家标准，包括名词术语、符号、单位等，内容充实，结构合理，体系完整。通过本书的学习，学生可掌握粮油加工装备中成形方法的基本原理和方法，了解和掌握粮油加工装备中材料成形的基本生产工艺过程。

本书由河南工业大学徐琴主编，其团队的硕士研究生马肖航、郭成源、毛森、苏豫明等参加了资料搜集和整理工作，在此对他们的工作深表感谢。

由于编者水平有限，书中难免有疏漏、不当之处，恳请广大读者给予批评指正。

编　者

2024年11月

目　　录

第1章

粮油装备中的铸造成形

1.1 铸造成形基础

铸造是金属材料液态成形的一种重要工艺方法，即将液态金属浇注到与零件形状、尺寸相适应的铸型型腔中，待其冷却凝固后，获得一定形状的毛坯或零件的方法。铸造是生产机器零件、毛坯的主要方法之一，在粮油装备的制造中占有重要地位。

铸造在机械制造中占有很重要的地位，应用极其广泛，各种类型的现代机器设备中铸件所占的比重很大。例如，以质量计算，铸件在机床、内燃机、重型机械中占70%～90%，在风机、压缩机中占60%～80%，在拖拉机中占50%～70%，在农业机械中占40%～70%，在汽车中占20%～30%。铸造之所以能够得到广泛应用，是因为它具有以下优点：

①能够制造形状复杂，特别是具有复杂内腔的毛坯或零件，如各类箱体、阀体、缸体等，还有机床的床身、机械设备中的底座和支座等。

②铸造的工艺灵活性大、适应性广，铸件的大小几乎不受限制，质量可从几克到几百吨。

③铸造金属可以是钢、铁和非铁合金，原材料来源广泛且价格低廉，铸造一般不需要昂贵的设备，铸件成本低。

④采用特种铸造方法生产的铸件，部分可直接成为零件，能节省金属材料使用量，提高生产效率。

铸造也存在以下不足：

①铸造组织疏松、晶粒粗大，内部易产生缩孔、缩松、气孔等缺陷，铸件的力学性能差。

②铸造的工序繁多，影响铸件质量的因素复杂，铸件质量不够稳定，废品率较高。

③铸造的劳动条件相对较差,劳动强度比较大。

随着铸造技术的发展,铸造的不足之处正在不断得到克服和改进。现代技术的发展推动了铸造的机械化、自动化和信息化,各种铸造新工艺、新技术和新材料的出现,形成了优质、高效、低能耗的铸造态势,使得铸造成品率和铸件质量大为提高,工人的劳动强度减小,劳动条件也大为改善。铸造正朝着专业化、智能化、精密化方向发展。

1.1.1 金属的凝固

1. 金属的凝固方式

金属由液态转化为固态的过程称为凝固,这个过程又称结晶。金属的结晶包括形核和长大两个基本过程。

铸造合金在一定温度范围内结晶凝固,在铸件的凝固过程中,其断面一般存在 3 个区域,即固相区、液-固共存区和液相区(图 1.1(a)),其中液-固共存区对铸件质量的影响最大,通常根据液-固共存区的宽窄将铸件的凝固方式分为逐层凝固、中间凝固和糊状凝固 3 种。

(1)逐层凝固。

纯金属或共晶成分合金(图 1.1(a)中的合金 A)在凝固过程中因不存在液体、固体并存的凝固区(图 1.1(b)),故断面上表层的固体和内层的液体由一个界面(凝固前沿)清楚地分开。随着温度的下降,固体层不断加厚、液体层不断变薄,直达铸件的中心,这种凝固方式称为逐层凝固。

(2)中间凝固。

大多数合金(图 1.1(a)中的合金 B)的凝固介于逐层凝固和糊状凝固之间(图 1.1(c)),称为中间凝固。

(3)糊状凝固。

如果合金的结晶温度范围很宽(图 1.1(a)中的合金 C),且铸件的温度分布较为平坦,则在凝固的某段时间内,铸件表面并不存在固体层,而液体、固体并存的凝固区贯穿整个断面(图 1.1(d))。由于这种凝固方式与水泥类似,即先呈糊状而后固化,故称糊状凝固。

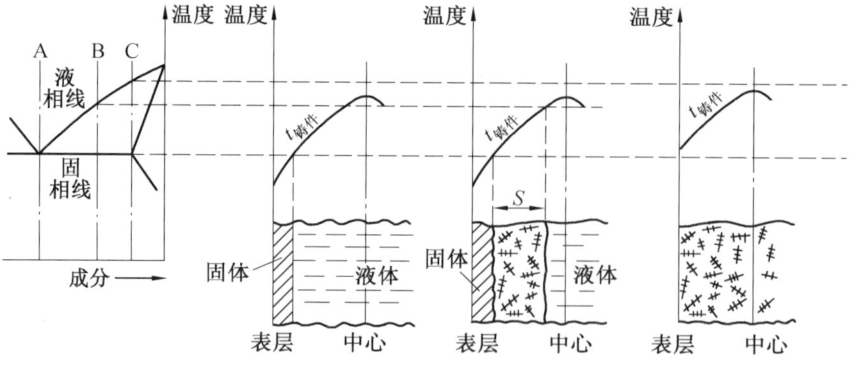

(a) 合金状态图 (b) 逐层凝固 (c) 中间凝固 (d) 糊状凝固

图 1.1 铸件的凝固方式

2. 影响凝固方式的因素

铸件的凝固方式决定了铸件的组织结构特征，是影响铸件质量的内在因素。影响凝固方式的主要因素有合金的结晶温度范围和铸件的温度梯度。

(1)合金的结晶温度范围。

如前所述，合金的结晶温度范围愈小，凝固区域愈窄，愈倾向于逐层凝固；而合金的结晶温度范围愈大，凝固区域愈宽，愈倾向于糊状凝固。如砂型铸造时，低碳钢为逐层凝固，高碳钢结晶温度范围较宽，为糊状凝固。

(2)铸件的温度梯度。

在合金的结晶温度范围确定的前提下，凝固区域的宽窄取决于铸件内外层间的温度梯度(图1.2)。若铸件的温度梯度由小变大，则其对应的凝固区由宽变窄。铸件的温度梯度主要取决于以下3个因素：

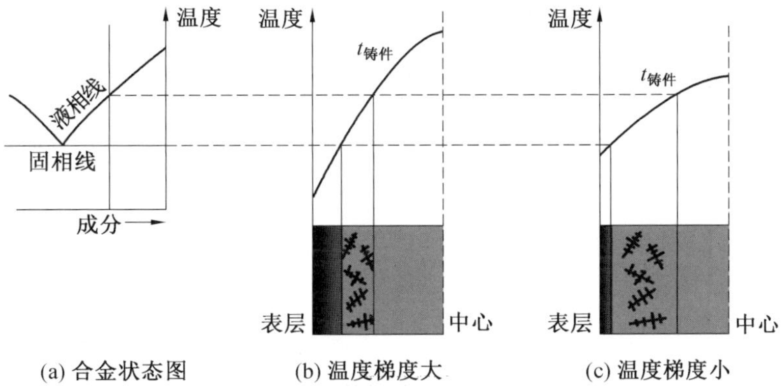

图1.2 温度梯度对凝固区域的影响

① 合金的性质。合金的凝固温度越低、热导率越高、结晶潜热越大，则铸件内部温度均匀化能力越大，而铸型的激冷作用变小，故温度梯度小(如多数铝合金)。

② 铸型的蓄热能力。铸型的蓄热能力愈强，激冷作用变大，铸件温度梯度愈大。

③ 浇注温度。浇注温度愈高，因带入铸型中热量增多，铸件的温度梯度减小。

因此，具有逐层凝固倾向的合金(如灰铸铁、铝硅合金等)易于铸造，应尽量选用。当必须采用有糊状凝固倾向的合金(如锡青铜、铝铜合金、球墨铸铁等)时，应考虑采用适当的工艺措施，例如选用金属型铸造等，以减小其凝固区域。

1.1.2 合金的充型能力

液态金属填充铸型的过程，即为充型。液态合金充满铸型型腔，获得形状完整、轮廓清晰铸件的能力，即为合金的充型能力。在液态金属的充型过程中，常伴随着结晶现象，若其充型能力强，则有利于获得形状完整、尺寸准确、轮廓清晰、壁薄和形状复杂的铸件；若其充型能力不足，在型腔被充满前形成的晶粒将堵塞充型的通道，迫使液态金属停止流动，铸件将产生浇不足和冷隔等铸造缺陷，严重影响铸件质量，甚至成为废品。所谓浇不足是一种由于液态金属充型能力不足，所得铸件形状不完整的缺陷。铸件看似完整，实际上有未完全融合的接缝的缺陷就是冷隔。影响合金充型能力的重要因素有合金的流动性、浇注条件、铸型性质、铸件结构等。

1．合金的流动性

液态金属本身的流动能力称为合金的流动性。流动性能够显著影响铸造合金的充型能力，是液态金属固有的属性。因此，影响液态金属流动性的合金成分、温度、杂质含量及其物理性质等因素也会对其充型能力有明显的影响。流动性好的液态金属，其充型能力强，易于获得形状准确、轮廓清晰的铸件，可避免产生铸造缺陷。在实际生产中，合金的流动性用浇注流动性试样的方法来衡量。流动性试样的种类很多，如螺旋形、球形、真空流动性试样等，应用最多的是螺旋形流动性试样（图 1.3）。

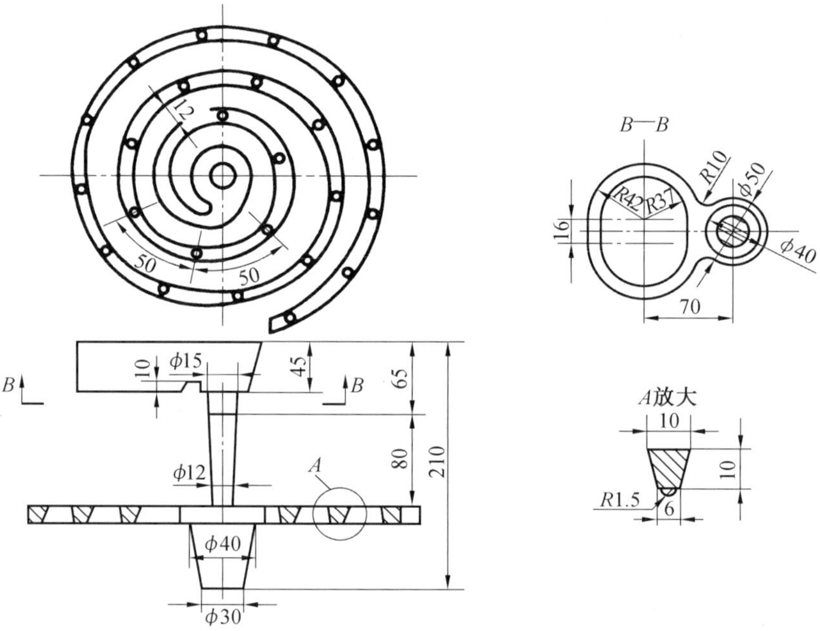

图 1.3　螺旋形流动性试样

影响流动性的因素很多，但以化学成分的影响最为显著。纯金属及共晶成分合金的结晶是在恒温下进行的，结晶过程从表面开始向中心逐层凝固。凝固层的内表面较为光滑，对尚未凝固的液态金属流动阻力小，液态金属的流动距离长，有利于液态金属充填型腔。此外，在相同浇注温度下，共晶成分的合金凝固温度最低，相对来说，液态金属的过热度（即浇注温度与合金熔点的温度差）大，推迟了液态金属的凝固，液态金属存在的时间较长。因此，纯金属及共晶成分合金的流动性最好。

非共晶成分合金的结晶是在一定温度范围内进行的，即结晶区域为一个液相和固相并存的两相区。在此区域初生的树枝状晶体使凝固层内表面参差不齐，阻碍液态金属的流动。而且由于固态晶体的热导率大，使液体冷却速度加快，故流动性差。合金的结晶间隔越宽，液相线和固相线距离越大，树枝状晶体就越多，这样流动阻力就越大，其流动性越差。

铁碳合金的流动性与含碳量的关系如图 1.4 所示。由图 1.4 可见，共晶成分合金的流动性最好，铸铁的流动性比铸钢好。亚共晶铸铁随含碳量的增加，结晶温度范围减小，流动性提高。铸铁中的硅(Si)和磷(P)可提高铁液的流动性,而硫(S)则使铁液的流动性降低。

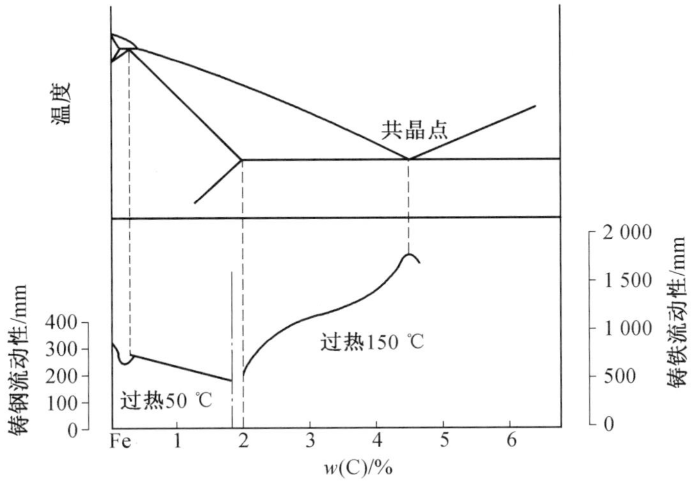

图 1.4　铁碳合金的流动性与含碳量的关系

2. 浇注条件

浇注条件对液态金属充型能力的影响主要包括浇注温度、充型压力和浇注系统的结构等。

(1)浇注温度。

浇注温度对液态金属的充型能力有决定性影响。一般情况下,浇注温度越高,液态金属所含的热量越多,黏度越小,在相同的冷却条件下,合金在铸型中保持流动的时间越长,充型能力越强。但是,浇注温度过高会使液态金属的吸气量和总收缩量增大,氧化也更严重,铸件容易产生缩孔、缩松、气孔、黏砂、粗晶等缺陷。因此,在保证充型能力足够的前提下,浇注温度不宜过高,在实际生产中掌握的原则是“高温出炉,低温浇注”。

(2)充型压力。

液态金属在流动方向上所受的压力(充型压力)越大,充型能力就越好。砂型铸造时,充型压力是由直浇道所产生的静压力取得的,适当提高直浇道的高度,可提高充型能力,但过高的充型压力会使铸件产生砂眼、气孔等缺陷。在压力铸造、低压铸造和离心铸造时,液态金属是在外力作用下充满铸型型腔的,所以充型能力较强。

(3)浇注系统的结构。

浇注系统的结构越复杂,则对液态金属的流动阻力越大,充型能力越差。

3. 铸型性质

(1)铸型的蓄热能力。

铸型的蓄热能力是指铸型从液态金属中吸收并储存热量的能力。铸型材料的热容和热导率越大,对液态金属的冷却作用越强,液态金属在型腔中保持流动的时间越短,液态金属的充型能力越弱。

(2)铸型温度。

铸型温度越高,则液态金属与铸型的温差越小,液态金属的冷却速度越低,充型能力越强。

(3)铸型中的气体。

浇注时因液态金属在型腔中的热作用而产生大量气体。如果铸型的排气能力差,则型腔中气体的压力增大,阻碍液态金属的充型。铸造时,除应尽量减少气体的来源外,应增加铸型的透气性,并开设出气口,使型腔及型砂中的气体顺利排出。

4. 铸件结构

衡量铸件结构特点的因素主要是折算厚度和复杂程度,它们对液态金属的充型能力也有较大影响。

(1)折算厚度。

折算厚度也称为当量厚度或模数,为铸件体积与铸件表面积之比。铸件的折算厚度越大,热量散失越慢,充型能力就越好。铸件壁厚相同时,垂直壁比水平壁更容易充填。

(2)复杂程度。

铸件结构越复杂,液态金属的流动阻力就越大,充填铸型就越困难,液态金属的充型能力就越差。

1.1.3 合金的收缩性

1. 收缩的概念

铸造合金从液态冷却至室温的过程中,其体积或尺寸缩小的现象称为收缩。收缩是铸造合金本身的物理性质,影响铸件几何形状、尺寸、致密性,甚至是造成某些缺陷的重要原因。

任何一种液态金属浇入铸型后,从浇注温度冷却到室温都要经历 3 个相互联系的收缩阶段(图 1.5)。

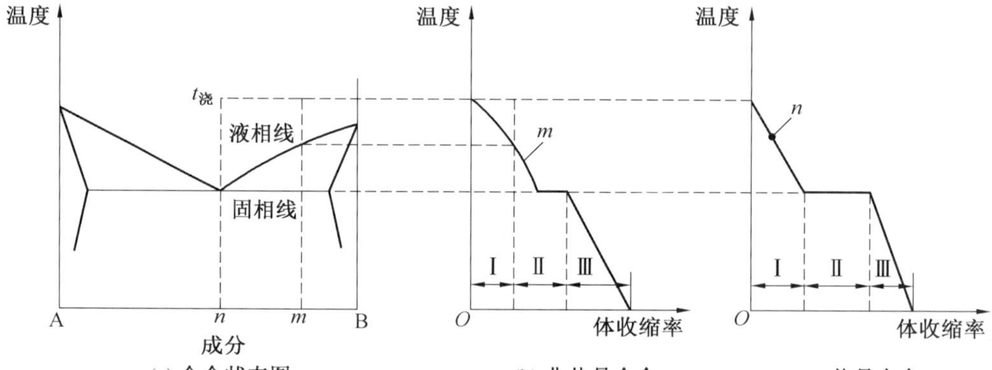

图 1.5 铸造合金收缩过程示意图

Ⅰ—液态收缩;Ⅱ—凝固收缩;Ⅲ—固态收缩

(1)液态收缩。

从浇注温度冷却到凝固开始温度(液相线温度)间的收缩,称为液态收缩(Ⅰ)。液态收缩过程中合金处于液态,因而液态收缩会引起型腔内液面的下降。

(2)凝固收缩。

从凝固开始温度冷却到凝固终止温度(固相线温度)间的收缩,称为凝固收缩(Ⅱ)。合金的凝固收缩与合金的结晶温度范围及状态有关。

(3)固态收缩。

从凝固终止温度冷却到室温的收缩,称为固态收缩(Ⅲ)。固态收缩对铸件的尺寸精度影响较大。

2. 合金的收缩率

合金的收缩量常用体收缩率或线收缩率来表示。合金从液态到常温的体积改变量称为体收缩。合金在固态由高温到常温的线尺寸改变量称为线收缩,分别以单位体积和单位长度的变化量来表示,其中体收缩率的计算公式为

$$\varepsilon_V=\frac{V_0-V_1}{V_0}\times 100\%=\alpha_V(t_0-t_1)\times 100\% \tag{1.1}$$

线收缩率的计算公式为

$$\varepsilon_l=\frac{l_0-l_1}{l_0}\times 100\%=\alpha_l(t_0-t_1)\times 100\% \tag{1.2}$$

式中 t_0、t_1——合金在常态和液态时的温度,℃;

V_0、V_1——金属在 t_0、t_1 时的体积,m^3;

l_0、l_1——金属在 t_0、t_1 时的长度,m;

α_V、α_l——金属在 $t_0\sim t_1$ 温度范围内的体积收缩系数、线收缩系数,K^{-1}。

合金的液态收缩和凝固收缩表现为合金的体积缩小,通常以体收缩率来表示。液态收缩和凝固收缩是铸件产生缩孔、缩松缺陷的基本原因。合金的固态收缩尽管也是体积变化,但它只引起铸件各部分尺寸的变化,因此,通常用线收缩率来表示。固态收缩是铸件产生内应力、裂纹和变形等缺陷的主要原因。

合金的总体收缩率为上述3个阶段收缩率之和,它与合金的成分、温度和相变有关。不同合金的收缩率是不同的,几种铸造合金的体收缩率见表1.1,常用铸造合金的线收缩率见表1.2。

表1.1 几种铸造合金的体收缩率

合金种类	碳的质量分数/%	浇注温度/℃	液态收缩率/%	凝固收缩率/%	固态收缩率/%	总体收缩率/%
碳钢	0.35	1 610	1.6	3.0	7.86	12.46
白口铸铁	3.0	1 400	2.4	4.2	5.4~6.3	12.0 ~12.9
灰铸铁	3.5	1 400	3.0	0.1	3.3~4.0	6.9~7.8

表1.2 常用铸造合金的线收缩率 %

合金种类	灰铸铁	可锻铸铁	球墨铸铁	碳钢	铝合金	铜合金
线收缩率	0.8~1.0	1.2~2.0	0.8~1.3	1.38~2.0	0.8~1.6	1.2~1.4

3. 影响收缩的因素

铸件的收缩与其化学成分、浇注温度、铸件结构和铸型条件有关。

(1)化学成分。

不同合金的收缩率不同。在常用的铸造合金中,铸钢的收缩率最大,灰铸铁的收缩率最小。碳素钢随含碳量增加,凝固收缩增加,而固态收缩略减小。铸铁结晶时,内部的碳大部分以石墨的形态析出,石墨的密度较小,析出时所产生的体积膨胀弥补了部分凝固收缩。灰铸铁中,碳是石墨的形成元素,硅是促进石墨化的元素,所以碳、硅含量越高,收缩就越小。硫(S)能阻碍石墨的析出,使铸铁收缩率增大。适量的锰(Mn)可与铸铁中的硫生成硫化锰(MnS),抵消硫对石墨的阻碍作用,使收缩率减小。但含锰量过高,铸铁的收缩率又有增加。

(2)浇注温度。

浇注温度主要影响液态收缩。一般浇注温度越高,过热度越大,合金液态收缩也越大,形成缩孔的倾向就越大。

(3)铸件结构和铸型条件。

铸件在铸型中冷却时,因形状和尺寸不同,各部分的冷却速度不同,铸件各部分相互制约对其收缩产生阻碍。又因铸型和型芯对铸件的收缩也会产生机械阻力,铸件的实际线收缩率比自由线收缩率小。所以设计模样时,应根据合金的种类和铸件的形状、尺寸等因素,选取适合的收缩率。

1.1.4 收缩对铸件质量的影响

1. 铸件中的缩孔和缩松

(1)缩孔和缩松的概念。

铸型内的液态金属在凝固过程中,由于合金的液态收缩和凝固收缩得不到补充,往往在铸件最后凝固的部位出现一些孔洞。按孔洞的大小和分布可分为缩孔和缩松。任何形态的缩孔和缩松都会使铸件力学性能显著下降,缩松还能影响铸件的致密性和物理、化学性能,严重时会导致铸件报废,必须设法防止。

铸件质量与其凝固方式密切相关。一般说来,逐层凝固时,合金的充型能力强,便于防止缩孔和缩松;糊状凝固时,难以获得结晶紧实的铸件。

(2)缩孔和缩松的形成。

缩孔是在铸件最后凝固的部位形成容积较大而且集中的孔洞。缩孔多呈倒圆锥形,内表面粗糙,通常隐藏在铸件的内层,但在某些情况下也可暴露在铸件的表面,呈明显的凹坑。缩孔产生的条件是合金在恒温或很小的温度范围内结晶,铸件壁以逐层凝固的方式进行凝固。缩孔的形成过程示意图如图1.6所示。假定所浇注合金的结晶温度范围很窄,铸件是由表及里逐层凝固的。液态合金充满铸型(图1.6(a))后,因铸型吸热,液态金属温度下降,发生液态收缩,但它可以从浇注系统中得到补充。因此,这段时间型腔总是充满着液态金属。当靠近型腔表面的合金温度下降到凝固温度时,铸件表面凝固形成一层硬壳,同时内浇道也被封堵(图1.6(b))。温度下降,合金逐层凝固,凝固层加厚,内部的剩余液体由于液态收缩和补充凝固层的凝固收缩,体积缩小,液面下降,凝固层也会因为温度下降而使铸件尺寸缩小，但是由于液态收缩和凝固收缩总是超过凝固层的固态收缩，因此，液面下降脱离顶部的硬壳而出现空隙（图 1.6（c））。最后，铸件内部完全凝固，在铸件上部形成缩孔（图 1.6（d））。已经形成缩孔的铸件继续冷却到室温时，因固态收缩使铸件的外形轮廓尺寸略有缩小（图 1.6（e））。

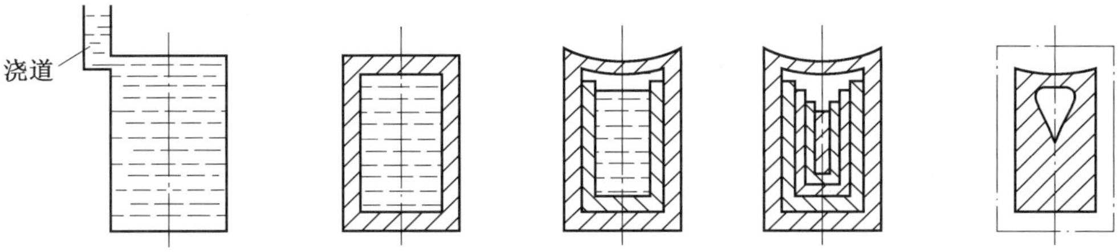

(a) 充满铸型　(b) 凝固形成一层硬壳　(c) 出现空隙　(d) 形成缩孔　(e) 外形轮廓尺寸略有缩小

图 1.6　缩孔的形成过程示意图

缩松产生的原因和形成缩孔一样，也是由于液态收缩和凝固收缩大于固态收缩，但形成缩松的基本条件却与缩孔的形成不同。缩松主要出现在结晶温度范围宽、以糊状凝固方式凝固的合金或厚壁铸件中。缩松一般为细小、分散的孔洞，多分布于铸件的轴线区域、厚大部位或浇口附近。缩松的形成过程示意图如图 1.7 所示。一般合金在凝固过程中都存在液-固两相区，树枝状晶体在其中不断扩大。树枝状晶体生长到一定程度（图 1.7（a）），树枝状晶体分叉间的熔融金属被分离成彼此孤立的状态，它们继续凝固时也将产生收缩，这种凝固方式称为糊状凝固（图 1.7（b））。这时铸件中心虽有液体存在，但由于树枝状晶体的阻碍使之无法补缩，在凝固后的树枝状晶体分叉间就形成许多微小的孔洞。这些孔洞有时只能用显微镜辨认出来，通常称这种细小的孔洞为疏松或显微缩松（图 1.7（c））。

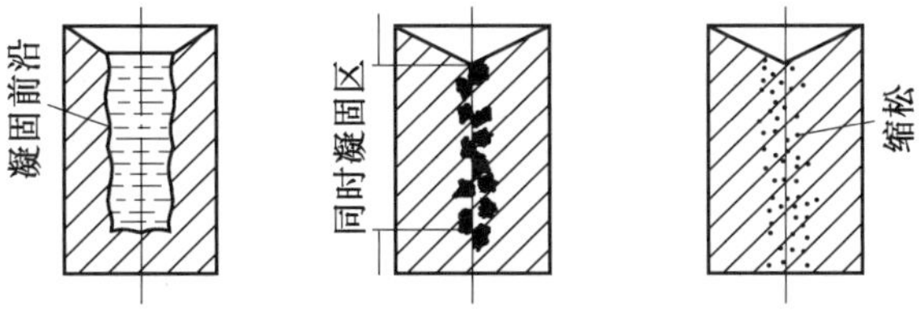

(a) 生长　(b) 糊状凝固　(c) 显微缩松

图 1.7　缩松的形成过程示意图

（3）防止缩孔和缩松形成的措施。

防止缩孔形成的具体措施是采取定向凝固原则。定向凝固原则是在铸件可能出现缩孔的位置，通过增设冒口和冷铁等工艺措施，使铸件从远离冒口的部位到冒口之间建立一个逐渐递增的温度梯度，从而使铸件远离冒口的部位Ⅰ先凝固，然后是靠近冒口的部位Ⅱ和Ⅲ凝固，最后是冒口本身凝固，实现铸件按照一定次序逐渐凝固即为定向凝固原则（图 1.8）。这样铸件上每一个部位的收缩都得到稍后凝固部位的液态合金的补充，缩孔转移到冒口部位，切除后便可得到无缩孔的致密铸件。

冒口是铸型中能储存一定液态金属的，并对铸件进行补缩以防止产生缩孔和缩松的专门工艺“空腔”。冷铁是用来控制铸件凝固最常用的一种激冷物，冷铁仅是加快某些部位的冷却速度,以控制铸件的凝固顺序,本身并不起补缩的作用。冷铁通常用钢或铸铁制成,各种铸造合金均可使用冷铁,尤以铸钢件应用最多,主要是与冒口配合使用。冒口和冷铁的应用如图 1.9 所示,铸件实现了顺序凝固,防止了缩孔。

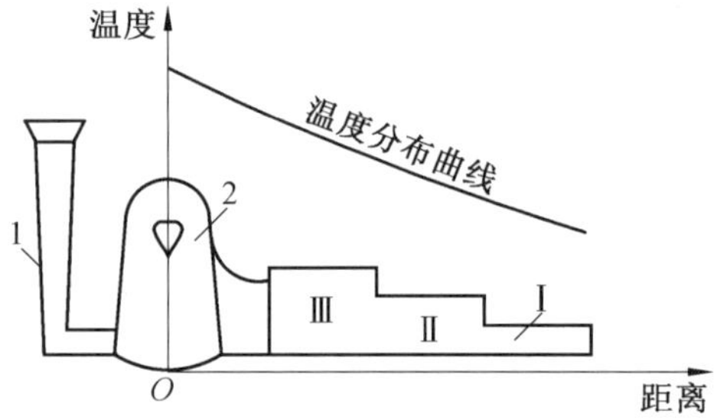

图 1.8 定向凝固原则
1—浇注系统;2—冒口

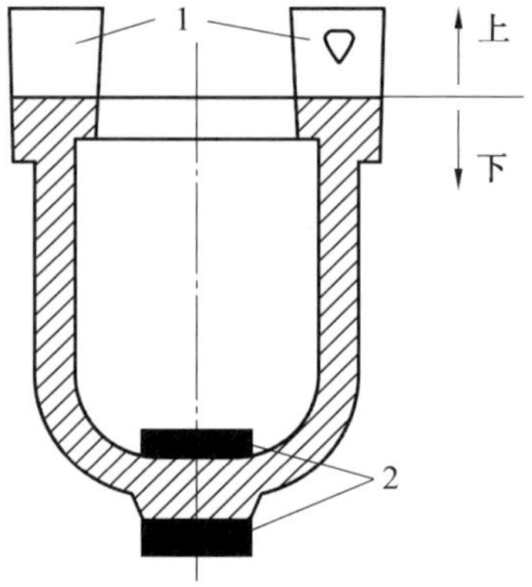

图 1.9 冒口和冷铁的应用
1—冒口;2—冷铁

安放冒口和冷铁,实现定向凝固,虽可有效地防止缩孔和缩松(宏观缩松),但耗费许多金属和工时,增加铸件成本;同时,定向凝固扩大了铸件各部位金属的温差,加大铸件变形和裂纹的倾向。因此,定向凝固主要用于必须补缩的场合,如铝青铜、铝硅合金和铸钢件等。对于结晶温度范围宽的合金,由于倾向于糊状凝固,结晶开始后发达的树枝状骨架布满了整个截面,使冒口的补缩通道产生严重受阻,因而难以避免显微缩松的产生。因此,定向凝固适用于采用共晶成分或结晶温度范围较窄的合金生产铸件的情况。

2. 铸造应力

铸件在凝固以后的继续冷却过程中,由于各部位体积变化不一致、彼此制约而使其固态收缩受到阻碍引起的内应力,称为铸造应力。铸造应力是铸件产生变形和裂纹的基本原因。按照内应力产生的原因不同,可将铸造应力分为热应力和机械应力。

(1)热应力。

热应力是由铸件的壁厚不均匀,各部位的冷却速度不同,使同一时期内铸件各部位收缩不一致而引起的。

金属在冷却过程中,从凝固终止温度到再结晶温度阶段,处于塑性状态。此时,在较小的应力下就可产生塑性变形(永久变形),变形之后应力自行消除。在再结晶温度以下时,金属呈弹性状态,此时在应力作用下将产生弹性变形,而变形之后应力继续存在。

以框形铸件为例进行分析,热应力的形成过程如图 1.10 所示。铸件由一根粗杆Ⅰ和两根细杆Ⅱ组成,两根细杆冷却速度和收缩完全一致。假设凝固后从同一温度 T_H 开始冷却,最后冷却到同一温度 T_0,粗杆Ⅰ和细杆Ⅱ的冷却曲线如图 1.10(a)所示,$T_{临}$ 表示金属处于弹塑性状态的临界温度。凝固开始时(图 1.10(a)中 $t_0 \sim t_1$ 区间),粗杆Ⅰ和细杆Ⅱ均处于塑性状态(图 1.10(b))。尽管粗杆Ⅰ和细杆Ⅱ的冷却速度不同,收缩不一致,但都是塑性变形,不产生内应力。继续冷却到图 1.10(a)中 $t_1 \sim t_2$ 区间,此时细杆Ⅱ温度较低,已进入弹性状态,但粗杆Ⅰ仍处于塑性状态。细杆Ⅱ由于冷却速度快,收缩大于粗杆

Ⅰ,所以粗杆Ⅰ受压应力,而细杆Ⅱ受拉应力(图1.10(c))。处于塑性状态的粗杆Ⅰ受压应力作用产生压缩塑性变形,使粗杆Ⅰ和细杆Ⅱ的收缩趋于一致,不产生应力(图1.10(d))。当进一步冷却至图1.10(a)中 $t_2 \sim t_3$ 区间,粗杆Ⅰ和细杆Ⅱ均进入弹性状态,此时尽管粗杆Ⅰ和细杆Ⅱ长度相同,但所处的温度不同。粗杆Ⅰ温度较高,冷却时还将产生较大收缩;细杆Ⅱ温度较低,收缩已趋停止。在最后阶段冷却时,粗杆Ⅰ的收缩将受到细杆Ⅱ强烈阻碍,因此粗杆Ⅰ受拉,细杆Ⅱ受压,到室温时形成残余应力(图1.10(e))。

综上所述,热应力使冷却速度较慢的铸件厚壁处或中心部位受拉伸,冷却速度较快的铸件薄壁处或表面受压缩,铸件的壁厚差别愈大,合金的线收缩率或弹性模量就愈大,热应力也愈大。定向凝固时,由于铸件各部位冷却速度不一致,产生的热应力较大,铸件易出现变形和裂纹,采用时应予以考虑。

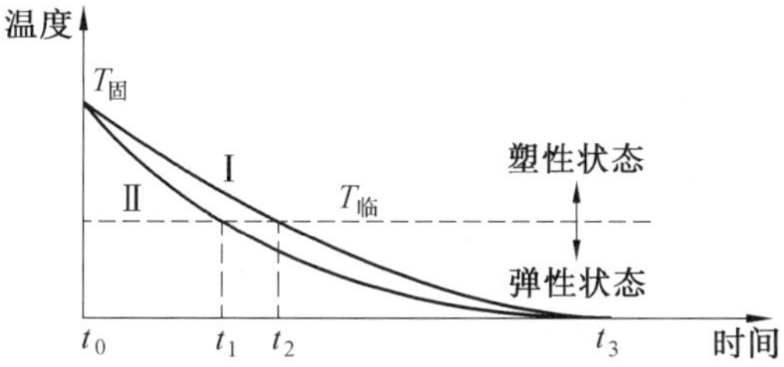

(a) 粗杆Ⅰ和细杆Ⅱ的冷却曲线

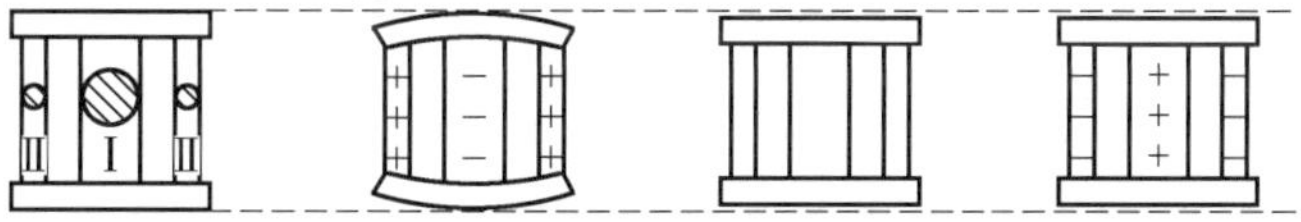

(b) 塑性状态　(c) 粗杆Ⅰ受压应力,细杆Ⅱ受拉应力　(d) 不产生应力　(e) 形成残余应力

图1.10　热应力的形成

+ —拉应力;- —压应力

(2)机械应力。

铸件在固态收缩时,因受到铸型、型芯、浇注系统和冒口等的机械阻碍而产生的应力称为机械应力。如图1.11所示,铸件冷却到弹性状态后,其轴向收缩受到砂型阻碍,径向收缩受到型芯阻碍,使铸件产生机械应力。铸型或型芯退让性良好,机械应力则小。机械应力常表现为拉应力,与铸件部位无关。形成机械应力的原因一经消除(如铸件落砂或去除浇冒口后),机械应力也随之消失,因此机械应力是一种临时应力。但在落砂前,如果铸件受到机械应力和热应力的共同作用,其瞬间应力大于铸件的抗拉强度时,铸件会产生裂纹。

(3)减小和消除铸造应力的措施。

减小和消除铸造应力的基本途径是尽量减小铸件各部位间的温度差,使其均匀冷却。具体措施如下:

①合理设计铸件的结构。铸件的形状越复杂,各部位壁厚相差就越大,冷却时温度越不均匀,铸造应力越大。因此,在设计铸件时应尽量使铸件形状简单、对称、壁厚均匀。

②合理选材。尽量选用线收缩率小、弹性模量小的合金,设法改善铸型、型芯的退让

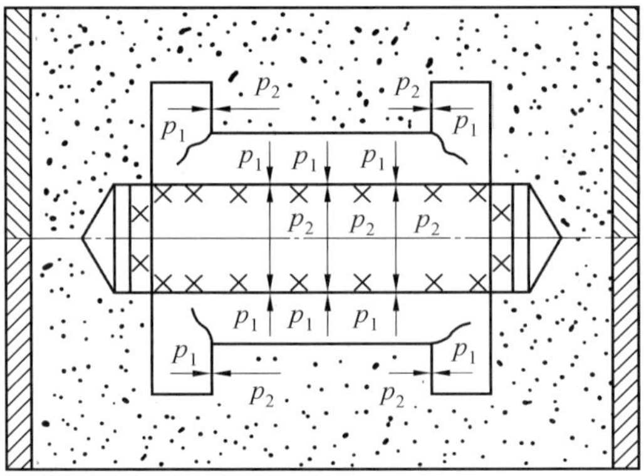

图 1.11　收缩应力的形成

p_1—铸件对砂型的作用力；p_2—砂型对铸件的反作用力

性，合理设置浇注系统和冒口等。

③采用同时凝固工艺。同时凝固是指采取一些工艺措施，控制铸件按照同时凝固原则凝固。如图 1.12 所示的阶梯铸件，可将浇口开在铸件薄壁处，在远离浇口的厚壁处安放冷铁，这样薄壁处因被高温液态金属加热而冷却速度减慢，厚壁处因被冷铁激冷而冷却速度加快，使铸件各处的温度趋于一致，实现同时凝固。在实际生产中，使铸件同时凝固是减小铸造内应力，防止铸件变形和裂纹的有效措施。

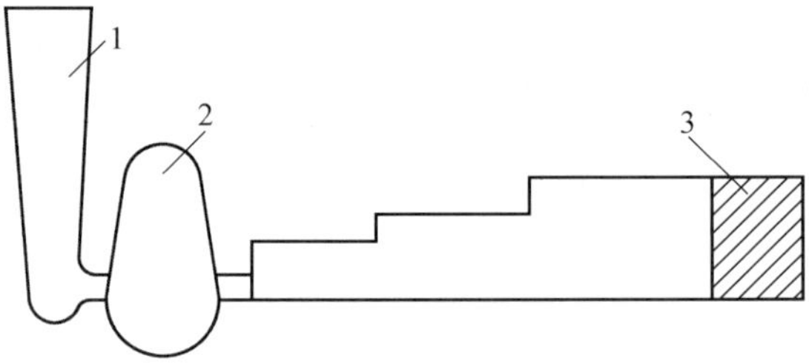

图 1.12　同时凝固原则

1—直浇道；2—暗冒口；3—外冷铁

④对铸件进行时效处理是消除铸造应力的有效措施。对于装配精度要求高的零件，必须进行时效处理。时效处理分自然时效、热时效和共振时效等。自然时效是将铸件置于露天场地半年以上，使其内应力自然消除。热时效（人工时效）又称去应力退火，是将铸件加热到 550 ~ 650 ℃之间，保温 2 ~ 4 h，随炉冷却至 150 ~ 200 ℃之间，然后出炉。共振时效是将铸件在其共振频率下振动 10 ~ 60 min，以在室温下高效消除铸件中的残余应力。

3. 铸件的变形

如果铸件存在内应力，则铸件处于不稳定状态。当铸件残余应力超过材料屈服强度时，铸件将发生塑性变形，会自发地发生变形减缓其内应力而使铸件趋于稳定。显然，只有原来受拉伸部位产生压缩变形、受压缩部位产生拉伸变形，才能使残余内应力减小或消除。即铸件变形总是朝着减小或消除残余应力的方向发生。

(1)铸件的变形。

对于厚薄不均匀、截面不对称及具有细长特点的铸件,当铸造应力超过材料屈服强度时,往往产生翘曲变形。如前述框形铸件,粗杆Ⅰ受到拉伸,细杆Ⅱ受到压缩,但两杆都有恢复自由状态的趋势,即粗杆Ⅰ总是力图压缩,细杆Ⅱ总是力图伸长,若连接两杆的横梁刚度不够,就产生图1.13所示的翘曲变形。变形使铸造应力重新分布,残余应力会减小,但不会完全消除。

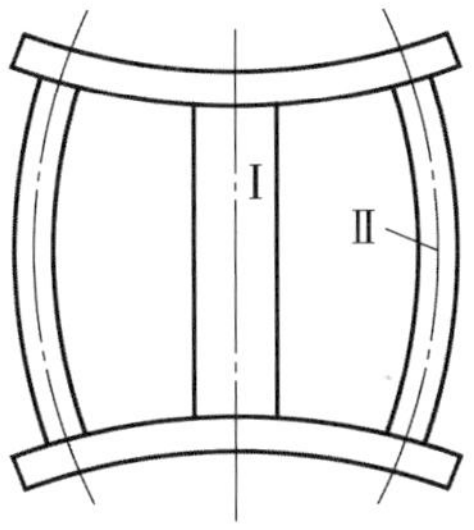

图1.13 框形铸件的翘曲变形
Ⅰ—粗杆;Ⅱ—细杆

图1.14为车床床身导轨面的挠曲变形。车床导轨部位较厚,冷却速度慢,形成残余拉应力,床壁部位较薄,形成残余压应力,于是导轨面形成下凹的挠曲变形。有的铸件虽无明显变形,但经切削加工后,破坏了铸造应力的平衡,将产生变形。

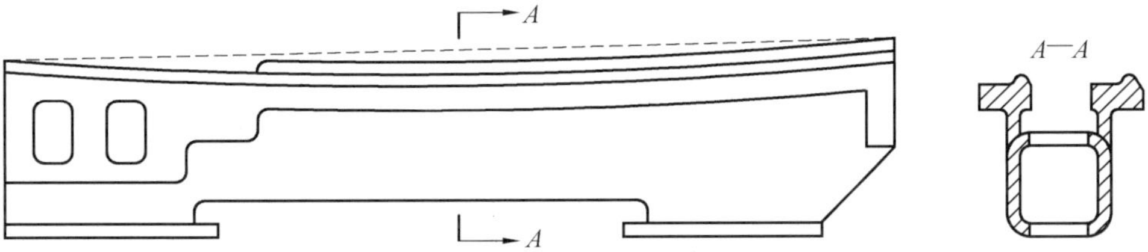

图1.14 车床床身导轨面的挠曲变形

(2)铸件变形的防止与消除。

前述防止铸造应力的方法,也是防止铸件变形的根本方法。此外,铸件壁厚尽量均匀并设计成对称结构,使其内应力互相平衡而不易变形。对于长而易变形的铸件,还可采用反变形法,即在模型上预先做出相当于铸件变形量的反变形量,以抵消铸件的变形。对于精度要求高不允许发生变形的铸件,如车床床身等必须采取去应力退火(人工时效)或自然时效的方法消除应力与变形。

4. 铸件的裂纹

当铸件的内应力超过其强度极限时,铸件便会产生裂纹。裂纹是严重的铸造缺陷,多使铸件报废,必须予以防止。铸件的裂纹分为热裂和冷裂两种。

(1)热裂的形成与防止。

热裂是铸件凝固后期在接近固相线的高温下形成的。因为金属的线收缩并不是在完全凝固后开始的,在凝固后期,先结晶的固态物质已形成完整的骨架,开始线收缩,但晶粒间还存有少量液体,故金属的高温强度很低。例如,$w(C)=0.3\%$的碳素钢,室温强度

$\sigma_b \geq 480$ MPa，而在 1 300～1 410 ℃时的高温强度 $\sigma_b \leq 0.75$ MPa。在高温下铸件的线收缩若受到铸型、型芯及浇注系统的阻碍，机械应力超过其高温强度，即发生热裂。热裂的形状特征是：裂纹短，缝隙宽，形状曲折而不规则，断口无金属光泽，缝内呈氧化色。

铸造合金的结晶特点和化学成分对热裂纹的产生均有明显的影响。合金的结晶温度范围越宽，凝固收缩量越大，合金的热裂纹倾向也越大。铸钢、某些铸铝合金、白口铸铁的热裂纹倾向较大。灰铸铁和球墨铸铁的凝固收缩较小，故它们的热裂纹倾向也较小。硫元素能够显著增加合金钢和铸铁的热脆性。

铸型阻力、铸型及型芯的退让性对热裂纹的形成有着重要影响。退让性越好，机械应力越小，形成热裂纹的可能性也越小。铸型的退让性与型砂、型砂黏结剂种类密切相关，如采用有机黏结剂（如植物油、合成树脂等）配制的型芯砂，因高温强度低，退让性比黏土砂好。

防止热裂的措施有：尽量选择凝固温度范围小，热裂倾向小的合金；提高铸型和型芯的退让性，以减小机械应力；浇注系统和冒口的设计要合理；对于铸钢件和铸铁件，必须严格控制硫的含量，防止热脆性。

(2)冷裂的形成与防止。

冷裂是在较低温度下，铸造合金处于弹性状态，由于热应力和机械应力的综合作用，铸件内应力超过金属的抗拉强度而产生的。冷裂多出现在铸件受拉应力的部位，尤其是应力集中处（如尖角、缩孔、气孔及非金属夹杂物等的附近）。冷裂的特征是：裂纹细小，呈连续直线状，断口干净，缝内有金属光泽或轻微氧化色。

壁厚差别大，形状复杂，特别是大而薄壁的铸件，容易产生冷裂纹。不同铸造合金的冷裂倾向不同。脆性大、塑性差的合金，如白口铸铁、高碳钢及某些合金钢较易产生冷裂，塑性好的合金因内应力作用可通过其塑性变形来自行缓解，冷裂倾向小。

铸造合金的化学成分和杂质含量对冷裂纹的形成影响很大，如钢中的 C、Cr、Ni 等元素均会降低钢的热导率，当其含量过高时，冷裂纹倾向增大。若 P 元素含量较高，合金的冷脆性增加，塑性和冲击韧度降低，形成冷裂纹的倾向也会增大。因此，防止冷裂的方法主要是尽量减小铸造内应力和降低合金的脆性。例如，铸件壁厚要均匀，增加型砂和芯砂的退让性，降低钢和铸铁中的含磷量。

1.2 铸造成形方法

根据工艺不同，常用的铸造成形方法可分为砂型铸造和特种铸造两大类。

1.2.1 砂型铸造

砂型铸造是指以型砂为材料制备铸型的铸造方法。铸型主要包括外型和型芯两大部分，外型也称砂型，用来形成铸件的外部轮廓。型芯也称砂芯，用来形成铸件的内腔，有时也用来形成复杂铸件的外形。广义上来说，砂型包括砂芯。砂型铸造是应用最广泛的液态成形方法，适用于各种形状、大小及各类合金铸件的生产，具有操作灵活、设备简单、准备时间短等优点。砂型铸造的基本工艺过程如图 1.15 所示。

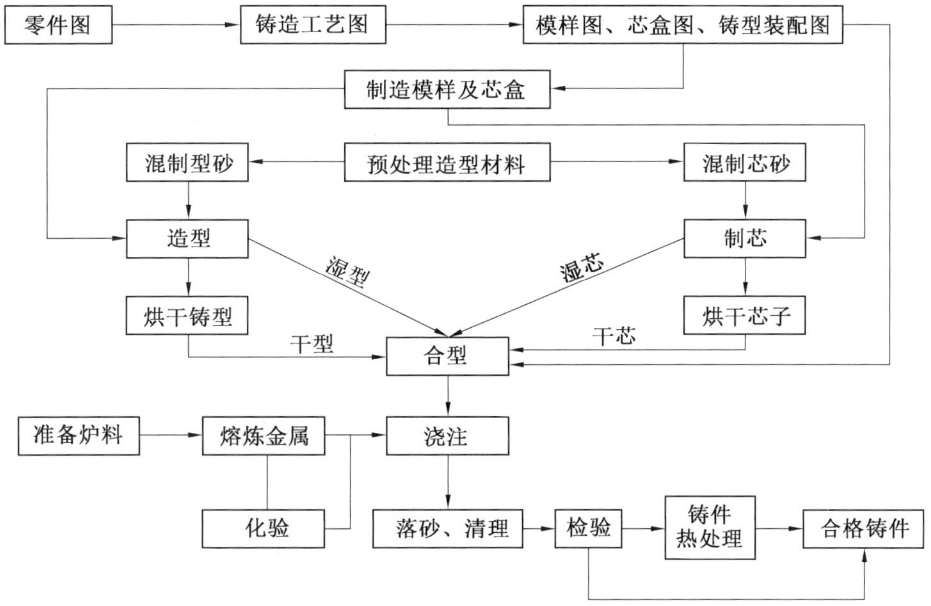

图1.15　砂型铸造的基本工艺过程

砂型铸造的生产工序主要包括型砂和芯砂的配制、模样和芯盒的制作、造型、制芯、合型、熔炼、浇注、落砂、清理等。其中,熔炼是指使金属由固态转变成熔融状态的过程,其主要任务是提供化学成分和温度都合格的熔融金属。浇注是将熔融金属从浇包注入铸型的操作。落砂是指用手工或机械使铸件与型砂、砂箱分开的操作。清理是指落砂后从铸件上清除表面黏砂、型砂、多余金属(包括浇冒口、氧化皮)等过程的操作。

砂型铸造最基本的工序是造型与制芯。按型(芯)砂紧实和起模方法不同,砂型铸造的造型方法分为手工造型和机器造型两大类。全部用手工或手动工具完成的造型工序为手工造型。手工造型具有操作灵活、工艺装备简单、生产准备时间短、适应性强等优点。但是,手工造型对工人的技术水平要求高,生产效率低,劳动强度大,常用于各种形状铸件的单件、小批量生产。特大型铸件只能采用手工造型。常用的手工造型方法有整模造型、分模造型、挖砂造型、活块造型、三箱造型、刮板造型等。

1. 手工造型

(1)整模造型。

整模造型就是在造型的时候,利用与零件形状相适应的整体模型进行造型的方法。整模造型的过程如图1.16所示。

整模造型有如下特点:

①模型为整体;

②型腔全部位于一个砂型内,分型面为平面;

③造型简便,所得型腔形状和尺寸精度较好。

整模造型的应用范围为外形轮廓的顶端有一最大截面,并且为一平面的铸件,如齿轮坯、轴承座、罩、壳等均可采用整模造型。

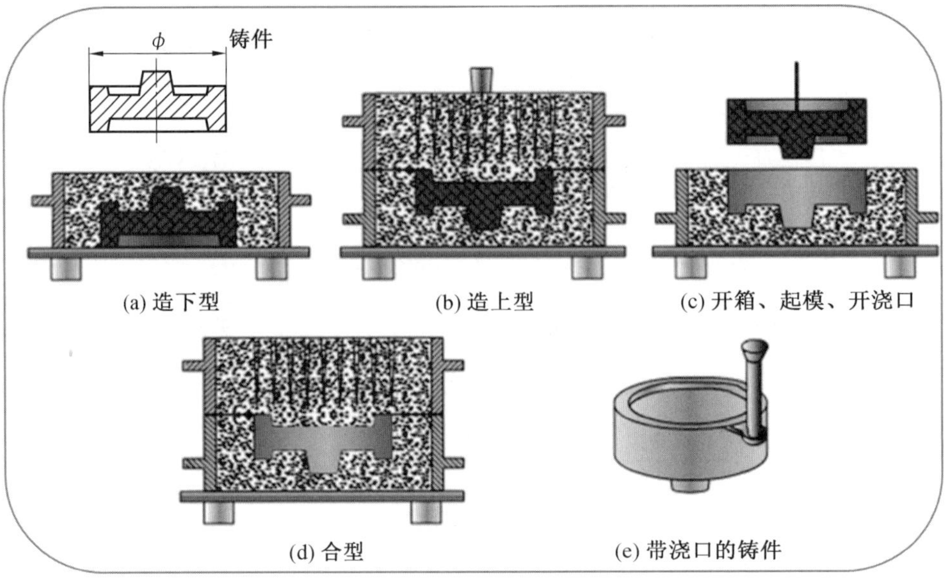

图 1.16 整模造型的过程

(2)分模造型。

分模造型是将模型沿截面最大处分为两半的造型方法。分模造型的过程如图 1.17 所示。

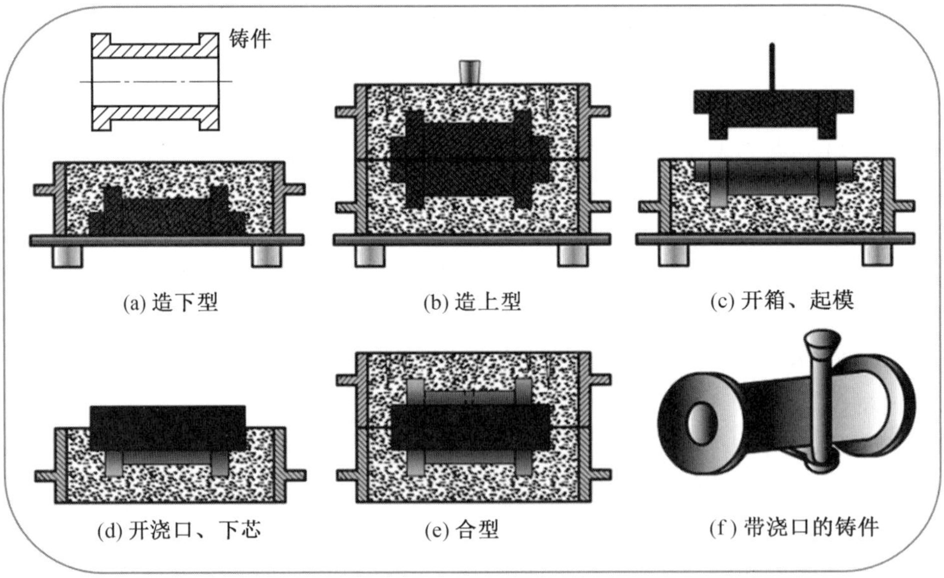

图 1.17 分模造型的过程

分模造型有如下特点:

①模型分为两半,分模面即分型面;

②型腔分别位于上下两个砂型内,分型面为平面;

③造型简便,但有可能发生错箱缺陷。

分模造型常用于生产最大截面在中部并且为一平面的铸件，特别是有孔的铸件，如水管、轴套、阀体等有孔铸件。

(3)挖砂造型。

挖砂造型是用手工沿模型截面最大处挖出妨碍起模的型砂形成分型面的造型方法。挖砂造型的过程如图1.18所示。

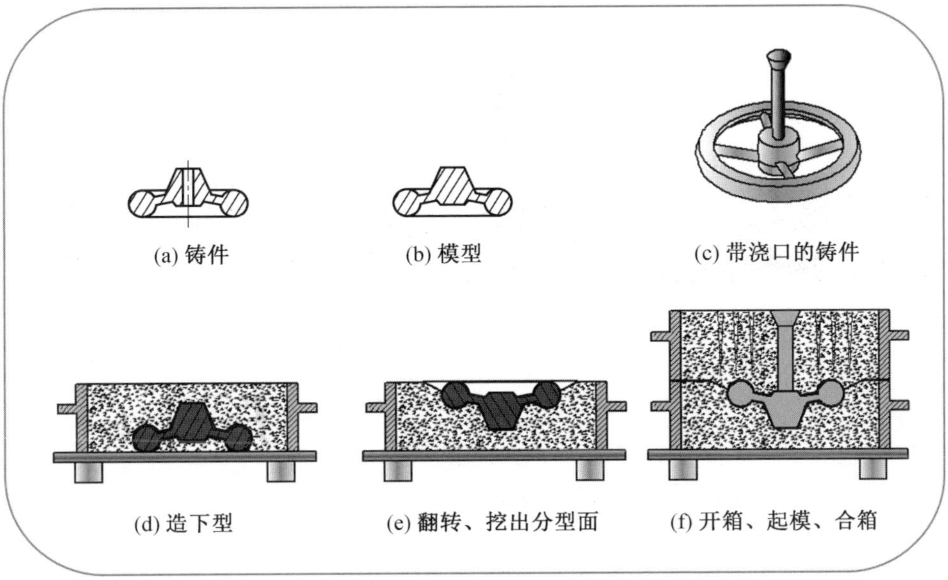

图1.18　挖砂造型的过程

挖砂造型有如下特点：

①每造一型须挖砂一次，操作复杂，生产效率低，要求操作技术水平高；

②铸件在分型面处易产生毛刺(披缝)。

挖砂造型常用于最大截面在中间，但不便分模的铸件。由于挖砂造型时分型面完全由手工挖出，操作技术要求高，生产效率低，所以挖砂造型只适用于单件生产。

(4)活块造型。

活块造型是利用带有局部活动部分的模型进行造型的方法，这个局部活动的部分称为活块。活块造型的过程如图1.19所示。

活块造型有如下特点：

①模型上妨碍起模的局部做成活块，活块与主体模型活动连接；

②要求工人操作水平较高；

③生产效率较低。

活块造型只适用于单件、小批量生产。

(5)三箱造型。

三箱造型是采用2个分型面和3个砂箱的造型方法。三箱造型的过程如图1.20所示。

三箱造型有如下特点：

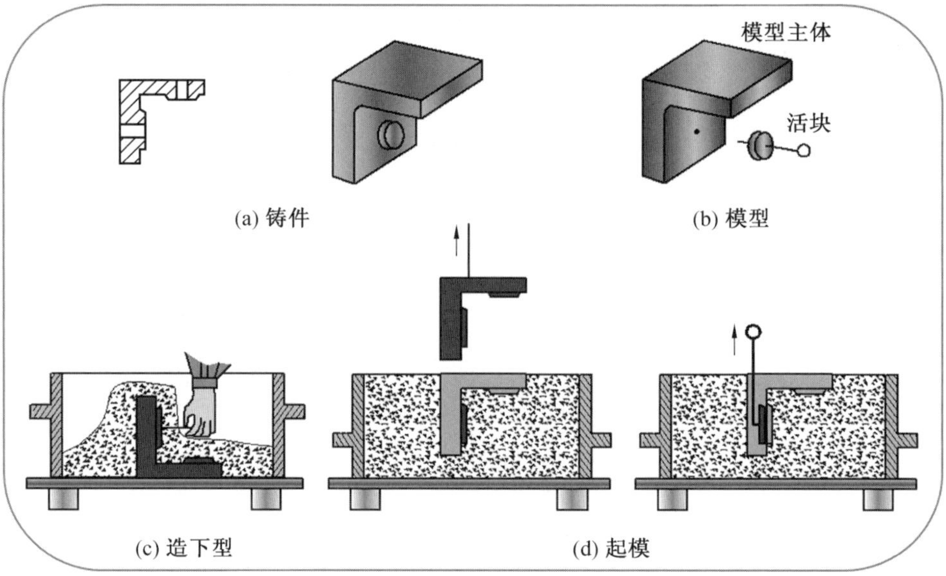

图 1.19 活块造型的过程

①中箱的上、下两面都是分型面,错箱可能性增大;

②必须具备高度和模型相适应的中层砂箱;

③生产效率较低。

三箱造型常用于生产外形具有 2 个大截面,中间夹有一个小截面的铸件,比如带轮、槽轮、车床四方刀架等。三箱造型操作较复杂,生产效率较低,因此仅用于单件、小批量生产。

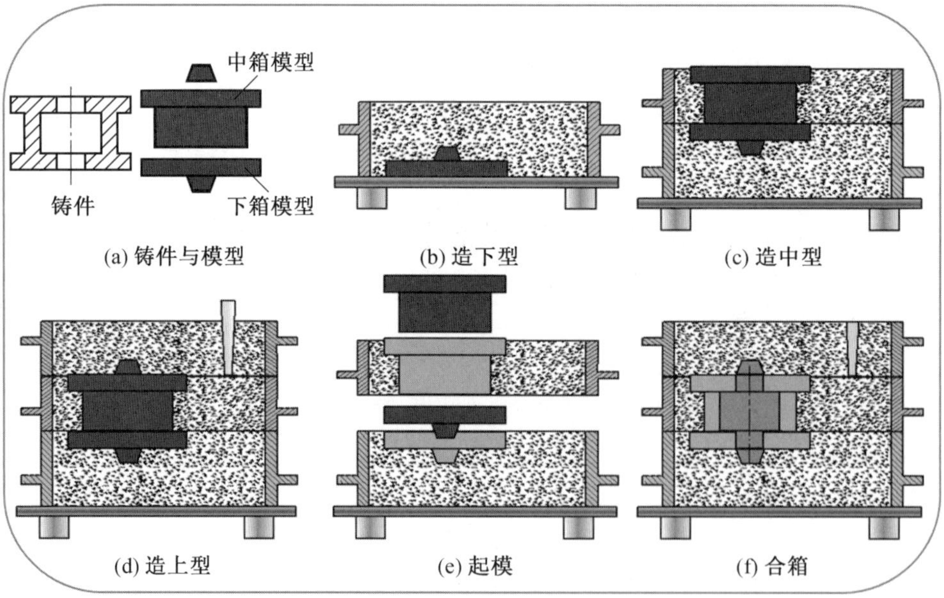

图 1.20 三箱造型的过程

(6)刮板造型。

刮板是一块和铸件断面形状相适应的木板。造型时将刮板绕着固定的中心旋转,在砂型中刮制出所需要的型腔。

刮板造型大大节约木材,缩短生产周期。但造型生产效率低,铸件尺寸精度差,要求工人技术水平高。

刮板造型主要用于等截面或回转体大、中型铸件的单件、小批量生产,如带轮、铸管、弯头等。

2. 机器造型

机器造型是将紧砂和起模两道工序实现机械化的造型方法,常与机械化砂处理、浇注和落砂等组成流水生产线。与手工造型相比,机器造型可提高生产效率,改善劳动条件,对环境污染小。铸件的尺寸精确、表面光洁、机械加工余量小,铸件质量较高。但设备和工艺装备费用高,生产准备时间较长,只适用于中、小型铸件的成批或大量生产。

(1)紧砂方法。

机器造型多以压缩空气为动力实现紧砂,按照紧砂方法不同分为压实、震实、震压和抛砂等,其中,以震压造型应用最广。图1.21为震压造型机工作原理图。工作时先将压缩空气自震实进气口引入震实气缸,使震实活塞带动工作台及砂箱上升,震实活塞上升使震实气缸的排气孔露出,压气排出,工作台便下落,完成一次振动。如此反复多次,将型砂紧实。当压缩空气引入压实气缸时,工作台再次上升,压头压入砂箱,最后排出压实气缸的压缩空气使砂箱下降,完成全部紧砂过程。

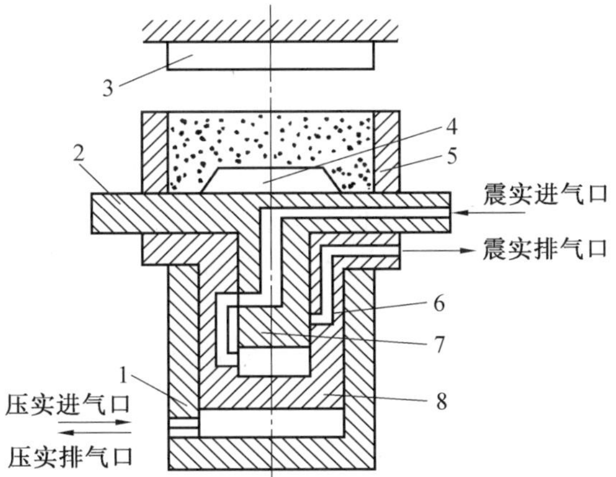

图1.21 震压造型机工作原理图

1—压实气缸;2—工作台;3—压头;4—模型;5—砂箱;
6—震实气缸;7—震实活塞;8—压实活塞

(2)起模方法。

型砂紧实后,就要把模样从型砂中顺利地取出来,使砂箱内留下完整的型腔。大部分造型机都装有起模机构,其动力多数是压缩空气,目前应用广泛的起模机构有顶箱、漏模和翻转3种。

图1.22为顶箱起模示意图。型砂紧实后,压缩空气推动压力油进入起模液压缸,4

根起模顶杆把砂箱顶起，使型砂与模样分开，完成起模工序。顶箱起模的机构比较简单，但起模时易漏砂，因此只适用于型腔简单且高度较小的铸型，多用于制造上箱，以省去翻箱工序。

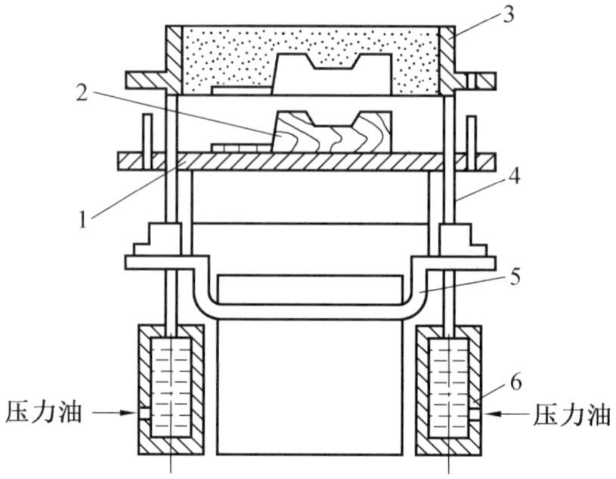

图 1.22　顶箱起模示意图

1—模板；2—模样；3—砂箱；4—起模顶杆；5—同步连杆；6—起模液压缸

1.2.2　特种铸造

特种铸造是指砂型铸造以外的其他铸造方法，常用的有熔模铸造、金属型铸造、压力铸造、低压铸造、离心铸造、消失模铸造等。与砂型铸造相比，特种铸造生产的铸件精度高，易实现少切削或无切削加工；铸件内部组织致密，力学性能好；液态金属消耗少，工艺简单，生产效率高，成本低；但在工艺和应用上各有一定的局限性。

1. 熔模铸造

熔模铸造又称失蜡铸造，它是先制造蜡模，然后在蜡模上涂覆一定厚度的耐火材料，待耐火材料层固化后，将蜡模熔化去除而制成型壳，型壳经高温焙烧后进行浇注获得铸件的铸造方法。熔模铸造的铸件具有较高的尺寸精度和较好的表面质量。

(1)熔模铸造的工艺过程。

熔模铸造的工艺过程包括压型、制造蜡模、制造型壳、脱蜡、焙烧、浇注等工艺过程，如图 1.23 所示。

① 压型。压型(图 1.23(a))是用来制造蜡模的特殊铸型。为保证蜡模质量，压型必须有很高的精度和低表面粗糙度。当铸件精度高或大批量生产时，压型常用钢或铝合金加工而成。小批量生产时，可采用易熔合金(由锡(Sn)、铅(Pb)、铋(Bi)等组成的合金)、塑料或石膏直接向模样上浇注而成。

② 制造蜡模。蜡模材料常用石蜡、硬脂酸和其他一些化工原料配制，以满足工艺要求为准。首先将具有一定温度的蜡料压入压型(压制熔模用的模具)，冷凝后取出即为蜡模(图 1.23(b)～(d))。为提高生产效率，常把数个蜡模按一定分布方式熔焊在浇口棒模上，成为蜡模组，以便一次浇出多个铸件。

③ 制造型壳。将蜡模组浸泡在耐火涂料中，一般铸件用石英粉水玻璃涂料，高合金铸件用刚玉粉硅酸乙酯水溶解液涂料。待熔模表面均匀挂上一层涂料后，撒上一层石英

砂，然后硬化（水玻璃涂料型壳在氯化铵溶液中硬化，硅酸乙酯水溶解液涂料型壳同氯气硬化）。如此反复 4～8 层，使蜡模组外面形成由多层耐火材料组成的坚硬型壳（图 1.23(e)），型壳的总厚度为 5～10 mm。型壳内面层撒砂粒度细小，外表层（加固层）撒砂粒度粗大。

④ 脱蜡。型壳制好后须脱去熔模，通常将型壳浇口向上浸在 80～90 ℃的热水中，熔模熔化后从浇口溢出，浮在水面，便得到中空型壳（图 1.23(f)）。

⑤ 焙烧。把脱蜡后的型壳放入加热炉中，加热到 800～950 ℃，保温 0.5～5 h，烧去型壳内水分、残余蜡料和硬化剂等（图 1.23(f)），并使型壳强度进一步提高。

⑥ 浇注。将型壳从熔烧炉中取出后，周围堆放干砂，加固型壳，然后趁热（600～700 ℃）立即浇入液态金属并凝固冷却（图 1.23(g)），获得薄而复杂、表面清晰的精密铸件。

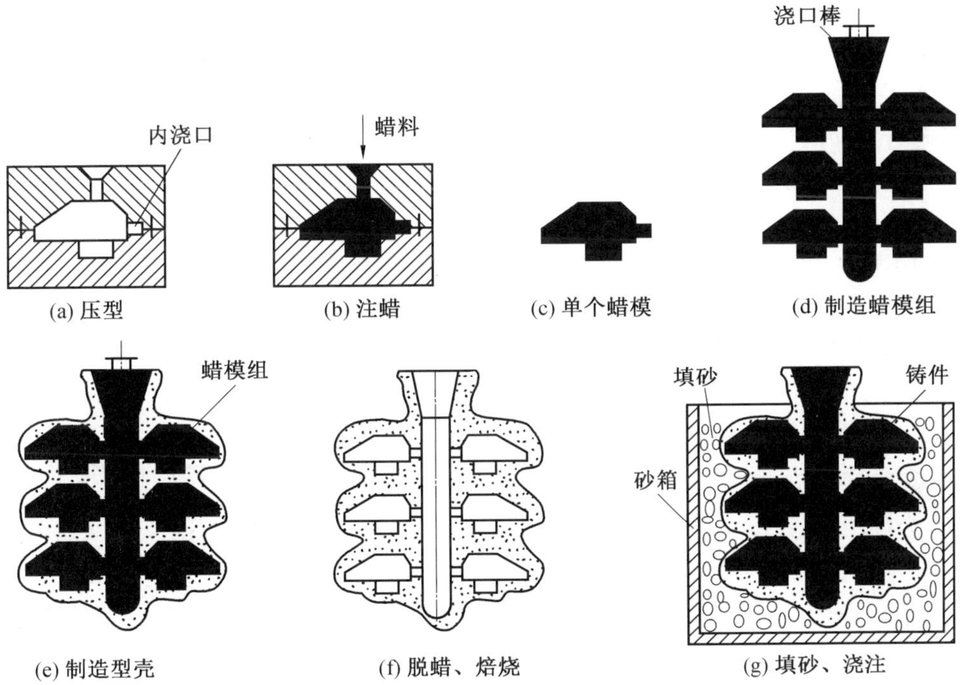

图 1.23 熔模铸造的工艺过程

（2）熔模铸造的特点和应用范围。

熔模铸造有如下特点：

①由于铸型精密且无分型面，熔模铸造的铸件精度高、表面质量好。铸件尺寸公差等级为 IT11～IT14，表面粗糙度值 *Ra* 可达到 1.6～12.5 μm。如熔模铸造的涡轮发动机叶片，铸件精度已达到无机械加工余量的要求。

②可制造形状复杂的铸件。其最小壁厚可达 0.3 mm，最小铸出孔径为 0.5 mm，对由几个零件组合成的复杂部件，可用熔模铸造一次铸出。

③可铸造各种合金。在铸造高熔点和难切削合金时，更具显著的优越性。

④生产批量基本不受限制。既可成批、大批量生产，又可单件、小批量生产。

⑤工艺过程较复杂，生产周期长，原辅材料费用高，生产成本较高。由于受蜡模与型壳强度、刚度的限制，熔模铸造的铸件一般不宜太大、太长。

熔模铸造是一种少、无切削的先进精密成形工艺，它适合于 25 kg 以下的高熔点、难切削加工合金铸件的成批大量生产。目前，主要用于生产汽轮机及燃气轮机的叶片、泵的叶轮、切削刀具，以及飞机、汽车、拖拉机、风动工具和机床上的小型零件。

2. 金属型铸造

金属型铸造是在重力作用下，将液态金属浇入金属铸型而获得铸件的工艺方法。由于铸型用金属制成，可反复使用多次，故又称永久型铸造。

(1)金属型的材料与结构。

金属型材料的熔点一般应高于浇注合金的熔点，生产中常根据铸造合金的种类选择金属型材料，浇注低熔点合金(如锡、锌、镁等)可选用灰铸铁，浇注铝合金、铜合金可选用合金铸铁，浇注铸铁和钢可选用球墨铸铁、碳钢和合金钢等。铸件的内腔可用金属型芯或砂芯得到，薄壁复杂铸件或黑色金属铸件多采用砂芯，而形状简单件或有色合金件多采用金属型芯。

根据分型面的位置不同，金属型分为整体式、垂直分型式、水平分型式和复合分型式。图 1.24 为水平分型式和垂直分型式金属型结构简图，其中垂直分型式金属型便于开设浇口和取出铸件，易于实现机械化，应用最为广泛。图 1.25 为铸造铝活塞的金属型，它是垂直分型和水平分型相结合的复合结构。该金属型由左、右两半型和底型组成，左半型固定，右半型用铰链连接，称为铰链开合式金属型。由于铝活塞内腔存有销孔内凸台，整体型芯无法抽出，故采用组合金属型芯。为防止金属型过热，将金属型设计成夹层空腔，采用循环水冷却装置。

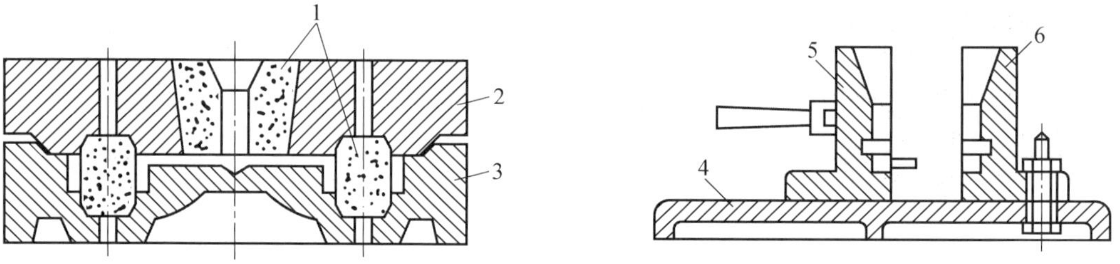

(a) 水平分型式　　(b) 垂直分型式

图 1.24　水平分型式和垂直分型式金属型结构简图

1—型芯；2—上型；3—下型；4—模底板；5—动型；6—定型

(2)金属型铸造的工艺措施。

金属型导热速度快，没有退让性和透气性，易使铸件产生气孔、浇不足、冷隔、裂纹等缺陷。金属型在高温液态金属的作用下易损坏，为了确保获得优质铸件和延长金属型的使用寿命，必须采取下列工艺措施。

①加强金属型的排气。在金属型的型腔上部设排气孔、在金属型的分型面上开通气槽或在型体上设置通气塞，使之能通过气体，而液态金属则因表面张力的作用不能通过。

②在型腔表面喷刷涂料。金属型与高温液态金属直接接触的工作表面上应喷刷耐火涂料，可避免高温液态金属与金属型内表面的直接接触，延长金属型的使用寿命。同时，

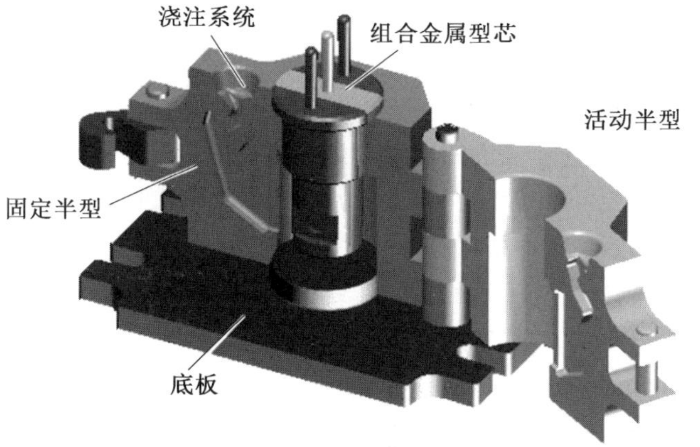

图 1.25 铸造铝活塞金属型

利用涂料层的厚薄调节铸件各部位的冷却速度，提高铸件质量。

③预热金属型。浇注前预热可避免金属型因突然受热而膨胀，有利于提高其使用寿命，还可改善液态金属的充型能力，防止铸件产生浇不足、冷隔、应力及白口组织等缺陷。在连续工作中，为防止金属型温度过高，还要对其进行冷却。通常金属型的工作温度控制在 120 ~ 350 ℃之间。

④控制开型时间。金属型无退让性，铸件在型内冷却时，由于铸件的收缩，容易引起较大的内应力而导致开裂，甚至卡住铸件。因此，在铸件凝固后，在保证铸件强度的前提下，应尽早开型，取出铸件。通常铸铁件出型温度为 780 ~ 950 ℃，开型时间为 10 ~ 60 s。

(3)金属型铸造的特点和应用范围。

与砂型铸造相比，金属型铸造有许多优点：

①金属型铸件冷却速度快，组织致密，力学性能好。如铝合金金属型铸件，其抗拉强度可提高 25%，屈服强度可提高 20%，同时抗腐蚀性能和硬度也显著提高。

②铸件精度和表面质量较高，铸件尺寸公差等级为 IT12 ~ IT14，表面粗糙度值 Ra 可达到 12.5 ~ 6.3 μm。

③金属型可"一型多铸"，省去了砂型铸造中的配砂、造型、落砂等工序，节省了造型材料和生产场地，提高了生产效率，易于实现自动化和机械化，改善了劳动条件。

金属型铸造的主要缺点是：金属型不透气、无退让性、铸件冷却速度快，易产生气孔、应力、裂纹、浇不足、冷隔、白口组织等铸造缺陷。金属型铸造不适宜生产大型、形状复杂（尤其是内腔复杂）和薄壁铸件；由于金属型的制造成本高、周期长，不适合单件、小批量生产。

金属型铸造主要用于铜、铝、镁等有色合金铸件的大批量生产，如铝合金的活塞、汽缸体、汽缸盖、油泵壳体及铜合金轴瓦、轴套等，对于钢铁金属只限于形状简单的中、小型铸件的生产。

3. 压力铸造

压力铸造（简称压铸）是将熔融金属在高压作用下快速压入金属铸型，并在压力下凝固而获得铸件的方法。常用压力为 5 ~ 150 MPa，充填速度为 0.5 ~ 50 m/s，有时高达

120 m/s，充型时间为 0.01 ~ 0.2 s。

(1)压力铸造的工艺过程。

压力铸造通过压铸机完成，根据压室的工作条件不同，压铸机分为热压室压铸机和冷压室压铸机两大类。热压室压铸机的压室与坩埚连成一体，压室浸在金属液中易被腐蚀，只能用于铅、锡、锌等低熔点合金的压铸。冷压室压铸机的压室和坩埚分开，在压射前才将金属液浇入压室进行压铸，广泛用于压力铸造铝、镁、铜等合金铸件。卧式冷压室压铸机工作原理如图 1.26 所示，其应用最广。合型后，把液态金属浇入压室，压射冲头将液态金属压入型腔，保压冷凝后开型，利用顶杆顶出铸件。

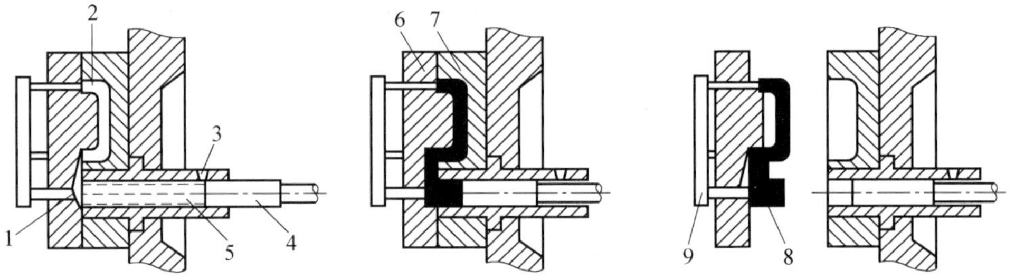

(a) 合型　　(b) 压力铸造　　(c) 开型

图 1.26　卧式冷压室压铸机工作原理

1—浇道；2—型腔；3—浇口；4—压射冲头；5—液态金属；6—动型；7—定型；8—铸件及余料；9—顶杆

压力铸造所用的铸型称为压型。压型与垂直分型的金属型相似，由定型和动型两部分组成，定型固定在压铸机的定模板上，动型固定在压铸机的动模板上，并可随模板做水平移动。压型上装有铸件顶出机构和抽芯机构，可以自动顶出铸件和抽出型芯。压铸机主要是由压射机构和合型机构组成。压射机构的作用是将液态金属压入型腔。合型机构用于开合压型，并在压射金属时顶住动型，以防止液态金属自分型面喷出。

(2)压力铸造的特点和应用范围。

高压、高速充填铸型是压力铸造的重要特征，与其他铸造相比，压力铸造有如下特点：

①铸件的精度和表面质量高。压铸件的尺寸公差等级为 IT13 ~ IT11，表面粗糙度值 Ra 可达到 3.2 ~ 0.8 μm，压铸件大都不需机械加工即可直接使用。

②铸件的强度和表面硬度高。因压铸件冷却速度快，而且是在压力下凝固，所以压铸件的晶粒细小、组织致密、力学性能好，其抗拉强度比砂型铸件提高 25% ~ 40%。

③可制造形状复杂的薄壁精密铸件。由于是在高压下充填铸型，极大地提高了液态金属的充型能力。铝合金铸件最小壁厚可达到 0.5 mm，最小孔径为 0.7 mm，在铸件表面可获得清晰的图案及文字，可直接铸出螺纹和齿形。

④生产的效率高。冷压室压铸机的生产效率为 75 ~ 85 次/h，热压室压铸机的生产效率高达 300 ~ 800 次/h，并容易实现机械化和自动化。

压力铸造也存在一些不足：

①由于压射速度快，铸型透气性差，型腔内气体来不及排出而最后在铸件中形成表皮下气孔。

②压铸件凝固快，补缩困难，易产生缩松，影响铸件内在质量。

③压铸设备投资大,铸型制造成本高,工艺准备时间长,故只适于大批量生产。

④由于压型寿命的原因,目前压力铸造尚不适宜铸铁、钢等高熔点合金的铸造。

压力铸造主要用于生产铝、锌、镁等合金铸件,在汽车、拖拉机等工业中得到广泛应用。目前,生产的压铸件重的达到50 kg,轻的只有几克,如发动机缸体、缸盖、箱体、支架、仪表及照相机壳体等。近年来,真空压铸、加氧压铸、半固态压铸的开发与利用,扩大了压力铸造的应用范围。

4. 低压铸造

低压铸造是介于重力铸造(如金属型铸造、砂型铸造)和压力铸造之间的一种铸造方法,是在0.02~0.06 MPa的低压下使液态金属自下而上充填型腔,并在压力下凝固成形以获得铸件的方法。

(1)低压铸造的工艺过程。

低压铸造工作原理如图1.27所示。下部是密闭的保温坩埚,储存液态金属。坩埚顶部紧固着铸型(通常为金属型),升液管使液态金属与铸型相通。

具体工艺过程为:把熔炼好的液态金属倒入保温坩埚,装上密封盖、升液管及预热好的铸型。将干燥的压缩空气通入坩埚内,液态金属受低压气体的作用便沿升液管上升,经浇口进入铸型型腔。当液态金属充满型腔后,保持压力直至铸件全部凝固。撤销压力,使坩埚与大气相通,这时升液管和浇口中的液态金属在重力作用下流回坩埚。开启铸型,由顶杆顶出铸件。

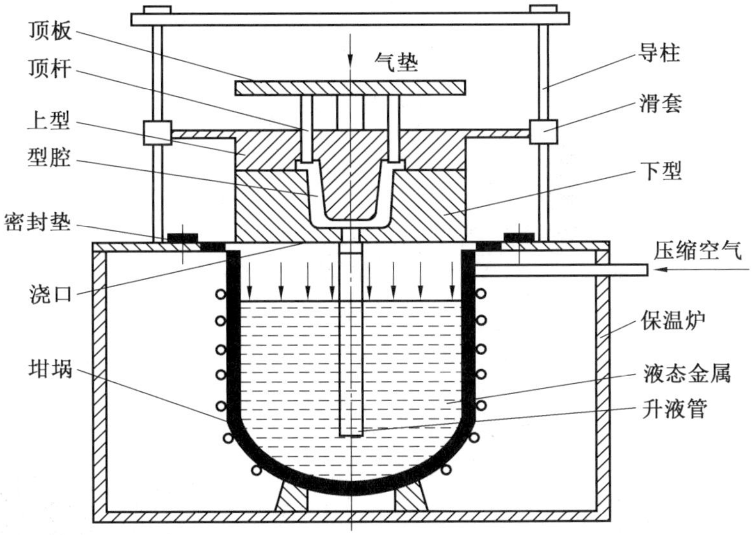

图1.27 低压铸造工作原理

(2)低压铸造的特点和应用范围。

低压铸造的特点如下:

①采用底注式充型,金属充型平稳、对铸型的冲刷力小,且液流和气流方向一致,不易产生夹渣、砂眼、气孔等缺陷。

②借助压力充型和凝固,铸件轮廓清晰,组织致密,对于薄壁、耐压、防渗漏、气密性好

的铸件尤为有利。

③浇注系统简单,浇口兼冒口,金属利用率通常在90%以上。

④充型压力和速度便于调节,适用于金属型、砂型、石膏型、陶瓷型及熔模型壳等,容易实现机械化、自动化生产。

低压铸造的主要缺点是升液管寿命短,液态金属在保温过程中易产生氧化和夹渣,且生产效率低于压力铸造。

低压铸造主要用于生产质量要求高的铝、镁合金铸件,如汽车发动机缸体、汽缸盖、活塞、曲轴箱等,曾成功地铸造了重达200 kg的铝活塞,也可用于球墨铸铁、铜合金等浇注较大的铸件,如30 t重的铜合金螺旋桨及大型球墨铸铁曲轴。

5. 离心铸造

离心铸造是指将液态金属浇入高速旋转的铸型中,使液态金属在离心力的作用下充填铸型并凝固成形的一种铸造方法。

(1)离心铸造的类型。

根据铸型旋转轴在空间位置的不同,离心铸造可分为立式离心铸造和卧式离心铸造两种类型(图1.28)。立式离心铸造(图1.28(a))时铸型是绕垂直轴旋转的,它主要用于

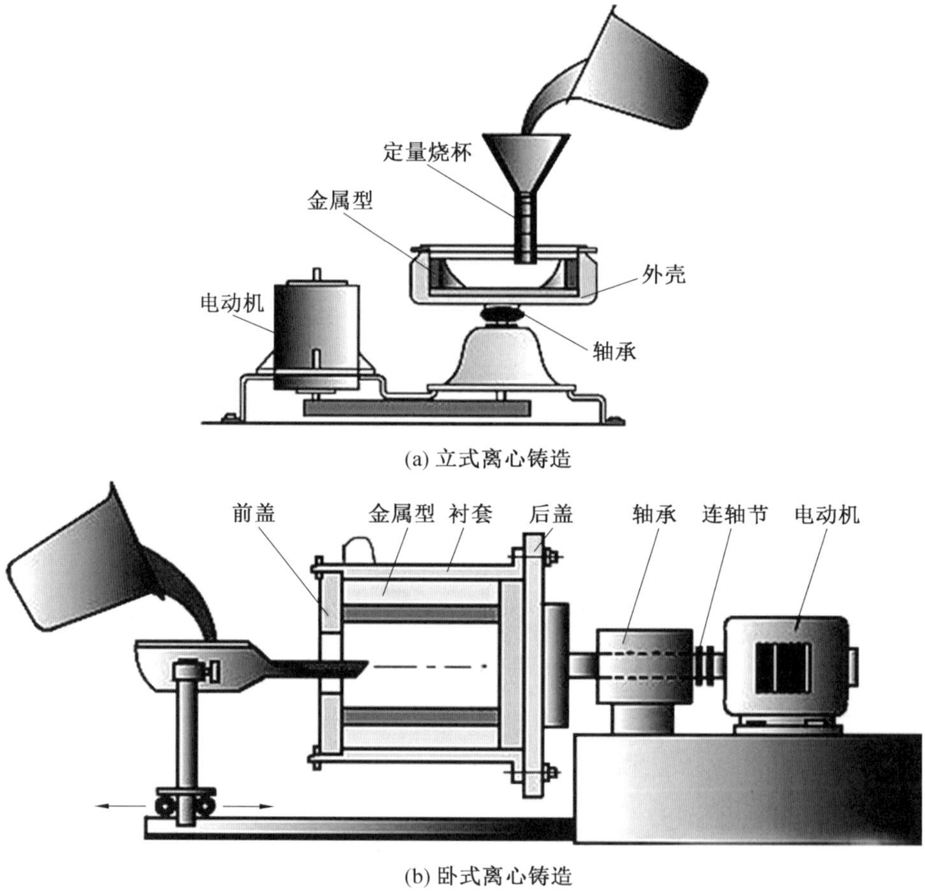

图1.28 离心铸造的分类

生产高度小于直径的圆环类铸件，如轮圈和合金轧辊等，有时也可浇注异形铸件。卧式离心铸造（图1.28（b））时铸型是绕水平轴或与水平线成一定夹角（小于15°）的轴线旋转的，它主要用来生产长度大于直径的套筒类或管类铸件，在铸铁管和汽缸套的生产中应用极广。

（2）离心铸造的特点及应用范围。

①液态金属在铸型中能形成中空的自由表面，不用型芯即可铸造出中空铸件，大大简化了套筒、管类铸件的生产过程。

②液态金属受离心力作用，提高了金属充填铸型的能力，因此一些流动性较差的合金和薄壁铸件都可用离心铸造法生产。

③由于离心力的作用，改善了补缩条件，气体和非金属夹杂物也易从液态金属中排出，产生缩孔、缩松、气孔和夹渣等缺陷的倾向较小。

④铸造圆形中空铸件时，可省去型芯和浇注系统，简化了铸造工艺，节约了金属。

⑤便于铸造双金属铸件，如钢套镶铸铜衬，不仅表面强度高，内部耐磨性好，还可节约贵重金属。

⑥由于离心力的作用，金属中的气体、熔渣等因密度较小而集中在铸件的内表面，所以铸件内孔尺寸不精确，质量较差，必须增加机械加工余量来保证铸件内孔质量，且不适宜生产易偏析合金。

离心铸造适合生产中空状的回转体铸件，目前已广泛用于铸铁管、铜套、汽缸套、双金属钢背铜套、双金属轧辊、加热炉辊道、造纸机滚筒等铸件的生产。

6. 消失模铸造

消失模铸造又称实型铸造，是将与铸件形状尺寸相似的泡沫模型黏结组合成模型，刷涂耐火涂料并烘干后，埋在干石英砂中振动造型，在负压下浇注，使模型气化，液态金属占据模型位置，冷却凝固成铸件的铸造方法。

（1）泡沫塑料模的制造。

泡沫塑料模多采用聚苯乙烯泡沫塑料制成，由于塑料呈蜂窝状结构，故其密度小、气化迅速。泡沫塑料模的制造方法如下：

① 发泡成形法。将预发泡并熟化好的聚苯乙烯珠粒置于专用的发泡模内，通入热空气或蒸汽短时加热，使珠粒进一步膨胀形成附浇冒口的模样。这种泡沫塑料模样制造方法主要用于大批量生产。

② 加工成形法。通常以厚度为100 mm的泡沫塑料板为原材料，先用机械加工或电热丝切割等方法制成形状简单的部件，然后用黏结剂将这些部件黏合成泡沫塑料模样。显然，这种方法不需要制造模具，适于单件、小批量生产。

泡沫塑料模表面必须浸涂厚度为0.5～2.5 mm的耐火涂料，以提高铸件的表面质量。在铸铁件涂料中，除铝矾土和石墨粉外，多以陶土和少量糖浆为黏结剂。模样在浸涂涂料后，应彻底烘干。

（2）消失模铸造的工艺过程。

消失模铸造工艺过程如图1.29所示。消失模铸造是把聚苯乙烯颗粒放入金属模具内，加热使其膨胀发泡制成模样。将表面覆有耐火涂料的泡沫塑料放入特制的砂箱内，填入干砂震实，在砂箱顶部覆盖一层塑料薄膜，抽真空让铸型保持不变，浇注后高温液态金属使模样气化，燃烧而消失，并占据模样的位置，冷却凝固后获得所需要的铸件，然后释放砂箱真空状态，干砂又恢复了流动性，倒出干砂取出铸件。

在单件、小批量生产中，实型铸造多采用自硬砂（如水玻璃砂、水泥砂等）造型。在大批量生产中，可采用干砂造型，填砂之后采用机械将干砂紧实造型。金属浇注时，应先慢后快，使液态金属上升速度低于模样的气化速度，以减少气化模分解产物与液态金属的作用，防止铸件的表面缺陷。同时，浇注场地要有良好的通风与排烟设施，以保护环境。

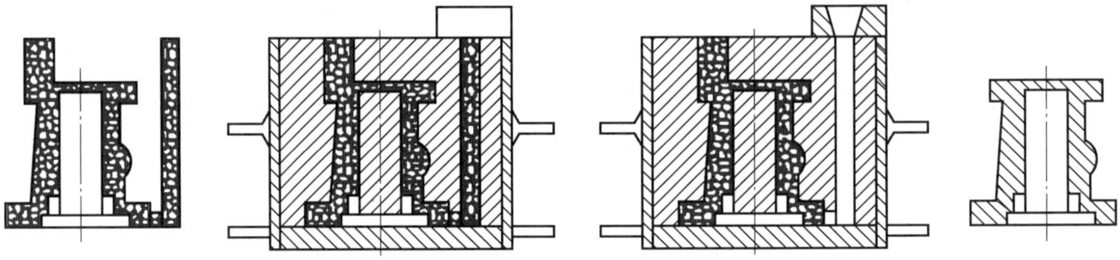

(a) 泡沫塑料模　(b) 紧实造型　(c) 浇注充型　(d) 铸件

图 1.29　消失模铸造工艺过程

（3）消失模铸造的优点。

①消失模铸造是一种近无余量、精确成形的新工艺。消失模铸造时铸型紧实后不用起模、分型，没有铸造斜度和活块，取消了砂芯，因此避免了普通砂型铸件尺寸误差和错箱等缺陷，同时由于泡沫塑料模样的表面粗糙度较低，故消失模铸件的模表面粗糙度也较低。铸件的尺寸精度为 CT 7 ~9 级，表面粗糙度值 Ra 可达到 3.2 ~12.5 μm。

②铸件结构设计的自由度大。消失模铸造由于没有分型面，也不存在下芯、起模等问题，许多在普通砂型铸造中难以铸造的铸件结构在消失模铸造中不存在任何困难。各种形状复杂的模样，均可采用先分块制造，再黏合成整体的方法制成，减少了加工装配时间，降低了生产成本。

③固定资产投资少。因消失模铸造采用无黏结剂干砂造型，可节省大量型砂黏结剂，旧砂可以全部回用，取消了型砂制备和废砂处理工序。型砂紧实及旧砂处理设备简单，所需的设备也较少。

④减少了材料消耗。消失模铸造可减少机械加工余量（最多为 2 mm），降低了机械加工成本，和传统砂型铸造相比，机械加工时间缩短 40% ~50%。

⑤降低劳动强度。消失模铸造不用砂芯，省去了芯盒制造、芯砂配制、砂芯制造等工序，型砂不需要黏结剂，铸件落砂及砂处理系统简便，同时改善了作业环境。

⑥生产工序简单，工艺技术容易掌握，易于实现机械化和绿色化生产。

消失模铸造适合于除低碳钢以外的各类合金（因为泡沫塑料熔失时会对低碳钢产生增碳作用，所以不适于低碳钢铸件的生产），如铝合金、铜合金、铸铁（灰铸铁和球墨铸铁）及各种铸钢等的生产。对铸件的结构、大小及生产类型几乎无特殊限制，是一种适应性广、生产效率高、经济适用的生产方法。消失模铸造过程可以方便收集并集中处理粉尘、有害气体，被誉为“绿色铸造”。

1.3 铸造工艺设计

铸造工艺设计就是根据铸造零件的结构特点、技术要求、生产批量和生产条件等因素，确定铸造方案和工艺参数，绘制铸造工艺图，编制工艺卡和工艺规范等技术文件的过程。铸造成形件又以砂型铸件所占比例最大，故本节主要阐述砂型铸造成形件的工艺设计，即砂型铸造工艺设计。具体设计内容包括：选择铸件的浇注位置和分型面；确定工艺参数（如机械加工余量、起模斜度、铸造圆角、收缩率等）；确定型芯的数量、芯头形状及尺寸；设计浇注系统和冒口，冷铁等的形状、尺寸及在铸型中的布置等。将工艺设计的内容用工艺符号或文字在零件图上表示出来，即构成了铸造工艺图。

铸造工艺设计可以有效地控制铸件的形成过程，减少铸型制造的工作量、降低铸件成本，达到优质高产的效果。铸造工艺设计的好坏对铸件品质、生产效率和成本起着重要作用。

1.3.1 铸造成形方案的选择

1. 浇注位置的选择

浇注位置是指浇注时铸件在铸型中所处的空间位置。浇注位置的确定是铸造工艺设计中重要的一环，关系到铸件的质量能否得到保证，也涉及铸件的尺寸精度及造型工艺过程。确定浇注位置在很大程度上着眼于控制铸件的凝固顺序，是以保证铸件的质量为依据，故选择浇注位置时应考虑如下原则。

（1）铸件的重要加工面应朝下或位于侧面。

铸件的重要加工面应朝下或位于侧面，这是因为铸件上部凝固速度慢，晶粒较粗大，易在铸件上部形成气孔、夹渣及砂眼等缺陷。铸件下部的晶粒细小，组织致密，缺陷少，质量优于上部。当铸件有几个重要加工面或重要面时，应将主要的和较大的加工面朝下或位于侧面，受力部位也应置于下部。无法避免在铸件上部出现加工面时，应适当加大机械加工余量，以保证加工后铸件质量。

机床床身的浇注位置如图1.30所示。由于床身导轨是主要的工作面，不允许有明显的表面缺陷，而且要求组织致密，因此常将导轨面朝下浇注。

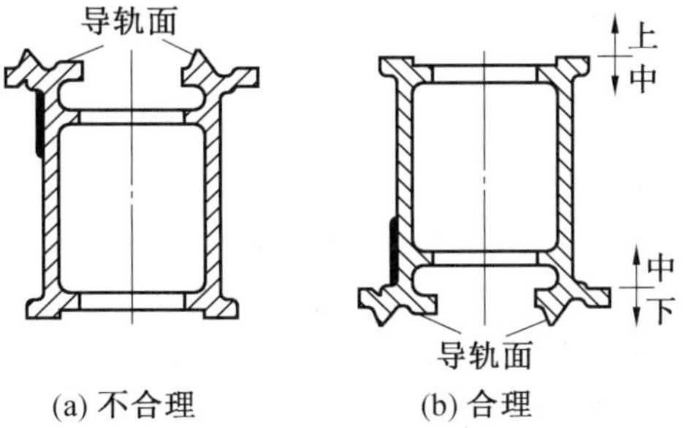

图1.30 机床床身的浇注位置

卷扬机滚筒的浇注位置如图1.31所示。因滚筒圆周的表面质量要求较高，不允许有明显的铸造缺陷。若采用卧位浇注,圆周朝上的表面质量难以保证;若采用立位浇注,滚筒的全部圆周表面位于侧面,可保证质量均匀一致,较易获得合格铸件。

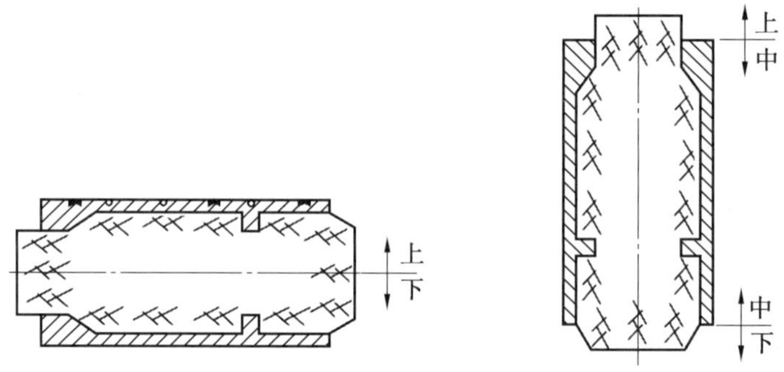

(a) 不合理　(b) 合理

图 1.31　卷扬机滚筒的浇注位置

(2)铸件宽大平面应朝下。

型腔的上表面除了容易产生砂眼、气孔、夹渣等缺陷外,大平面还常产生夹砂缺陷。这是因为在浇注过程中,液态金属对型腔上表面有强烈的热辐射,上表面型砂急剧地膨胀和强度下降而拱起、开裂(图 1.32(a)),液态金属进入表层裂缝之中,在铸件表面造成夹砂、结疤(图 1.32(b))。因此,平板、圆盘类具有大平面的铸件,应将大平面朝下放置(图 1.32(c))。

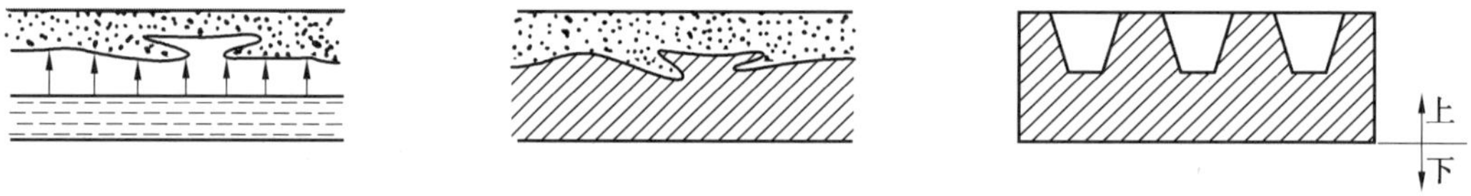

(a) 拱起、开裂　(b) 夹砂、结疤　(c) 具有大平面铸件的浇筑位置

图 1.32　大平面的浇注位置选择

(3)铸件大面积薄壁部分应放在下部或侧部。

为防止铸件薄壁部位产生浇不足、冷隔缺陷,应将面积较大的薄壁部分置于铸型下部,或使其处于垂直、倾斜位置。箱盖的浇注位置如图 1.33 所示。将薄壁部分置于铸型上部,易产生浇不足、冷隔等缺陷(图 1.33(a))。将薄壁部分置于铸型下部后,可避免出现缺陷(图 1.33(b))。

(4)应有利于实现顺序凝固。

对于容易产生缩孔的铸件,应使铸件的厚壁部分放在分型面附近的上部或侧面,以便安放冒口,使铸件实现自下而上的顺序凝固。在卷扬机滚筒浇注时,厚端放在上部是合理的(图 1.31(b));反之,若厚端放在下部,则难以补缩。

(5)应尽量减小型芯的数量,且便于安放、固定和排气。

机床床脚的浇注位置如图 1.34 所示。采用如图 1.34(a)所示的方案,中间空腔需一个很大的型芯,增加了制芯的工作量。采用如图 1.34(b)所示的方案,中间空腔由自带型芯形成,简化了造型工艺。

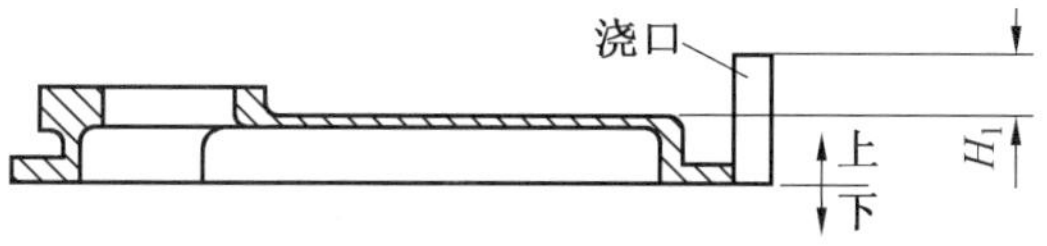

(a) 不合理

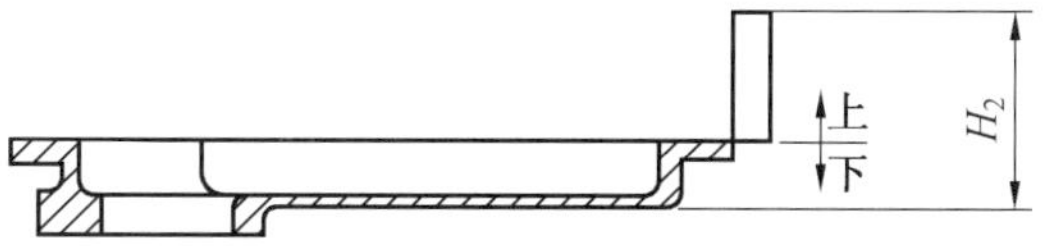

(b) 合理

图 1.33 箱盖的浇注位置

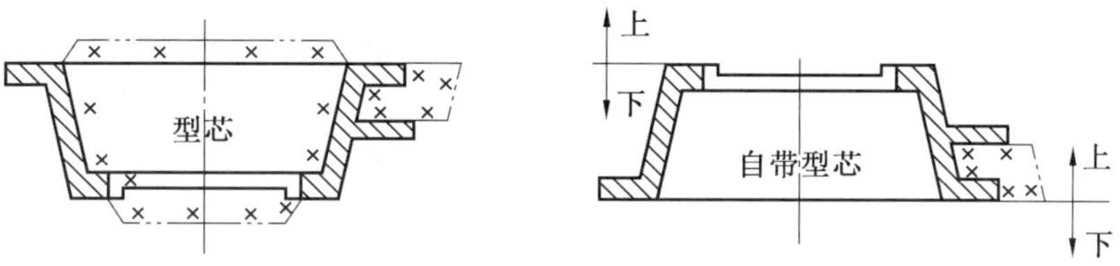

(a) 不合理　　(b) 合理

图 1.34 机床床脚的浇注位置

2. 分型面的选择

为了方便取出模样,将铸型分成几部分,其结合面被称为分型面。一般来说,分型面应在浇注位置确定后再选择。分型面如果选择不当,不仅影响铸件质量,而且还会使制模、造型、制芯、合箱或清理等工序复杂化,甚至还可增大切削加工的工作量。分型面的选择要在保证铸件质量的前提下,尽量简化铸造工艺过程,以节省人力和物力。

分型面的选择应考虑以下原则。

(1)便于起模,使造型工艺简化。

①尽量减少分型面,这是因为多一个分型面,铸型就会增加一些误差,会使铸件精度降低。绳轮铸件的分型方案如图 1.35 所示。图 1.35(a)所示的方案有两个分型面,小批量生产时可采用三箱造型。大批量生产时,为了便于机器造型,可采用环状外型芯将两个分型面改为一个分型面,如图 1.35(b)所示。

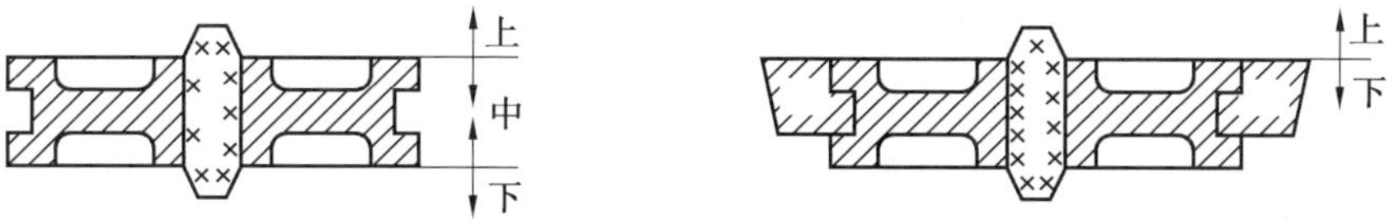

(a) 两个分型面　　(b) 设置环状外型芯,一个分型面

图 1.35 绳轮铸件的分型方案

②分型面应尽量平直。起重臂分型面的选择如图 1.36 所示。采用如图 1.36(a)所示的方案,分型面为曲面,必须采用挖砂或假箱造型,造型工作量加大。采用如图 1.36(b)所示的方案,分型面是一平面,采用简单的分模造型即可,使造型工艺简化。

③分型面的选择应尽量减小型芯和活块的数量,以简化制模、造型、合型工序。

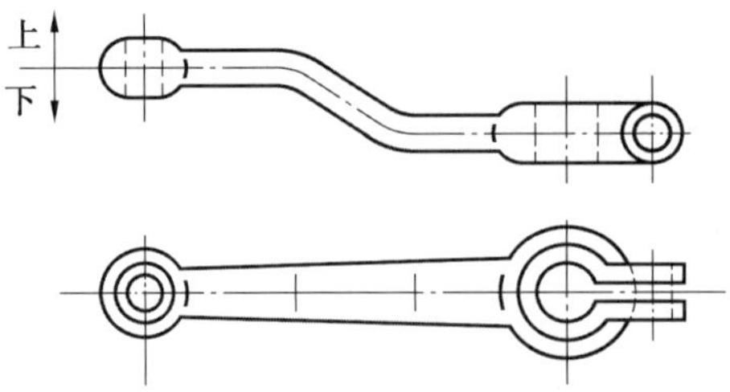

(a) 不合理　　　(b) 合理

图 1.36　起重臂分型面的选择

(2)尽量将铸件全部或大部置于同一砂箱。

尽量将铸件重要加工面或大部分加工面、加工基准面放在同一个砂箱中,以避免产生错箱、披缝和毛刺,以及降低铸件精度和增加清理工作量。图 1.37 所示的箱体,若采用Ⅰ分型面,铸件尺寸变动较大,以箱体底面为基准面加工 A、B 面时,凸台高度、铸件的壁厚等难以保证。若采用Ⅱ分型面,整个铸件位于同一砂箱中,则不会出现上述问题。

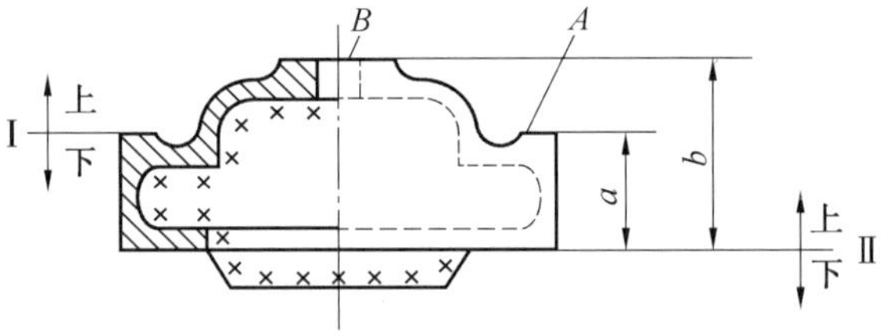

图 1.37　箱体分型面的选择

堵头铸件的分型方案如图 1.38 所示。若采用图 1.38(a)方案,铸件位于同一砂箱中,四方头与带螺纹的外圆同轴,可确保铸件的加工精度;若采用图 1.38(b)方案,铸件位于两个砂箱,稍有错箱会导致四方头与带螺纹的外圆不同轴,给加工带来困难,甚至无法加工。

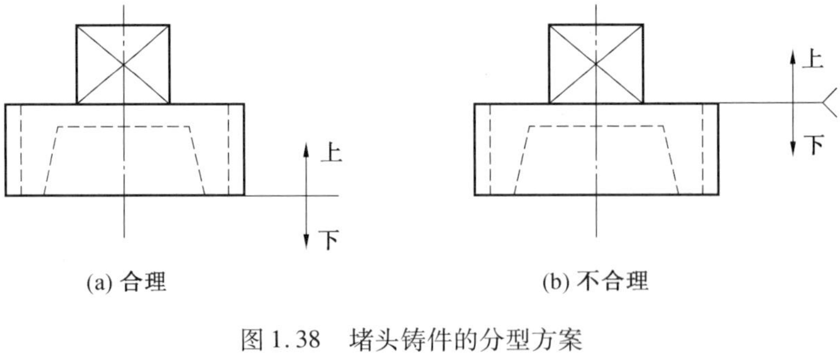

(a) 合理　　　(b) 不合理

图 1.38　堵头铸件的分型方案

(3)要便于下芯、合箱及检查型腔尺寸。

为了便于造型、下芯、合箱和检验铸件壁厚,应尽量使型腔及主要型芯位于下箱。如图 1.39 所示为机床支柱的分型方案,方案Ⅰ和方案Ⅱ同样便于下芯时检验壁厚,但方案Ⅱ的型腔及型芯大部分位于下箱,这样可以减小上箱的高度,上型腔浅且形状简单,有利于起模及合箱,因此方案Ⅱ合理。但下箱型腔也不宜过深,并应尽量避免使用吊芯和大的吊沙,如图1.40所示,减速器箱盖采用此手工造型方案可避免吊芯和大的吊沙。

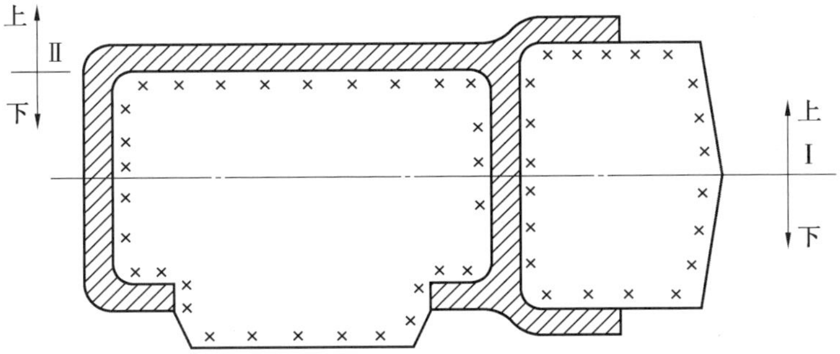

图1.39 机床床脚的铸造工艺图

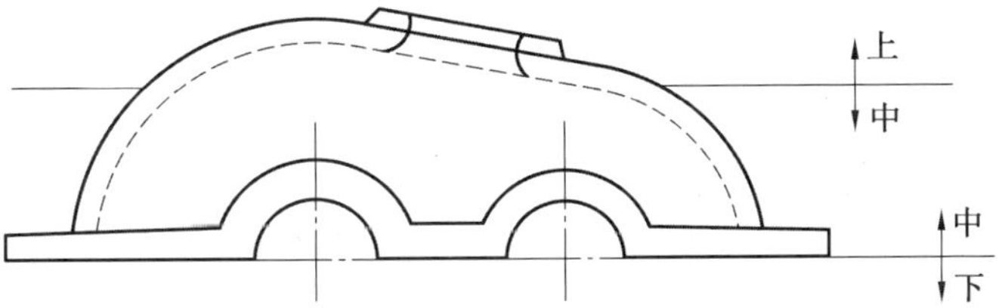

图1.40 减速器箱盖手工造型方案

1.3.2 铸造工艺参数

铸造工艺参数是指铸造工艺设计时需要确定的某些工艺数据,这些工艺数据一般都与模样及芯盒尺寸有关,既与铸件的精度有密切的关系,同时也与造型、制芯、下芯及合箱的工艺过程有关。这些常用的铸造工艺参数主要包括机械加工余量、铸件的孔与槽、起模斜度、收缩率、型芯及芯头等。

1. 机械加工余量

在铸件上为进行机械加工而加大的尺寸称为机械加工余量。在零件图上标有加工符号的地方,制模时必须留有机械加工余量。机械加工余量必须慎重选取,机械加工余量过大,切削加工费时,且浪费金属材料;机械加工余量过小,制品会因残留黑皮而报废,或者因铸件表面过硬而加速刀具磨损。

机械加工余量的大小,要根据铸件的大小、生产批量、合金种类、铸件复杂程度及加工面在铸型中的位置来确定。灰铸铁件表面光滑、平整,精度较高,机械加工余量较小。铸钢件的表面粗糙,变形较大,其机械加工余量比铸铁件要大些。有色合金铸件价格昂贵,且表面光滑、平整,其机械加工余量可以小些。铸件的尺寸越大或加工面与基准面的距离越大,铸件的尺寸误差也就越大,故机械加工余量也随之加大。灰铸铁件的机械加工余量见表1.3。

表 1.3 灰铸铁件的机械加工余量 mm

铸件最大尺寸	浇注时位置	不同加工面与基准面距离的加工余量					
		小于 50	50 ~ 120	120 ~ 260	260 ~ 500	500 ~ 800	800 ~ 1 250
小于 120	顶面底 侧面	3.5 ~ 4.5 2.5 ~ 3.5	4.0 ~ 4.5 3.0 ~ 3.5	—	—	—	—
120 ~ 260	顶面底 侧面	4.0 ~ 5.0 3.0 ~ 4.0	4.5 ~ 5.0 3.5 ~ 4.0	5.0 ~ 5.5 4.0 ~ 4.5	—	—	—
260 ~ 500	顶面底 侧面	4.5 ~ 6.0 3.5 ~ 4.5	5.0 ~ 6.0 4.0 ~ 4.5	6.0 ~ 7.0 4.5 ~ 5.0	6.5 ~ 7.0 5.0 ~ 6.0	—	—
500 ~ 800	顶面底 侧面	5.0 ~ 7.0 4.0 ~ 5.0	6.0 ~ 7.0 4.5 ~ 5.0	6.5 ~ 7.0 4.5 ~ 5.5	7.0 ~ 8.0 5.0 ~ 6.0	7.5 ~ 9.0 6.5 ~ 7.0	—
800 ~ 1 250	顶面底 侧面	6.0 ~ 7.0 4.0 ~ 5.5	6.5 ~ 7.5 5.0 ~ 5.5	7.0 ~ 8.0 5.0 ~ 6.0	7.5 ~ 8.0 5.5 ~ 6.0	8.0 ~ 9.0 5.5 ~ 7.0	8.5 ~ 10 6.5 ~ 7.5

注：机械加工余量数值中下限用于大批量生产，上限用于单件、小批量生产。

2. 铸件的孔与槽

铸件的孔及槽是否铸出，不仅取决于工艺上的可能性，还必须考虑其铸出的必要性及经济性。一般来说，较大的孔、槽应当铸出，以节约金属和机械加工工时，同时也可减小铸件上的热节。较小的孔，尤其是位置精度要求高的孔、槽则不必铸出，留待机加工反而更经济。对于有弯曲形状等特殊的孔，无法机械加工时则应直接铸造出来。需用钻头加工的孔（中心线位置精度要求高的孔）最好不铸出。难以加工的合金材料，如高锰钢等铸件的孔和槽应铸出。砂型铸造常用合金铸件的最小铸孔直径见表 1.4。

表 1.4 砂型铸造常用合金铸件的最小铸孔直径 mm

生产批量	灰铸铁件	铸钢件
大批量生产	12 ~ 15	—
成批生产	15 ~ 30	30 ~ 50
单件、小批量生产	30 ~ 50	50

3. 起模斜度

为了使模样易从铸型中取出或型芯自芯盒中脱出，以免损坏砂型和型芯，在模样、芯盒的起模方向上留有一定的斜度，称为起模斜度。起模斜度的大小应根据模样的高度、模样的尺寸及造型方法来确定。对于金属模样，起模斜度 α 可取 0.5° ~ 1°，木模样取 1° ~ 3°，一般内壁的起模斜度要比外壁的起模斜度大些。

起模斜度的 3 种形式如图 1.41 所示。一般在铸件加工面上，采用增加铸件厚度法

(图 1.41(a))。在铸件不与其他零件配合的非加工表面上,可采用 3 种形式中的任何一种。在铸件与其他零件配合的非加工表面上,采用增加和减少铸件厚度法(图 1.41(b)),或减少铸件厚度法(图 1.41(c))。原则上,在铸件上留出起模斜度后,铸件尺寸不应超出铸件的尺寸公差。

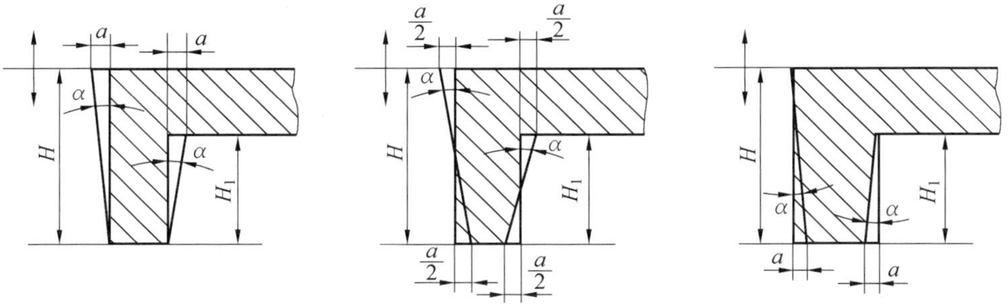

图 1.41　起模斜度的 3 种形式

4. 收缩率

由于收缩,铸件冷却凝固后的尺寸比型腔尺寸略为缩小,为了使铸件的实际尺寸符合图样要求,制作模样时模样尺寸必须比铸件尺寸放大一个收缩率。铸造收缩率主要与合金的收缩大小及铸件收缩时的受阻条件有关,如合金种类、铸型种类、砂芯退让性、铸件结构、浇冒口等。在生产制造模样时,为了方便起见,常用特制的缩尺,缩尺的刻度比普通尺长,其加长的量等于收缩量。常用的缩尺有 0.8%、1.0%、1.5%、2.0% 等。

5. 型芯及芯头

型芯是铸型的一个重要组成部分,型芯的作用是形成铸件的内腔、孔和铸件外形不能出砂的部位。型芯设计需满足一定的要求,主要包括型芯的形状、尺寸及在砂型中的位置应符合铸件要求,具有足够的强度和刚度,在铸件形成过程中砂芯所产生的气体能及时排出型外,铸件收缩时阻力小和容易清砂。型芯设计的内容主要包括型芯数量及形状、芯头结构、芯子的排气等。一个铸件所需的型芯数量及各个型芯的形状主要取决于铸件结构及分型面的位置,应尽量减少型芯数量。

芯头是型芯的外伸部分,不形成铸件轮廓,只落入芯座内,用以定位和支承型芯。芯头分为垂直芯头和水平芯头(图 1.42)。模样上用以在型腔内形成芯座并放置芯头的突出部分也称芯头,因此芯头的作用是保证型芯能准确地固定在型腔中,并承受型芯本身所受的重力、熔融金属对型芯的浮力和冲击力等。此外,型芯还利用芯头向外排气。铸型中专为放置芯头的空腔称为芯座。芯头和芯座都应有一定斜度,便于下芯和合型。

在芯头设计时,需考虑:保证定位准确,能承受砂芯自身质量和液态金属的冲击、浮力等外力的作用,浇注时砂芯内部气体应能顺畅排出铸型等。

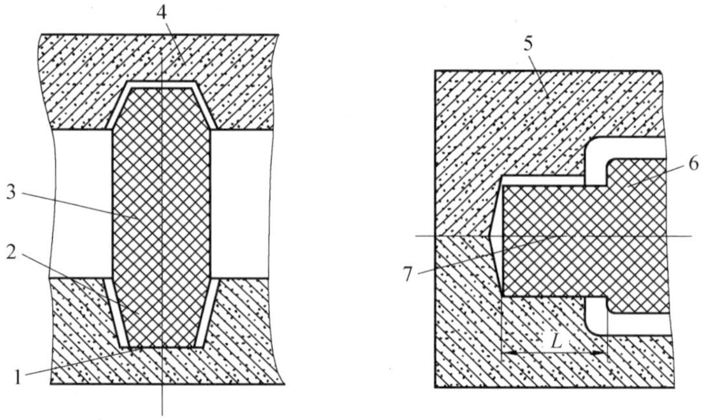

(a) 垂直芯头　　(b) 水平芯头

图 1.42　芯头

1—芯座;2、7—芯头;3、6—型芯;4、5—铸型

1.3.3　铸造工艺图

1. 铸造工艺图的概念

铸造工艺图是在零件图的基础上,利用各种工艺符号表示出铸造工艺方案和工艺参数的图形。铸造工艺图上表示的内容有分型面、浇注位置、浇注系统、型芯、机械加工余量、起模斜度等。铸造工艺图是制造模样和铸型、进行生产准备和铸件检验的依据,是铸造生产的基本工艺文件,它决定了铸件的形状、尺寸、生产方法和工艺过程。

2. 铸造工艺图的绘制

以支座零件为例来阐述铸造工艺图的绘制。

支座(图 1.43)为一支承件,是没有特殊质量要求的表面,在制订工艺方案时,不必考虑浇注位置要求,主要着眼于工艺上的简化。支座虽属于简单件,但底板上 4 个直径为 10 mm 孔的凸台及 2 个轴孔的内凸台可能妨碍起模。同时,轴孔如若铸出,还必须考虑下芯的可能性。

(1)支座可供选择的分型方案。

①方案Ⅰ。沿底板中心线分型,即采用分开模造型。其优点是底面上 110 mm 凹槽容易铸出,轴孔下芯方便,轴孔内凸台不妨碍起模。缺点是底板上 4 个凸台必须采用活块,同时铸件易产生错型缺陷,飞翅清理的工作量大。此外,若采用木模,加强筋处过薄,木模易损坏。

②方案Ⅱ。沿底面分型,铸件全部位于下箱,为铸出 110 mm 凹槽必须采用挖砂造型。方案Ⅱ克服了方案Ⅰ的缺点,但轴孔内凸台妨碍起模,必须采用 2 个活块或下型芯。当采用活块造型时,直径为 30 mm 的轴孔难以下芯。

③方案Ⅲ。沿 110 mm 凹槽底面分型。其优缺点与方案Ⅱ类似,仅是将挖砂造型改为分模造型或假箱造型,以适应不同的生产条件。

可以看出,方案Ⅱ、Ⅲ的优点多于方案Ⅰ。但在不同生产批量下,具体方案可选择如下:

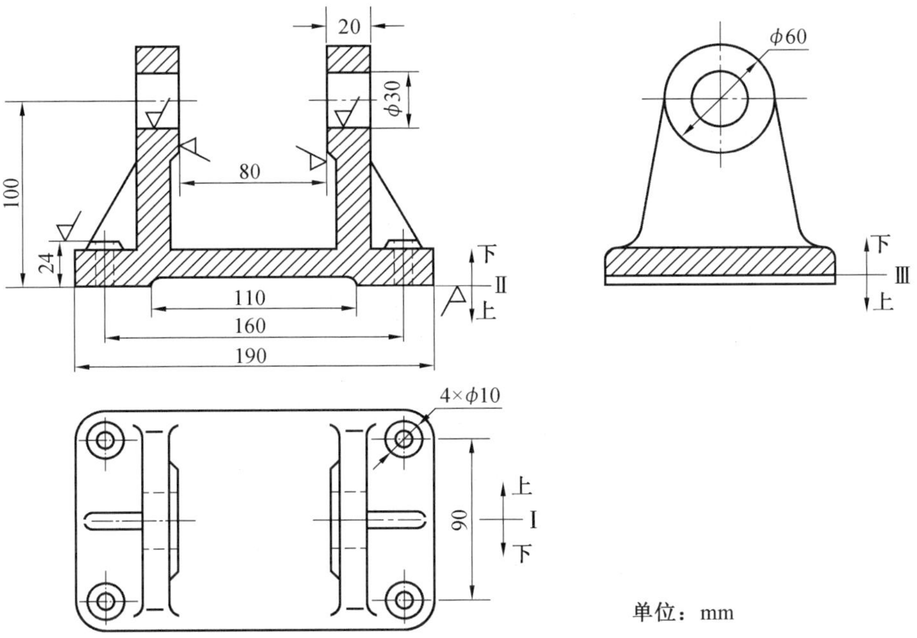

图 1.43　支座

①单件、小批量生产。由于轴孔直径较小、无须铸出，而手工造型便于进行挖砂和活块造型，此时依靠方案Ⅱ分型较为经济合理。

②大批量生产。由于机器造型难以使用活块，故应采用型芯制出轴孔内凸台。同时，应采用方案Ⅲ从 110 mm 凹槽底面分型，以降低模板制造费用。图 1.44 为支座的铸造工艺图。由图 1.44 可见，方型芯的宽度大于底板，以便使上箱压住该型芯，防止浇注时上浮。若轴孔需要铸出采用组合型芯即可实现。

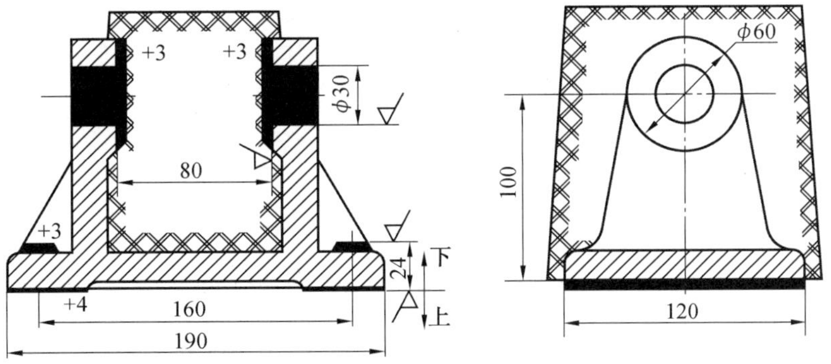

非加工表面起模斜度为 30′～1°；铸造圆角为 $R3$～$R5$；收缩率为 1%

图 1.44　支座的铸造工艺图

(2) 支座铸造工艺图的绘制步骤。

①在零件图上画出机械加工余量，以简化零件的形状。当把复杂零件上不需要铸出的结构画上机械加工余量后，零件的形状就会变得简选择造型方法和分型面也会变得容易。

②确定浇注位置、分型面和造型方法。根据前述分析，选择方案Ⅲ为浇注位置和分型面的方案，采用整模造型。

③确定起模斜度。因为该零件的外圆柱面、内圆柱面均为加工表面，所以需要标注出起模斜度及斜度值，而非加工表面的起模斜度写在图纸的右下方即可。

④画出铸造圆角，并在图纸的右下方写出铸造圆角的值，以使图纸整洁。

⑤标注收缩率。收缩率也用文字在图纸的右下方用文字注明。

1.4 铸件结构设计

铸件结构是否合理，不仅会直接影响到铸件的力学性能、尺寸精度、质量要求和其他使用性能，同时对铸件的生产效率和生产成本有着很大影响。铸件结构设计除了满足使用性能要求外，还应符合铸造生产要求，即满足合金铸造性能和铸造工艺对铸件结构的要求。

1.4.1 铸造性能对铸件结构的要求

1. 铸件的壁厚设计

(1)铸件的最小壁厚。

每种铸造合金的流动性不同，在相同铸造条件下，所能浇注出的铸件最小允许壁厚亦不同。如果所设计铸件的壁厚小于允许的“最小壁厚”，铸件就易产生浇不足、冷隔等缺陷。在各种工艺条件下，铸造合金能充满型腔的最小厚度，称为铸件的最小壁厚。铸件的最小壁厚主要取决于合金的种类、铸件的大小及形状等因素。砂型铸造条件下几种合金的铸件最小壁厚见表 1.5。

表 1.5　砂型铸造条件下几种合金的铸件最小壁厚　　mm

铸件尺寸	铸钢	灰铸铁	球墨铸铁	可锻铸铁	铝合金	铜合金
小于 200 mm×200 mm	8	5 ~ 6	6	5	3	3 ~ 5
200 mm×200 mm ~ 500 mm×500 mm	10 ~ 12	6 ~ 10	12	8	4	6 ~ 8
大于 500 mm×500 mm	15 ~ 20	15 ~ 20	15 ~ 20	10 ~ 12	6	10 ~ 12

(2)铸件的临界壁厚。

在铸造厚壁铸件时，容易产生缩孔、缩松、结晶组织粗大等缺陷，从而使铸件的力学性能下降。因此，在设计铸件时，如果一味地采取增加壁厚的方法来提高铸件的强度，其结果可能适得其反。各种铸造合金都存在一个临界壁厚。在最小壁厚和临界壁厚之间就是适宜的铸件壁厚。一般在砂型铸造条件下，各种铸造合金的临界壁厚约等于其最小壁厚的 3 倍。灰铸铁件的壁厚参考值见表 1.6。

表 1.6　灰铸铁件的壁厚参考值　mm

铸件质量	铸件的最大尺寸	外壁厚度	内壁厚度	筋的厚度	零件举例
小于 5 kg	300	7	6	5	盖、拔叉、轴套、端盖
6 ~ 10 kg	500	8	7	5	挡板、支架、箱体、门、盖
11 ~ 60 kg	750	10	8	6	箱体、电机支架、溜板箱、托架
61 ~ 100 kg	1 250	12	10	8	箱体、油缸体、溜板箱
101 ~ 500 kg	1 700	14	12	8	油盘、皮带轮、镗模架
501 ~ 800 kg	2 500	16	14	10	箱体、床身、盖、滑座
801 ~1 200 kg	3 000	18	16	12	小立柱、床身、箱体、油盘

(3)选择合理的截面形状。

为了充分发挥合金效能,使之既能避免厚大截面,又能保证铸件的强度和刚度,应当根据载荷性质和大小选择合理的截面形状,如丁字形、工字形、槽形或箱形结构,并在脆弱部位安置加强筋。此外,为了减轻铸件的质量,便于型芯的固定、排气和铸件的清理,常在铸件的壁上开设窗口。

(4)铸件的壁厚应尽可能均匀。

图 1.45(a)所示为一圆柱座铸件,其内孔需要装配一根轴,现因铸件壁厚过大,而出现缩孔。若采用如图 1.45(b)所示的挖空设计或如图 1.45(c)所示的设置加强筋板,则其壁厚呈均匀分布,在保证使用性能的前提下,既可消除铸件的缩孔缺陷,又能节约金属材料。

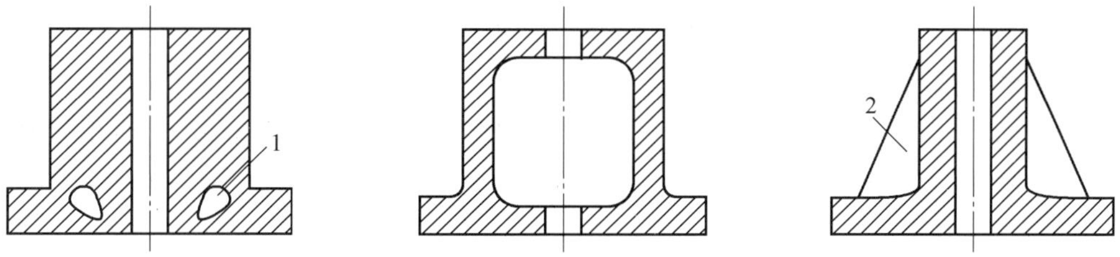

(a) 出现缩孔　(b) 挖空　(c) 设置加强筋板

图 1.45　壁厚对铸件的影响
1—缩孔;2—加强筋板

检查铸件壁厚的均匀性时,必须将铸件的机械加工余量考虑在内。因为有时不包括机械加工余量时看似较均匀,但包括机械加工余量之后热节却很大。对于某些难以做到壁厚均匀的铸件,若合金的缩孔倾向较大,则应使其结构便于实现定向凝固,以便安置冒口和进行补缩。

2. 铸件壁的连接

(1)铸件的结构圆角。

铸件壁间的转角处一般应具有结构圆角,避免直角连接。因为直角连接的转角处

(图1.46(a))会形成金属的聚集，内侧散热条件差，且该处的内接圆较大，形成较大的热节，故容易产生缩孔和缩松缺陷。在载荷的作用下，直角处的内侧产生应力集中(图1.47(a))，同时，由于晶体结晶的方向性，使转角处形成了晶间脆弱，易使铸件在该处产生裂纹。而采用圆角连接过渡时，内接圆小(图1.46(b))、力线分布均匀(图1.47(b))，可减小热节和应力，防止缩孔和裂纹。

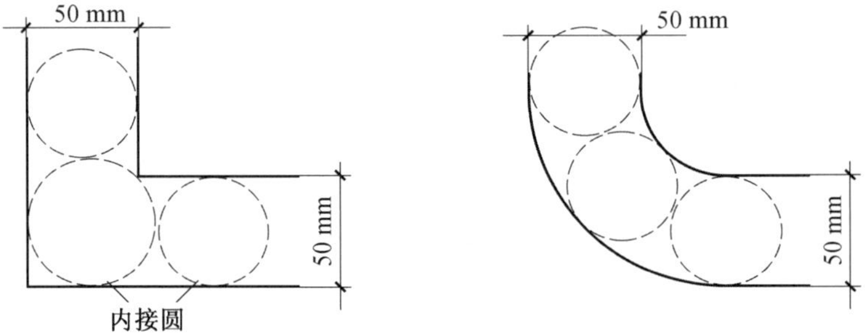

(a) 直角连接　　(b) 圆角连接

图1.46　不同转角处的内接圆

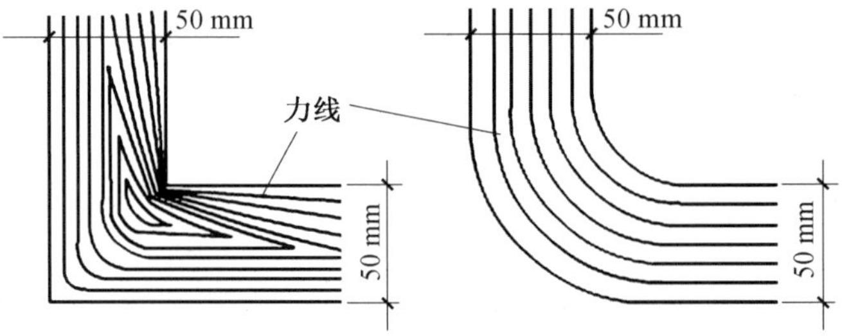

(a) 直角连接　　(b) 圆角连接

图1.47　不同转角处的力线分布

(2)避免锐角连接。

铸件壁间出现锐角连接时，将使该处应力集中增大，导致铸件产生裂纹、缩孔等缺陷。为减小热节和应力，当两壁间的夹角小于90°时，壁间连接应采用图1.48所示的过渡形式。

(a) 不合理　　(b) 许可　　(c) 合理

图1.48　铸件锐角连接过渡形式

(3)铸件厚壁与薄壁间的连接要逐渐过渡。

当铸件各部位的壁厚难以做到均匀一致，甚至存在很大差别时，为了减小应力集中、防止铸件产生裂纹，在设计时应采用逐步过渡的连接方法，避免壁厚的突变。几种壁厚的过渡形式见表 1.7。

表 1.7　几种壁厚的过渡形式

图例	尺寸		
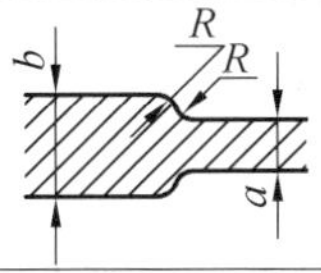	$b \leqslant 2a$	铸件	$R \geqslant (1/6 \sim 1/3)(a+b)/2$
		铸钢	$R \approx (a+b)/4$
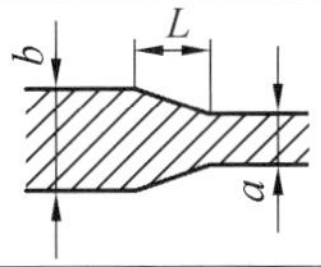	$b > 2a$	铸铁	$L > 4(b-a)$
		铸钢	$L > 5(b-a)$
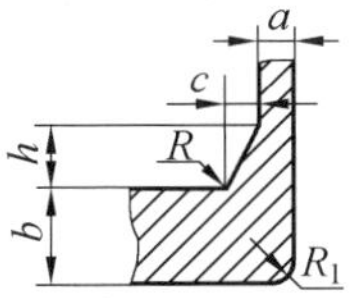	$b > 2a$	$R \geqslant (1/6 \sim 1/3)(a+b)/2$；$R_1 \geqslant R+(a+b)/2$ $c \approx 3(b-a)^{1/2}$，$h \geqslant (4+5)c$	

3. 铸件筋和辐的设计

(1)防裂筋的应用。

为了防止热裂，可在铸件易裂处增设防裂筋，如图 1.49 所示。为了使防裂筋能发挥应有的防裂效果，其方向必须与机械应力方向相一致，其厚度应为连接壁厚的 1/4 ~ 1/3。由于防裂筋很薄，故在冷却过程中优先凝固而具有较高的强度，从而增大了壁间的连接力。防裂筋常用于铸钢、铸铝等易热裂合金。

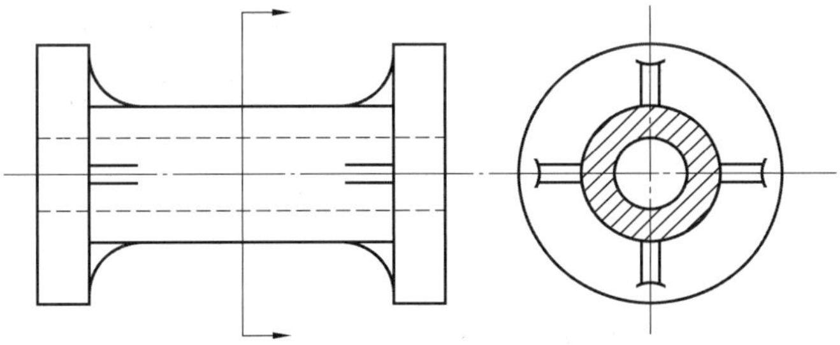

图 1.49　防裂筋的应用

(2)减缓筋、辐收缩的阻碍。

当铸件的收缩受到阻碍，铸造内应力超过合金的强度极限时，铸件将产生裂纹。图 1.50(a)所示的轮辐为偶数直轮辐，当合金的收缩较大，而轮毂、轮缘、轮辐的厚度差较大时，因冷却速度不同，收缩不一致，形成较大的内应力，偶数轮辐不能通过变形自行缓解其应力，故常在轮辐与轮缘(或轮毂)连接处产生裂纹。为了防止上述裂纹，将轮辐改为图 1.50(b)所示的奇数直轮辐，此时在内应力的作用下，可通过轮缘的微量变形来减缓内应力。也可改为图 1.50(c)所示的弯曲轮辐，它可借助轮辐自身的微量变形自行缓解内应力。显然，后两种轮辐适于抗裂性能要求较高的铸件。

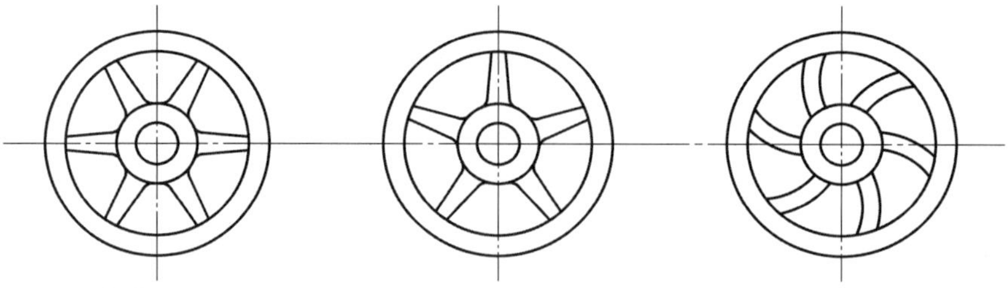

(a) 偶数直轮辐　　(b) 奇数直轮辐　　(c) 弯曲轮辐

图 1.50　轮辐的设计

(3)防止铸件翘曲变形的设计。

细长形或平板类铸件在收缩时易产生翘曲变形。将不对称结构改为对称结构或采用加强肋,提高其刚度,均可有效地防止铸件变形(图 1.51)。

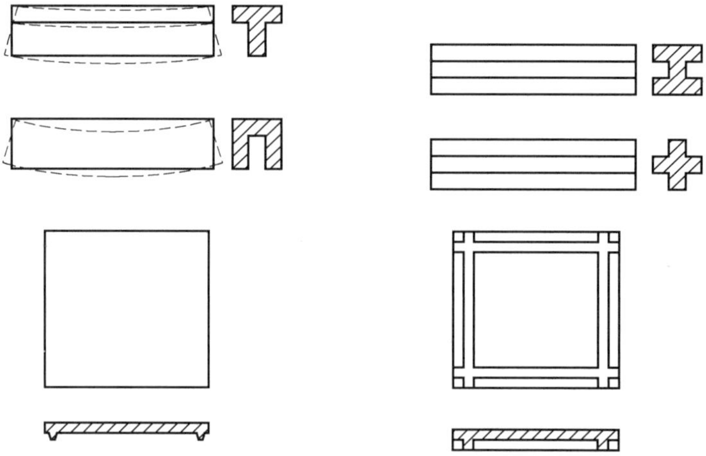

(a) 不合理　　(b) 合理

图 1.51　防止变形的铸件结构设计

1.4.2　铸造工艺对铸件结构的要求

为了简化制模、造型、合箱和清理等工序,防止铸件缺陷、节省工时,以及为实现机械化生产和简化生产工艺创造条件,在铸件结构设计时应从以下方面予以考虑。

1. 铸件的外形设计

(1)应避免外部侧凹。

图 1.52(a)所示的端盖存在侧凹,需三箱造型或增加环状型芯。若改为图 1.52(b)所示的结构,简化了外形结构,可采用简单的两箱造型,使造型过程大为简化。

(2)设计凸台、筋条时应便于造型。

图 1.53(a)中,凸台、肋条的设计均阻碍起模,需采用活块或增加外型芯才能起模。图 1.53(b)所示的结构将凸台加长,延伸至分型面,避免了活块或型芯,造型简单。

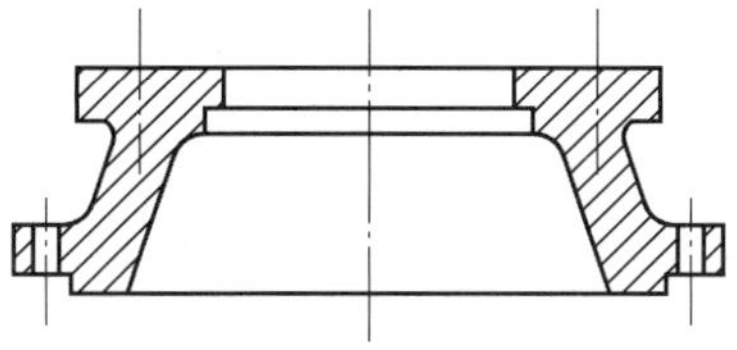

(a) 端盖存在侧凹　　(b) 简化外形结构

图 1.52　端盖铸件

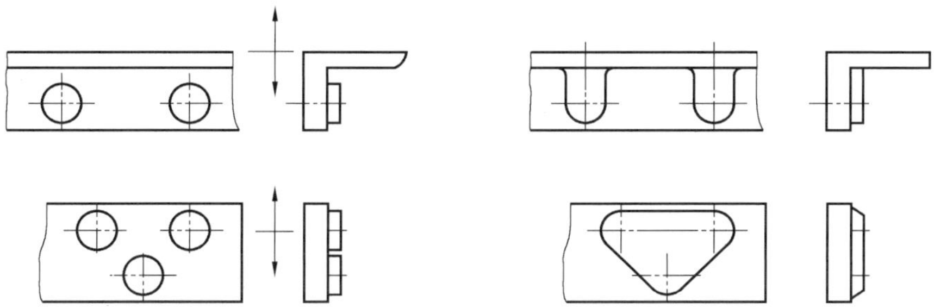

(a) 改进前　　(b) 改进后

图 1.53　凸台的设计

2. 铸件的内腔设计

(1)减少型芯数量,避免不必要的型芯。

在铸件设计时应尽量避免或少用型芯。如图 1.54(a)所示的铸件,因出口处尺寸小,其内腔只能用型芯成形,若改为图 1.54(b)所示的结构,扩大了出口,可用自带型芯形成内腔,从而省掉型芯。

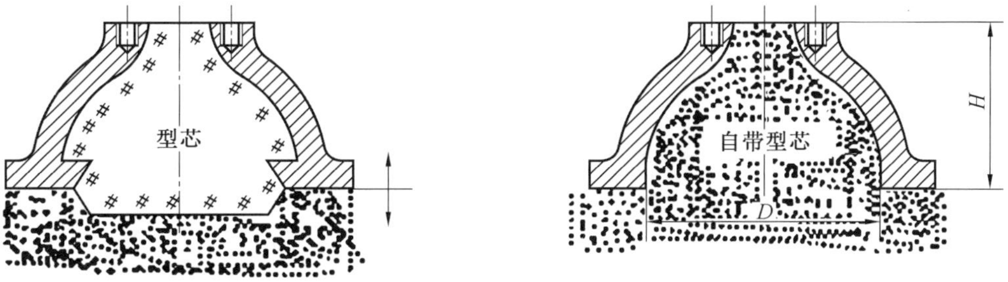

(a) 改进前　　(b) 改进后

图 1.54　内腔的设计

(2)便于型芯的固定、排气和铸件的清理。

型芯应有足够的芯头,以便于型芯的固定、排气和清理。图 1.55 为一轴承架的结构。图 1.55(a)为便于型芯固定、排气和清理,铸件有 2 个型芯,其中水平芯呈悬臂状态,需用芯撑支撑;若按图 1.55(b)改为整体芯,支撑稳固,排气畅通,清砂方便;如果不允许改变结构,则可在铸件上设计工艺孔,增加芯头支撑点,也便于排气和清理。

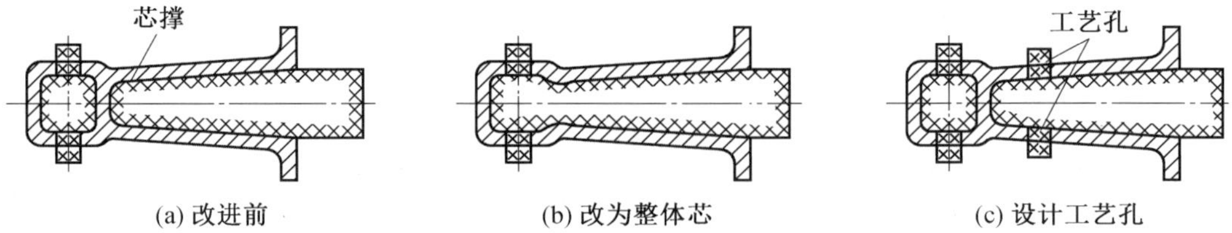

图 1.55　轴承架的结构

3. 结构斜度设计

为了起模方便，凡垂直于分型面的非加工表面应设计结构斜度，结构斜度直接在零件图上示出。结构斜度的大小与铸件的垂直高度有关，一般铸件高度越小，结构斜度越大，通常在1°～3°范围内。金属型或机器造型时，结构斜度可取0.5°～1°；砂型和手工造型时，结构斜度可取1°～3°。

如图1.56(b)所示的铸件，设有结构斜度，便于起模。如图1.57(b)所示的铸件内壁有结构斜度，便于用砂垛（自带型芯）取代型芯。

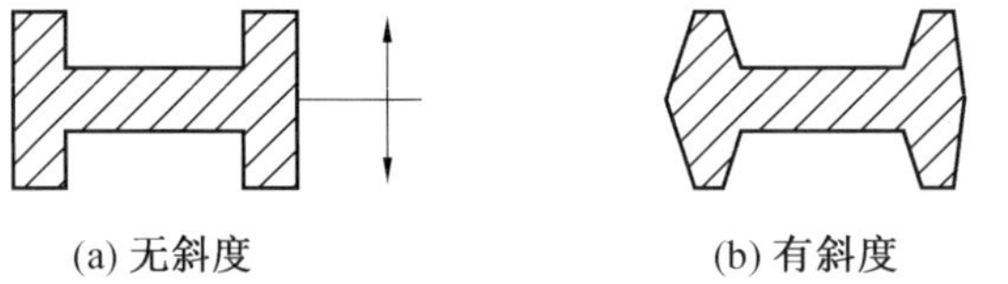

图 1.56　铸件结构斜度的设计

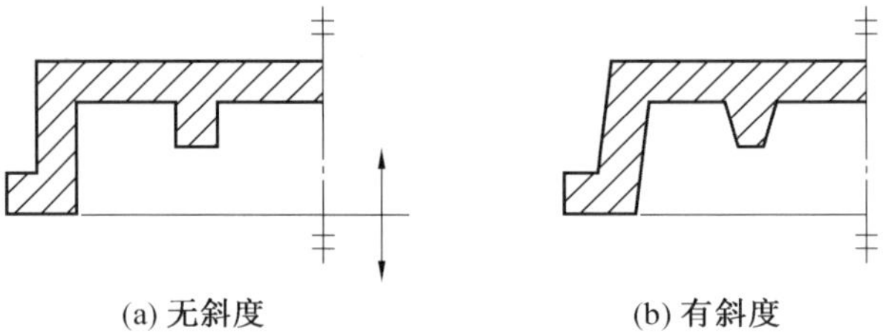

图 1.57　铸件内壁结构斜度的设计

1.5　典型案例分析

辊式研磨制粉是小麦面粉的主要加工形式，辊式磨可以根据磨粉粒度的要求而调节设置，其操作方便、研磨时间短、小麦在加工过程中温升较低，因而辊式研磨的磨粉产量高、面粉质量好，被广泛应用于面粉加工。磨辊（图1.58）是辊式磨粉机械最重要的零部件，也是易损部件，工作时与物料产生剧烈摩擦，承受物料的磨损。由于磨料（小麦籽粒及其粉料）较软并在两磨辊间被研磨，因此磨辊的磨损属于低应力软磨料磨损，是植物性软磨料对金属材料磨损，其主要失效形式为磨损失效。

将高硬度的高铬铸铁与高韧性且价格低廉的优质铸铁通过离心复合铸造制成的磨辊具有韧性好、强度高等优点，解决了单一材质磨辊耐磨性和韧性的矛盾，不仅使磨辊的耐磨性能大大提高，还提高了磨辊的使用效率和使用寿命。离心复合铸造磨辊将两种不同性能的材料复合在一起，外层为高合金铸铁或铸钢，采用卧式离心铸造方法成形，硬度高、耐磨、耐热裂性能高。心部采用灰铁、球铁等韧性材料，在重力下成形，具有韧性好、强度高等优点，在磨粉机磨辊上具有广泛的应用前景。

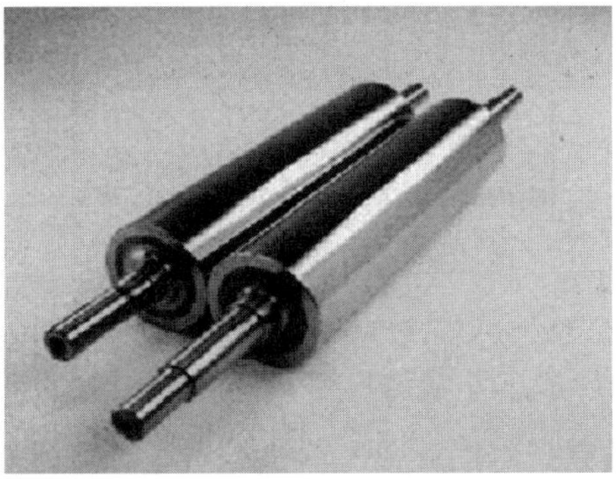

图1.58　辊式磨粉机用磨辊

1. 白口层组织的获得

化学成分和冷却速度对铸铁的组织影响很大。普通铸铁的断口一般呈灰色，但当存在阻碍石墨化的成分或者被急速冷却时，则断口呈白色，这种性能称为激冷。白色断口上的金相组织中存在大量的渗碳体。将适当成分的铁水浇入金属型时，接触金属型冷却速度快的部分析出渗碳体，形成白口层；稍往内部，形成麻口铁；再往内部，冷却速度慢的部分析出石墨，形成灰口铁。由此得到的铸件也称为冷硬铸件。

白口层的厚度可根据不同的要求加以调整，从化学方面，可通过调整硅含量或加入能抑制石墨化和容易形成碳化物的元素（如铬等从冷却速度方面可采用根据铸件的壁厚来调整金属型的厚度等方法）来调节白口的厚度。铸铁表面白口化，质硬耐磨，其内部为麻口铁和柔软的灰口铸铁，整个铸件保持着较高的韧性。

2. 磨辊的离心铸造技术

冷硬磨辊的生产技术，在于进行化学成分、熔炼和铸造方面的调整，以使磨辊表面得到规定的耐磨白口层，而磨辊内部得到韧性较高的灰口铸铁。采用单一化学成分的铁水，难以满足提高白口部分的耐磨性、增加白口层的厚度，以及提高磨辊内部韧性的要求。为此，分别熔炼磨辊表面用铁水，磨辊内部用铁水，然后采用冷硬铸造法或者离心铸造法复合铸造。特别是含镍、铬和钼等合金元素的合金冷硬磨辊，都采用这种复合铸造的方法进行生产。在浇入合金铸铁液时，以一定速度旋转铸型，并使离心力均匀分布在铸型随之转动，一定时间后将灰口铸铁液浇入铸型内的合金铸铁层，同时冷却铸型外壁，实现两种组分不同的液态金属在离心力场下的充型和凝固，如图1.59所示。

冷硬磨辊常采用金属型铸造方法。铁水仅在辊身表面的金属型处急冷得到白口，而辊身中心部则缓慢冷却得到灰口铸铁。1809年英国公布了一项离心铸造专利，1912年巴西研制成功了在金属型上涂刷促使石墨化的薄涂层法，进一步提高了产品的质量，推动了离心铸造技术的迅速发展。20世纪中期，美国和日本采用离心铸造技术分别实现了铸造复合材料的空心磨辊和实心磨辊的生产。目前，离心铸造技术在磨辊生产领域已被广泛应用。在磨辊的离心铸造生产中，需要控制铸造过程中的热裂、内外层金属间熔接不良、

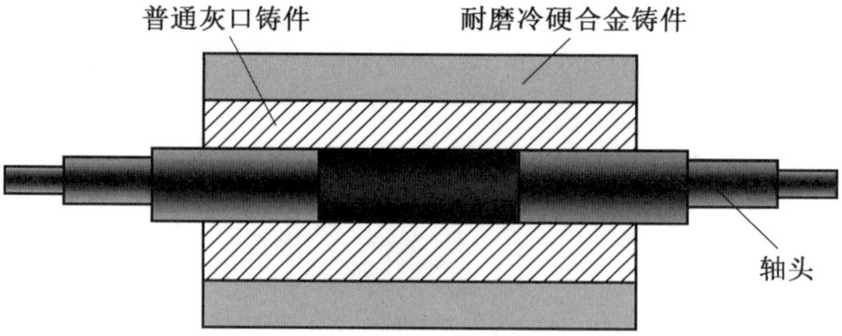

图 1.59　磨辊及成形示意图

元素成分偏析等问题。

20 世纪 80 年代,MIS 工程公司与南非的 Premier 磨粉公司合作共同研制出高合金磨辊,其磨齿寿命比激冷铸铁磨辊长 2 ~3 倍。改革开放以来,我国粮食加工业引进了大量的国外先进设备和先进技术,不仅推动了粮食加工业和国民经济的发展,而且还促进了粮机制造业技术的进步。

第2章

粮油装备中的压力加工

2.1 压力加工理论基础

2.1.1 金属塑性成形概述

利用外力，使金属在固态下产生塑性变形，来获得具有一定形状、尺寸和力学性能的原材料、毛坯或零件的生产方法，称为金属压力加工，又称金属塑性成形。

各类钢和大多数非铁金属及其合金都具有一定的塑性，因此它们都可以在热态或冷态下进行压力加工。在金属塑性成形过程中，作用在金属坯料上的外力主要有两种：冲击力和压力。锤类设备通过冲击力使金属变形，压力机与轧机利用压力使金属变形。

1. 金属塑性成形工艺方法及分类

金属塑性成形分为生产原材料的一次塑性加工和生产零件及其毛坯的二次塑性加工。

(1)一次塑性加工。

一次塑性加工是冶金工业中生产板材、型材、管材、线材等的加工方法。变形过程稳定，适合于大批量连续生产。一次塑性加工主要包括轧制(图2.1(a))、挤压(图2.1(b))、拉拔(图2.1(c))等方法。

①轧制。轧制是金属坯料在两个回转轧辊的孔隙中受压变形，以获得各种产品的加工方法。轧辊上开有一定形状和尺寸的轧槽，材料通过两个轧辊之间的轧槽，就形成各种形状和尺寸的横剖面。各种型钢(圆钢、工字钢、槽钢等)均为金属材料轧制而成。

②挤压。挤压是对挤压模具中的金属坯料施加强大的压力，使其发生

塑性变形从挤压模具的模口中流出，或充满凸、凹模型腔，而获得所需形状与尺寸制品的方法。

③拉拔。拉拔是将较大剖面的金属材料强行拉过拉拔模的模孔，以获得所要求的剖面形状和尺寸的方法。拉拔通常在室温下进行，经过拉拔可得到尺寸精确、表面光洁并具有较好机械性能的线材、型材、管材等。

(2)二次塑性加工。

二次塑性加工是机械制造工业生产零件及其毛坯的加工方法。除大锻件采用钢锭直接锻成锻件外，一般都是以一次塑性加工获得的线、棒、管、板、型材为原材料进行再次塑性成形获得所需制件，其主要成形方法包括自由锻(图 2.1(d))、模锻(图 2.1(e))、板料冲压(图 2.1(f))等。

①自由锻。自由锻是使金属坯料在锻锤或压力机的上下砧铁(上砧、下砧)间受冲击力或压力发生变形而获得产品的方法。

②模锻。模锻是使坯料在具有一定形状的锻模模膛内受冲击力或压力而变形充满模膛，获得锻件的工艺方法。

③板料冲压。板料冲压是通过冲模对金属板料施以外力，使其产生分离或变形的方法。板料冲压多在常温下进行，又称为冷冲压。

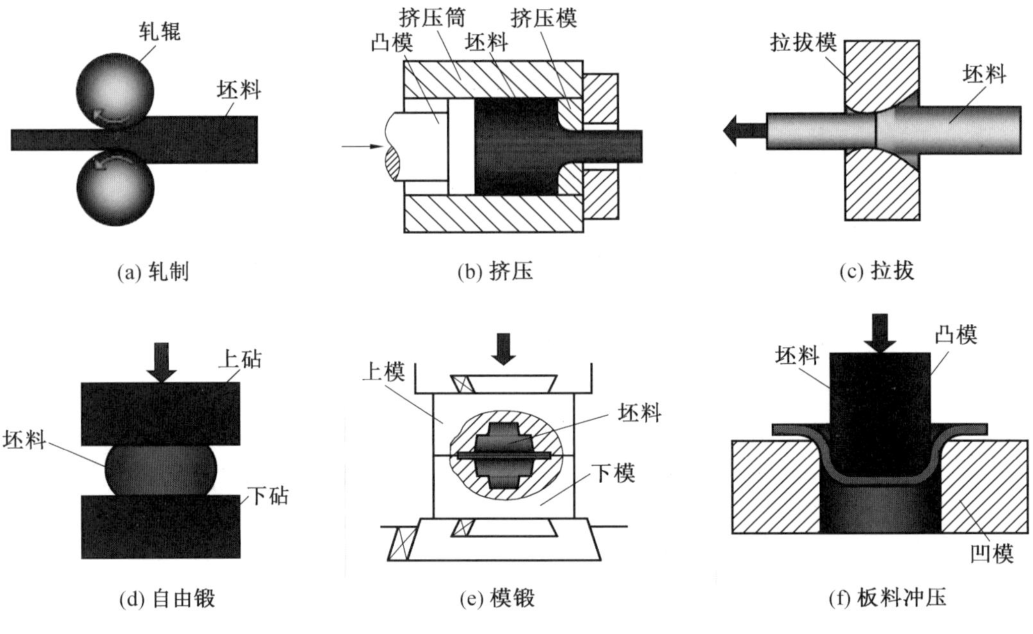

图 2.1　常用的压力加工方法

2. 金属塑性成形工艺特点及应用

金属塑性成形与其他加工方法，如金属切削、铸造、焊接等相比，具有以下特点。

(1)改善金属的组织，提高力学性能。

金属在塑性成形过程中，其组织和性能都得到改善和提高，塑性加工能消除金属铸锭内部的气孔、缩孔和树枝状晶体等缺陷，并由于金属的塑性变形和再结晶可使粗大晶粒细化，得到致密的金属组织，从而提高金属的力学性能。在零件设计时，若正确选用零件的受力方向与纤维组织方向，可以提高零件的抗冲击性能。对于承受重载荷、冲击或交变应力的重要零件一般都采用锻件。

(2)材料利用率高。

金属塑性成形依靠材料形状的变化和体积的转移来实现，不产生切屑，材料利用率高，可以节约大量的金属材料和切削加工工时。

(3)生产效率高。

金属塑性成形工艺是用成形设备在工具、模具的外力作用下进行生产，适合于大批量生产，并随着机械化、自动化程度的提高，生产效率得到大幅度提高。如锻造一根汽车发动机曲轴只需几十秒，成形一个汽车覆盖件仅需几秒，而多工位自动冷镦螺栓比用棒料切削工效提高几百倍。

(4)毛坯或零件的尺寸精度较高。

金属塑性成形的很多工艺方法不但可以获得精度较高的毛坯，有些已经达到少切削、无切削加工的要求，向近净成形发展。如精密锻造的伞齿轮齿形部分可不经切削加工直接使用，复杂曲面形状的叶片精密锻造后只需磨削便可达到所需精度。

但金属塑性成形不适宜加工脆性材料（如铸铁）和形状特别复杂（特别是内腔形状复杂）或体积特别大的零件或毛坯。

总之，金属塑性成形不但能获得强度高、性能好的零件，而且具有生产效率高、材料消耗少等优点，因而在冶金、机械、汽车、航空、军工、仪表、电器和日用五金等工业领域得到广泛应用，在制造业中占有十分重要的地位。如飞机零件中约85%、汽车零件中约65%为金属塑性成形件。机械制造业中的许多毛坯或零件，特别是承受重载荷的机件，如机床的主轴、重要齿轮、连杆、炮管和枪管等，通常采用锻件作为毛坯。板料冲压广泛用于汽车、电器仪表零件及日用品等工业方面。

2.1.2 金属塑性变形的实质

金属在外力作用下，其内部必将产生应力，此应力迫使原子离开原来的平衡位置，从而改变了原子间的距离，使金属发生变形，并引起原子位能的升高。但处于高位能的原子具有返回到原来低位能平衡位置的倾向，因而当外力停止作用后，应力消失，变形也随之消失。金属的这种变形称为弹性变形。

当外力增大到使金属的内应力超过该金属的屈服点之后，即使外力停止作用，金属的变形也并不消失，这种变形称为塑性变形。金属塑性变形的实质是晶体内部产生滑移的结果。单晶体滑移变形示意图如图2.2所示。在切向应力作用下，晶体的一部分与另一部分沿着一定的晶面产生相对滑移（该面称滑移面），从而造成晶体的塑性变形。当外力继续作用或增大时，晶体还将在另外的滑移面上发生滑移，使变形继续进行，因而得到一定的变形量。

上述理论所描述的滑移运动，相当于滑移面上下两部分晶体彼此以刚性整体做相对

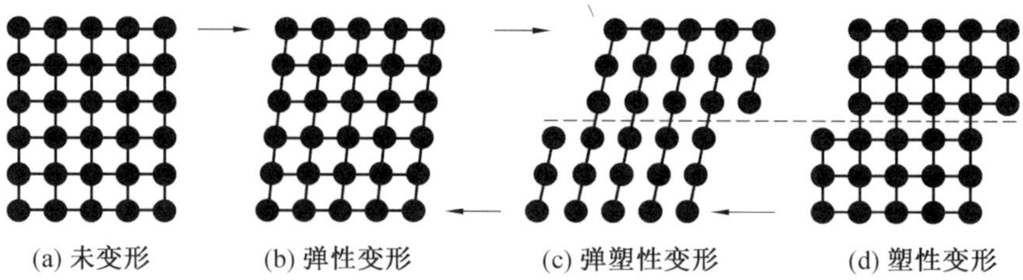

图 2.2　单晶体滑移变形示意图

运动。实现这种滑移所需的外力要比实际测得的数据大几千倍,这说明实际晶体结构及其塑性变形并不完全如此。

近代物理学证明,实际晶体内部存在大量缺陷。其中,以位错(图 2.3(a))对金属塑性变形的影响最为明显。由于位错的存在,部分原子处于不稳定状态。在比理论值低得多的切应力作用下,处于高能位的原子很容易从一个相对平衡的位置上移动到另一个位置上,形成位错运动(图 2.3(b))。位错运动的结果,就是实现了整个晶体的塑性变形(图 2.3(c))。

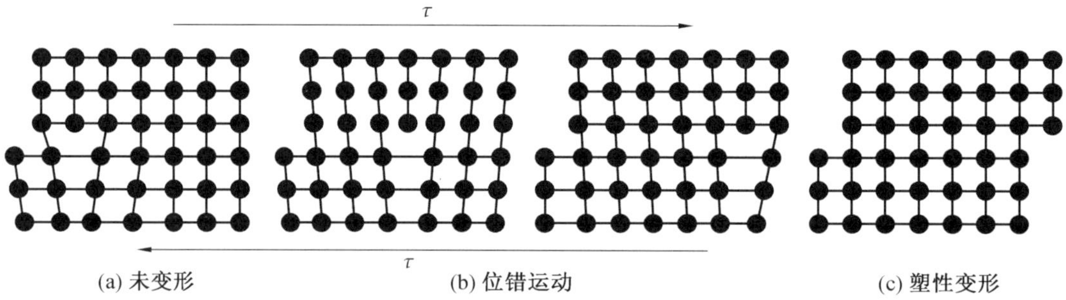

图 2.3　位错运动引起塑性变形示意图

通常使用的金属都是由大量微小晶粒组成的多晶体。其塑性变形可以看成由组成多晶体的许多单个晶粒产生变形(称为晶内变形)的综合效果;同时,晶粒之间也有滑动和转动(称为晶间变形)。多晶体塑性变形示意图如图 2.4 所示。每个晶粒内部都存在许多滑移面,因此整块金属的变形量可以比较大。低温时,多晶体的晶间变形不可过大,否则将引起金属的破坏。

由此可知,金属内部有了应力就会发生弹性变形。应力增大到一定程度后使金属产生塑性变形。当外力去除后,弹性变形将恢复,这种现象称"弹复"。弹复现象对有些压力加工件的变形和工件质量有很大影响,必须采取工艺措施来保证产品的质量。

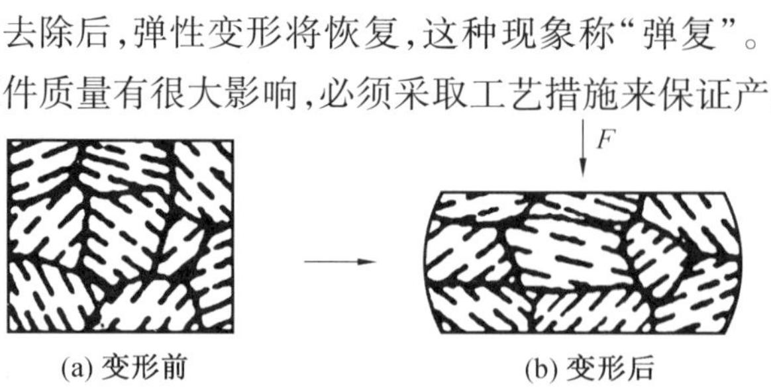

图 2.4　多晶体塑性变形示意图

2.1.3 塑性变形对金属组织和性能的影响

1. 金属塑性变形后的组织

金属在常温下经过塑性变形后，内部组织将发生如下变化（图2.5(b)）：①晶粒沿最大变形的方向伸长；②晶格与晶粒均发生扭曲，产生内应力；③晶粒间产生碎晶。

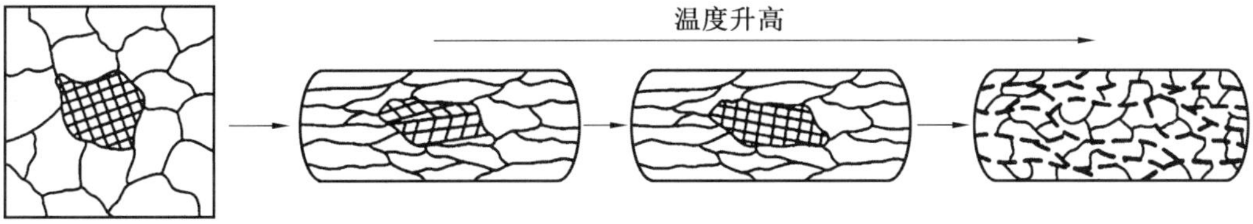

图2.5 金属的回复和再结晶

金属的力学性能随其内部组织的改变而发生明显变化。常温下塑性变形对低碳钢力学性能的影响（图2.6）变形程度增大时，金属的强度及硬度（HB）升高，而塑性和韧性下降。其原因是滑移面上的碎晶块和附近晶格的强烈扭曲，增大了滑移阻力，使继续滑移难以进行所致。这种随变形程度增大，强度和硬度上升而塑性下降的现象称为冷变形强化，又称加工硬化。

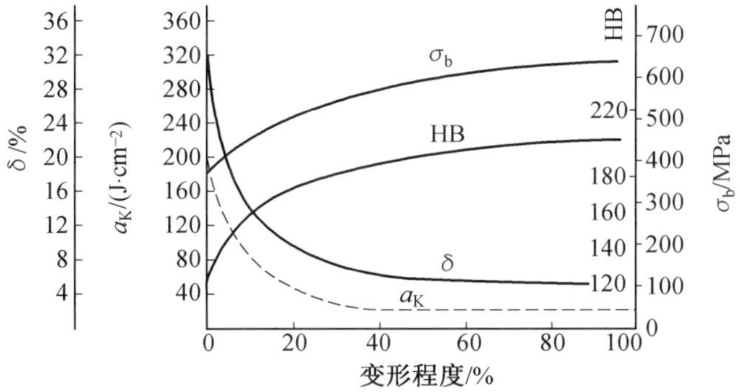

图2.6 常温下塑性变形对低碳钢力学性能的影响

加工硬化是一种不稳定现象，具有自发地回复到稳定状态的倾向，但在室温下不易实现。当提高温度时，由于温度升高，原子获得热能，热运动加剧，使原子排列得以回复到正常状态，从而消除晶格扭曲，致使加工硬化得到部分消除。这一过程称为“回复”（图2.5(c)）。这时的温度称为回复温度 $T_{回}$，即

$$T_{回}=(0.25\sim0.30)T_{熔} \tag{2.1}$$

式中 $T_{回}$——以绝对温度表示的金属回复温度；

$T_{熔}$——以绝对温度表示的金属熔点温度。

当温度继续升高到该金属熔点绝对温度 $T_{熔}$ 的0.4倍时，金属原子获得更多的热能，开始以某些碎晶或杂质为核心，按变形前的晶格结构结晶成细小而均匀的新晶粒，从而消除了全部加工硬化现象，这个过程称为再结晶（图2.5(d)），获得的组织为再结晶组织，

这时的温度称为再结晶温度,即

$$T_{再}=0.4\,T_{熔} \tag{2.2}$$

式中 $T_{再}$——以绝对温度表示的金属再结晶温度。

利用加工硬化可提高金属的强度和硬度,是工业生产中强化金属材料的一种手段,尤其适用于不能热处理工艺强化的材料。但在压力加工生产中,加工硬化给金属继续进行塑性变形带来困难,应加以消除。在实际生产中,常采用加热的方法使金属发生再结晶,从而再次获得良好的塑性。这种工艺称为再结晶退火。

当金属在大大高于再结晶的温度下受力变形时,加工硬化和再结晶过程同时存在。此时变形中的强化和硬化随即被再结晶过程所消除。

2. 金属塑性变形的分类

由于金属在不同温度下变形对其组织和性能的影响不同,通常以再结晶温度为界,将金属的塑性变形分为冷变形和热变形。

(1)冷变形。

在再结晶温度以下的变形称为冷变形,变形过程中无再结晶现象,变形后的金属具有加工硬化现象。冷变形需要很大的力,变形程度一般不宜过大,以避免工件产生破裂或缩短模具寿命。冷变形能使金属获得较高的强度、硬度和低粗糙度值,一般不需要再切削加工,故生产中常用冷变形来提高产品的性能。如金属在冷镦、冷轧、冷挤压及冷冲压中的变形均属于冷变形。

(2)热变形。

在再结晶温度以上的变形称为热变形。变形后,金属具有细小而均匀的再结晶组织,而无加工硬化痕迹。金属只有在热变形情况下,才能以较小的功达到较大的变形,并获得具有高力学性能的细晶粒再结晶组织,加工出尺寸较大和形状较复杂的塑性成形件。但是由于热变形是在高温下进行,金属在加热过程中表面易形成氧化皮,影响产品尺寸精度和表面质量,劳动条件差,生产效率也较低。因此,金属压力加工生产多采用热变形来进行,如金属在自由锻、模锻、热轧、热挤压中的变形均属于热变形。

3. 金属的纤维组织

金属压力加工生产采用的最初坯料是铸锭,其内部组织很不均匀,晶粒较粗大,并存在气孔、缩松、非金属夹杂物等缺陷。铸锭加热后经过压力加工,由于塑性变形及再结晶,从而改变了粗大、不均匀的铸态组织(图2.7(a)),获得细小而均匀的再结晶组织。同时可以将铸锭中的气孔、缩松等压合在一起,使金属更加致密,力学性能得到很大提高。

此外,铸锭在压力加工中产生塑性变形时,基体金属的晶粒形状和沿晶界分布的杂质形状都发生了变形,它们都将沿着变形方向被拉长,呈纤维形状,金属再结晶后也不会改变,仍然保留,使金属组织具有一定的方向性,这种结构称为纤维组织(图2.7(b))。

纤维组织使金属在性能上具有了方向性,对金属变形后的质量也有影响。纤维组织越明显,金属在纵向(平行纤维方向)上的塑性和韧性提高,而在横向(垂直纤维方向)上的塑性和韧性降低。纤维组织的明显程度与金属的变形程度有关。变形程度越大,纤维组织越明显。在压力加工过程中,常用锻造比(y)来表示变形程度。

拔长时的锻造比为

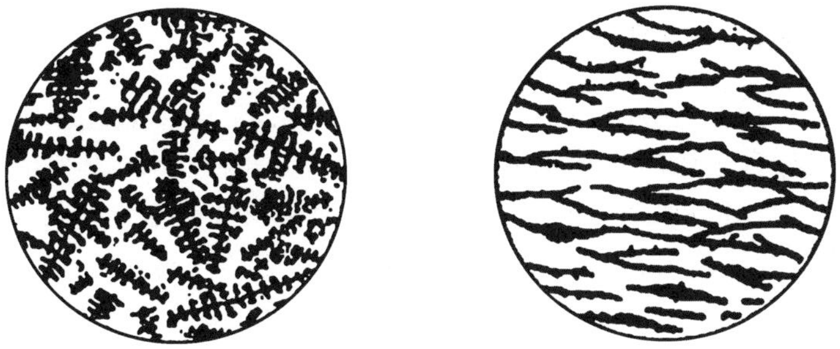

(a) 变形前原始组织　　(b) 变形后纤维组织

图 2.7　铸锭热变形前后的组织

$$y_{拔}=\frac{A_0}{A} \tag{2.3}$$

镦粗时的锻造比为

$$y_{镦}=\frac{H_0}{H} \tag{2.4}$$

式中　H_0——坯料变形前的横截面积；

A_0——坯料变形前的横截面积；

H——坯料变形后的高度；

A——坯料变形后的高度和横截面积。

纤维组织的稳定性很高，不能用热处理方法加以消除。只有经过锻压使金属发生塑性变形，才能改变其方向和分布。因此，为了获得具有最好力学性能的零件，在设计和制造零件时，应使零件在工作中产生的最大正应力方向与纤维方向重合，最大切应力方向与纤维方向垂直；并使纤维分布与零件的轮廓相符合，尽量使纤维组织不被切断。

例如，当采用棒料直接经切削加工制造螺钉时，螺钉头部与杆部的纤维被切断，不能连贯起来，受力时产生的切应力顺着纤维方向，故螺钉的承载能力较弱(图 2.8(a))。当采用同样棒料经局部镦粗方法制造螺钉(图 2.8(b))时，则纤维不被切断，连贯性好，纤维方向也较为有利，故螺钉质量较好。

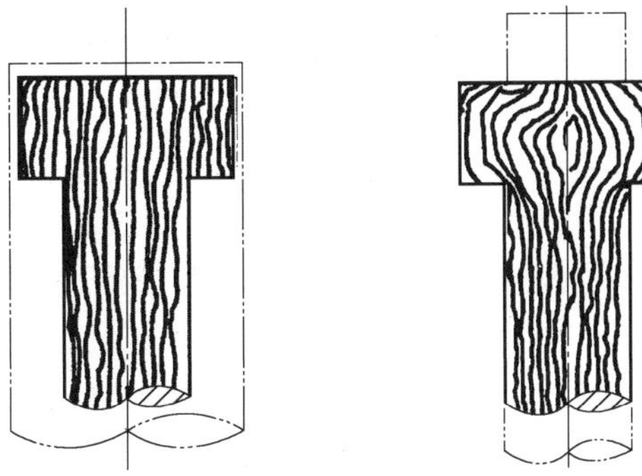

(a) 加工制造的螺钉　　(b) 局部镦粗制造的螺钉

图 2.8　不同工艺方法对纤维组织形状的影响

2.1.4 金属的可锻性

金属材料经压力加工而产生塑性变形的工艺性能，常用可锻性来衡量。金属的可锻性好，表明该金属适合采用压力加工成形；可锻性差，表明该金属不宜采用压力加工方法成形。可锻性是衡量材料在经受压力加工时获得优质零件难易程度的工艺性能。可锻性常用金属的塑性和变形抗力来综合衡量。塑性越好，变形抗力越小，则金属的可锻性好；反之则差。

塑性指金属材料在外力作用下产生永久变形而不破坏其完整性的能力，常用单向拉伸试验中材料断裂时的塑性变形量，即金属的断面收缩率 ψ、伸长率 δ 等来表示。变形抗力指在压力加工过程中金属对变形的抵抗力。变形抗力越小，则变形中所消耗的能量也越少。金属材料若具有较高的塑性，又有较小的变形抗力，则其可锻性良好。

金属的可锻性取决于金属的本质和加工条件。

1. 金属的本质

(1)化学成分的影响。

不同化学成分的金属，塑性不同，其可锻性也不同。一般情况下，纯金属的可锻性比合金好。钢中加入合金元素，特别是加入强碳化物形成元素(如铬、钼、钨、钒等)时，合金碳化物在钢中形成硬化相，使钢的变形抗力增大，塑性下降，通常合金元素含量越高，其塑性越差，变形抗力越大，可锻性越差。碳钢中的基本元素碳、硅、锰、磷、硫等对钢的锻造性能有重要影响，其中碳的影响最显著，随着碳含量的增加，钢的塑性降低。杂质元素对钢的可锻性也有较大的影响，磷会使钢出现冷脆性，硫会使钢出现热脆性，它们都会降低钢的塑性成形性能。

(2)金属组织的影响。

金属内部的组织结构不同，其可锻性也有很大差别。一般情况下，纯金属及固溶体(如奥氏体)的可锻性好，而碳化物(如渗碳体)的可锻性差。例如，碳钢在高温下为单相奥氏体组织，可锻性好。纯铁和低碳钢主要以铁素体为基体，塑性比高碳钢好，变形抗力也较小，随着碳含量的增加，钢中的碳化物逐渐增多，在高碳钢中甚至出现硬而脆的网状渗碳体，使钢的塑性下降，变形抗力增大，可锻性变差。通常情况下，铸态柱状晶和粗大树枝状晶组织的塑性较差，而均匀细小的等轴晶组织可锻性就好，如超细晶粒在特定的变形条件下，还会出现超塑性现象。

2. 加工条件

(1)变形温度。

提高金属变形时的温度，是改善金属可锻性的有效措施，并对生产效率、产品质量及金属的有效利用等均有极大的影响。金属在加热过程中，随着温度的升高，金属原子的动能增加，容易进行滑移，因而塑性提高，变形抗力减小，可锻性得到明显改善。如碳钢在锻造温度下的变形抗力仅为室温下的5% ~10%。因此，温度是金属塑性变形的重要条件。

金属塑性变形时，加热温度要控制在一定范围内。锻造温度范围指始锻温度(开始锻造的温度)和终锻温度(停止锻造的温度)间的温度区间。碳钢加热到相变线(亚共析钢为 Ac_3 线，过共析钢为 Ac_{cm} 线)以上时，成为具有良好塑性的单相奥氏体组织，同时在塑性变形过程中，动态再结晶可以随时消除加工硬化，使变形抗力减小，有利于塑性变形继续进行。如果加热温度过高且时间过长，不但会使坯料出现表层氧化（烧损）、脱碳严重等缺陷，还会使奥氏体晶粒急剧长大，导致锻后粗晶，金属力学性能降低，这种现象称为过热。若加热温度接近熔点，会使晶界氧化，晶间连接遭到破坏，金属失去塑性而报废，这种现象称为过烧。因此，碳钢的始锻温度应低于固相线 200 ℃左右，终锻温度应高于再结晶温度，大约为 800 ℃，以便获得均匀细密的锻后再结晶组织，如图 2.9 所示。终锻温度过低，金属无再结晶，加工硬化严重，变形抗力急剧增大，金属的可锻性急剧变差，使加工难以进行，若强行锻造，可导致锻件破裂，甚至报废。

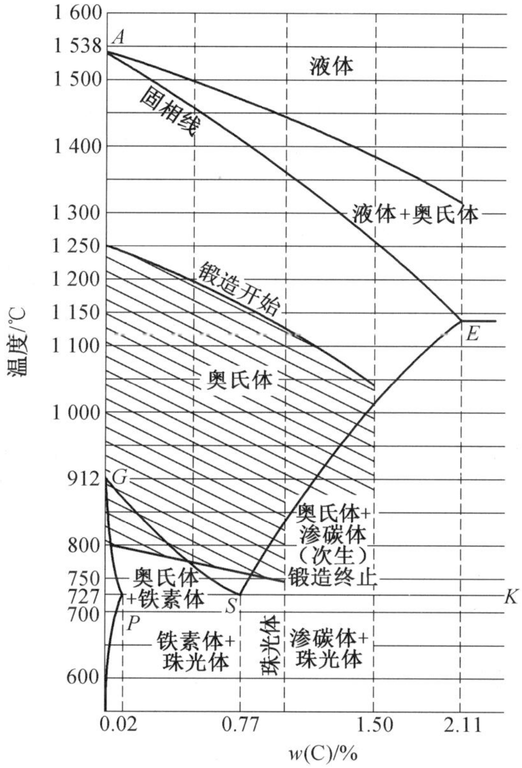

图 2.9　碳钢的可锻造温度范围

（2）变形速度。

变形速度即单位时间的变形程度。变形速度对可锻性的影响分为两个阶段（图 2.10）：在变形速度小于 a 的阶段，由于变形速度的增大，回复和再结晶不能及时克服加工硬化现象，金属表现出塑性下降，变形抗力增大，可锻性变差。在变形速度大于 a 的阶段，金属在变形过程中，消耗于塑性变形的能量有一部分转化为热能，使金属温度升高，称为热效应现象。变形速度越大，热效应现象越明显，则金属的塑性提高，变形抗力减小，可锻性变好。

在锻压生产实践中，提高变形速度一般是为了减少热量的散失，还可以利用惯性作用，有利于复杂锻件的成形，如将复杂型槽放在锻锤的上模。目前，只有采用高速锤锻造时，才考虑热效应的升温现象对金属塑性成形性能的影响，一般在压力加工的变形过程中,因变形速度低,不易出现。此外,某些对变形速度敏感的低塑性材料成形时,只能采用变形速度较低的液压机或机械压力机。否则,变形速度过快,来不及通过再结晶消除由变形产生的加工硬化,从而产生裂纹。

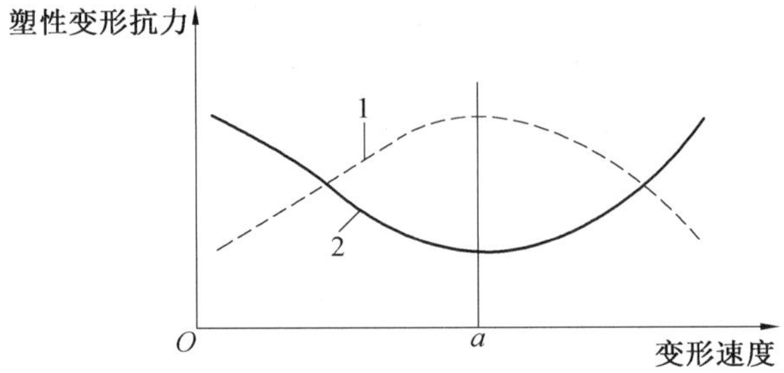

图 2.10　变形速度对塑性及变形抗力的影响
1—变形抗力曲线;2—塑性变化曲线

(3)应力状态。

金属在不同的塑性加工方式下变形时,所产生应力的大小和性质(拉应力或压应力)是不同的。例如,挤压时为三向不等的压应力状态(图 2.11),而拉拔时则为两向受压、一向受拉的应力状态(图 2.12)。应力状态对金属成形的难易程度有重要影响。

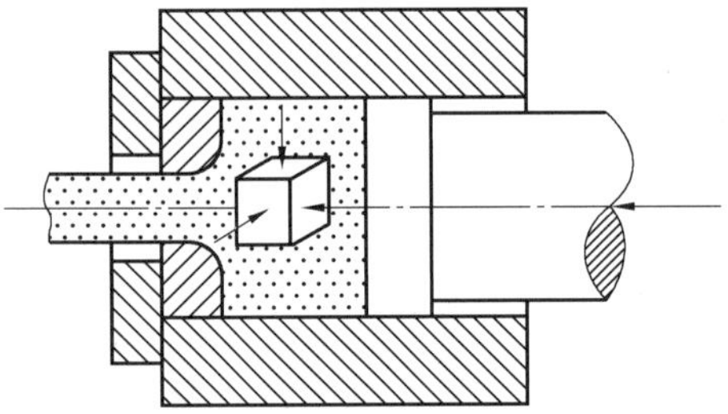

图 2.11　挤压时金属变形应力状态

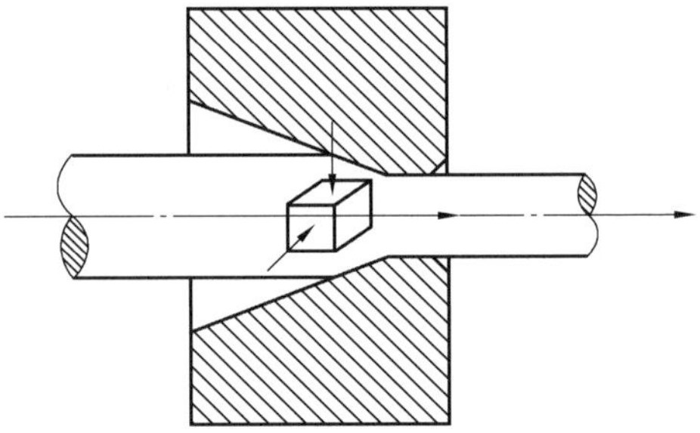

图 2.12　拉拔时金属应力状态

金属材料在塑性变形时的应力状态不同,对塑性的影响也不同。实践证明,在三向应力状态中,压应力的数量越多,金属的塑性越好;拉应力的数量越多,则金属的塑性越差。因为拉应力易使滑移面分离,易在材料内部的缺陷处产生应力集中,促使缺陷扩展,造成破坏;而压应力状态则与之相反,可以抑制和消除这些缺陷。例如,铅具有极好的塑性,但在三向等拉应力的状态下,会像脆性材料一样破裂,如大理石在三向压应力状态下反而能产生较大的塑性变形。有时采用 V 形砧而不用平砧拔长,就是利用工具侧向压应力的作用,避免坯料心部产生拉应力甚至开裂。

应力状态不同,变形抗力也不同。拉应力使金属容易产生滑移变形,变形抗力减小,而压应力会使金属内部摩擦力增大,变形抗力也增大。对于塑性好的材料,变形时出现拉应力可以减少变形能量的消耗;对于塑性较差的金属,则应尽量在三向压应力状态下变形,以免产生裂纹,但需要相应增加锻压设备的吨位。因此,在选择具体的成形方法时,应充分考虑应力状态对金属可锻性的影响。

综上所述,金属的可锻性既取决于金属的本质,又取决于变形条件。在压力加工过程中,应力求创造最有利的变形条件,充分发挥金属的塑性,减小变形抗力,使功耗最少,进行充分变形,达到加工目的。

2.2 金属热锻成形

利用冲击力或压力使金属在砧铁间或锻模中变形,从而获得所需形状和尺寸的锻件,这类工艺方法称为锻造。锻造是金属零件的重要成形方法之一,它能保证金属零件具有较好的力学性能,以满足使用要求。

2.2.1 自由锻

自由锻是利用冲击力或压力使金属在上下两个砧铁之间产生变形,从而获得所需形状及尺寸的锻件。由于金属坯料在砧铁间受力变形时,沿变形方向可以自由流动,不受限制,故而得名。

自由锻生产所用工具简单,具有较大的通用性,因而它的应用范围较为广泛。可锻造的锻件质量为 1 kg ~ 300 t。在重型机械中,自由锻是生产大型和特大型锻件的唯一成形方法。

自由锻所用设备根据它对坯料施加外力的性质不同,分为锻锤和液压机两大类。锻锤是依靠产生的冲击力使金属坯料变形,但由于能力有限,故只用来锻造中、小型锻件。液压机是依靠产生的压力使金属坯料变形。其中,水压机可产生很大的作用力,能锻造质量达 300 t 的锻件,是重型机械厂锻造生产的主要设备。

1. 自由锻工序

根据变形性质和变形程度的不同,自由锻的工序可分为基本工序、辅助工序和精整工序 3 类。

(1)基本工序。

基本工序是使金属坯料产生一定程度的塑性变形,达到或基本达到所需形状、尺寸,或改善材料性能的工艺过程。主要有镦粗、拔长、冲孔、弯曲、切割、扭转、错移和切割等。实际生产中最常用的是镦粗、拔长和冲孔 3 个工序。

①镦粗。镦粗是指沿工件的轴向进行锻打,使金属坯料高度减小、横截面积增大的工序。镦粗是自由锻生产中最常用的工序,适用于饼块、盘套类锻件的生产,如镦粗常用来锻造齿轮坯、凸缘、圆盘等零件,也可用来作为锻造环、套筒等空心锻件冲孔前的预备工序。

镦粗(图 2.13)可分为全镦粗和局部镦粗两种形式。镦粗时,金属坯料不能过长,高度与直径之比小于 2.5,以免镦弯或出现细腰、夹层等现象。金属坯料镦粗的部位必须均匀加热,以防止出现变形不均匀。局部镦粗是对金属坯料的局部长度(端部或中间)进行镦粗,其他部位不变形,主要用于锻造轴杆类锻件的头部或凸缘。

②拔长。拔长(图 2.14)是指沿垂直于工件的轴向进行锻打,使金属坯料横截面积减小、长度增大的工序。对于圆形金属坯料,一般先锻打成方形后再进行拔长,最后锻成所

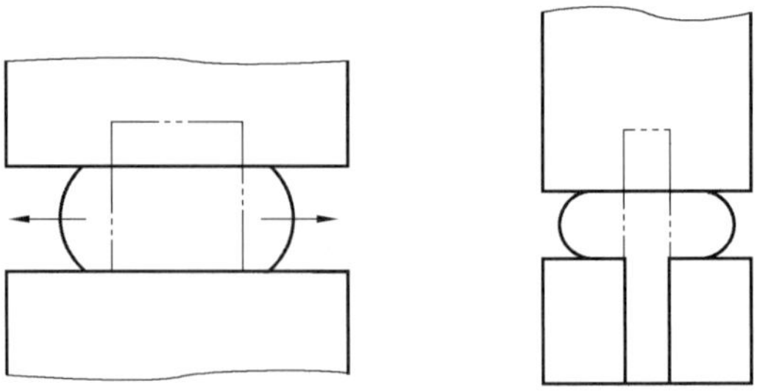

(a) 全镦粗　　(b) 局部镦粗

图 2.13　镦粗

需形状,或者使用 V 形砧铁进行拔长(图 2.15),且在锻造过程中要将金属坯料绕轴线不断翻转。

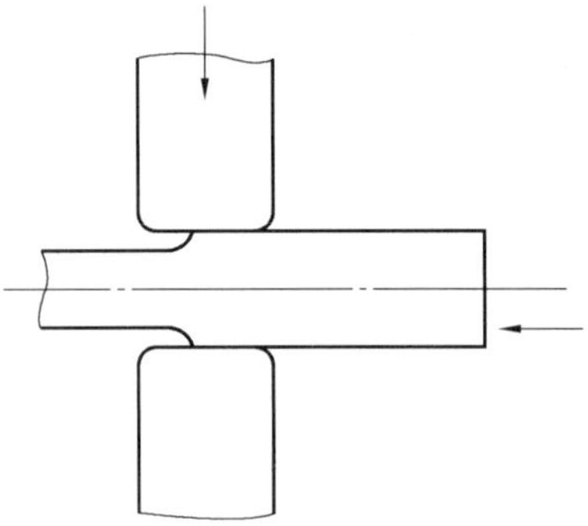

图 2.14　拔长

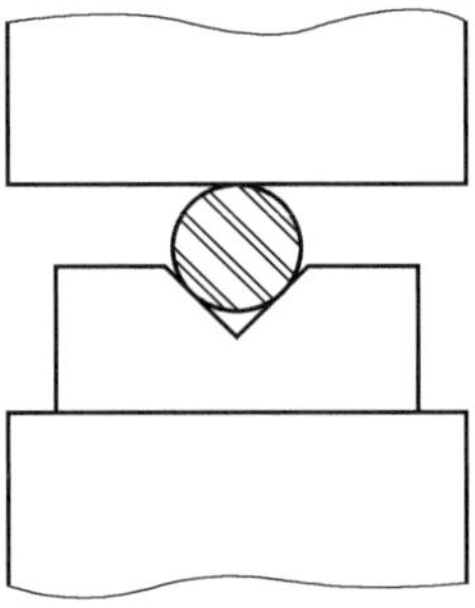

图 2.15　使用 V 形砧铁拔长圆形金属坯料

拔长适用于轴类、杆类锻件的生产。为了达到规定的锻造比和改变金属内部组织结构,锻造以钢锭为坯料的锻件时,拔长经常与镦粗交替反复使用。拔长耗时较长,对轴类锻件的质量和生产效率有重要的影响。如何通过合理拔长较快地使锻件成形,并且尽可能提高内部质量,是轴类锻件生产中的重要问题。

③冲孔。冲孔是指利用冲头在工件上冲出通孔或盲孔的工序,常用于锻造齿轮、套筒和圆环等空心锻件,对于环类件,冲孔后还应进行扩孔工作。

在薄坯料上冲通孔时,可用冲头一次冲出。若坯料较厚时,可先在坯料的一面冲孔到孔深的 2/3 深度后拔出冲头,翻转工件,再从反面冲通,以避免在孔的周围冲出毛刺,如图 2.16 所示。

④弯曲。弯曲是指使坯料轴线产生一定曲率的工序。用于锻造弯轴类锻件,如吊钩、曲轴等。

⑤扭转。扭转是指使坯料的一部分相对于另一部分绕其轴线旋转一定角度的工序,可用来锻造曲轴、麻花钻等锻件。

⑥错移。错移是指使坯料的一部分相对于另一部分平移错开的工序,是生产曲拐或曲轴类锻件所必需的工序。

⑦切割。切割是分割坯料或去除锻件余量的工序。

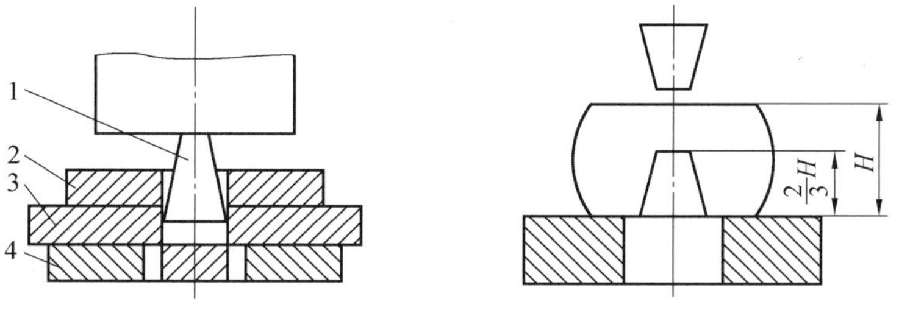

(a) 薄坯料冲孔　　(b) 厚坯料冲孔

图 2.16　冲孔

1—冲头;2—坯料;3—垫环;4—芯料

(2)辅助工序。

为了使基本工序操作方便而进行的预变形工序称为辅助工序,如压钳口、倒棱、压肩等。

(3)精整工序。

精整工序是完成基本工序之后,用以提高锻件尺寸及位置精度的工序。

2. 锻件分类及基本工序方案

一般自由锻锻件大致分为6类,其形状特征及主要锻造工序见表2.1。

表2.1　锻件形状特征及主要锻造工序

锻件类型	图例	锻造工序
盘类零件	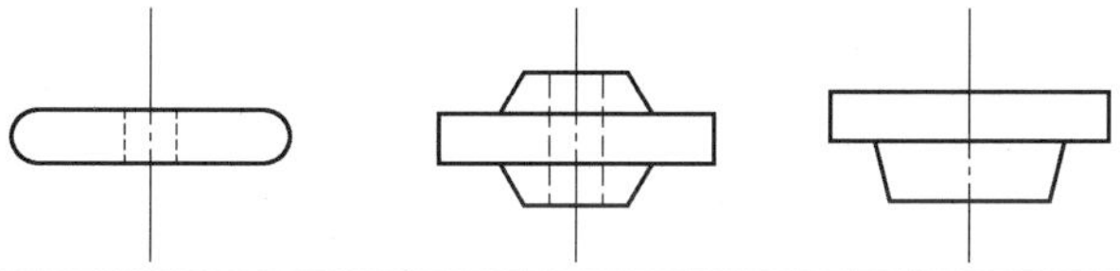	镦粗(或拔长及镦粗),冲孔
轴类零件	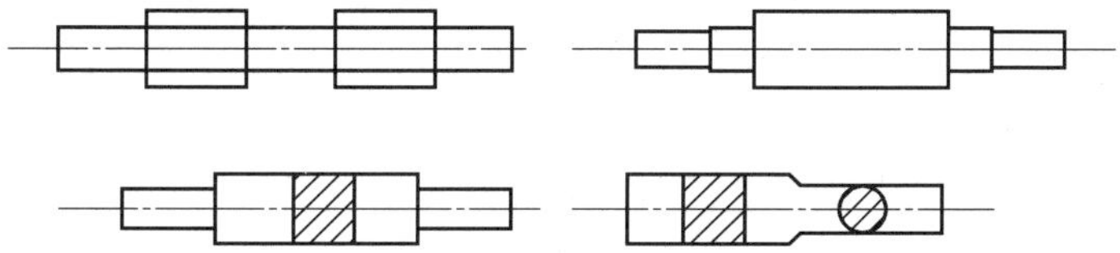	拔长(或镦粗及拔长),压肩和锻台阶
筒类零件	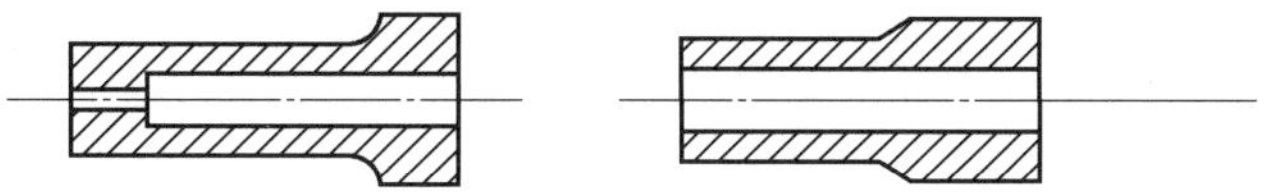	镦粗(或拔长及镦粗),冲孔,在心轴上拔长
环类零件		镦粗(或拔长及镦粗),冲孔,在心轴上扩孔

续表 2.1

锻件类型	图例	锻造工序
曲轴类零件	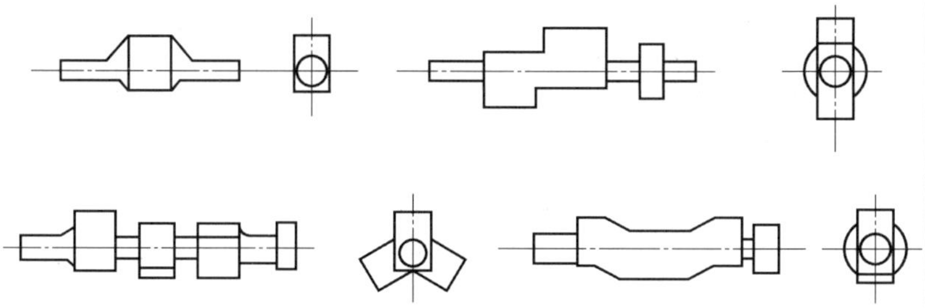	拔长(或镦粗及拔长),错移,锻台阶,扭转
弯曲类零件	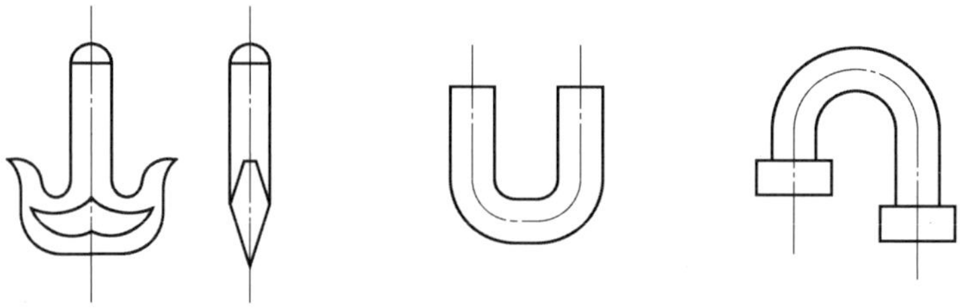	拔长,弯曲

2.2.2 模锻

模锻是利用模锻设备,使金属坯料在锻模模膛内受压产生塑性变形,从而获得锻件的工艺方法。由于金属是在模膛内变形,其流动受到模具型腔的限制,因而模锻生产的锻件尺寸精确,机械加工余量较小,结构可以较复杂,生产效率高。

随着生产规模的扩大,生产相对集中,模锻越来越成为锻造生产的主要工艺,广泛应用于机械制造业和国防工业中,例如汽车、拖拉机、发动机、飞机、坦克制造等。

与自由锻相比,模锻具有如下优点:

①生产效率较高。模锻时,金属的变形在模膛内进行,故能较快获得所需形状。

②能锻造出形状复杂的锻件,并可使金属流线分布更为合理,提高零件的力学性能。

③锻件的尺寸较精确,表面质量较好,机械加工余量较小。

④节省金属材料用量,减少切削加工工作量。在批量足够的条件下,能降低零件成本。

⑤模锻操作简单,劳动强度低。

模锻生产受到模锻设备吨位限制,锻件的质量一般在 100 kg 以下,重型锻件可达到 200 ~ 300 kg。模锻设备投资大,模具费用较昂贵,工艺灵活性差,生产准备周期长,因此模锻普遍用于中、小型锻件的成批和大量生产,不适合单件、小批量生产及大型锻件的生产。

模锻按所使用的设备不同,分为锤上模锻、压力机上模锻、胎模锻等。

1. 锤上模锻

(1)工作原理。

锤上模锻所用设备为模锻锤,由它产生的冲击力使金属变形。锻模由上锻模和下锻模两部分组成。工作时将上锻模固定在锤头上,下锻模紧固在模垫上,上锻模随锤头做上下往复运动,通过上锻模对置于下锻模中的金属坯料进行锻击,使金属产生塑性变形而获得锻件。

一般工厂中常用的蒸汽-空气模锻锤如图2.17所示。该设备上运动副之间的间隙小,运动精度高,可保证锻模的合模准确性。模锻锤的吨位(落下部分的质量)为1~16 t,可锻造150 kg以下的锻件。

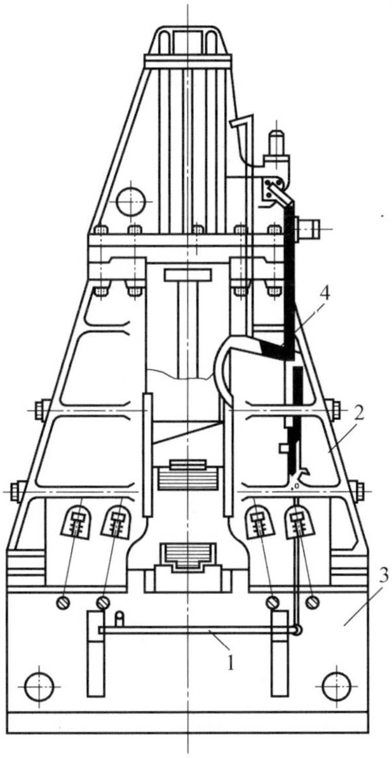

图2.17　一般工厂中常用的蒸汽-空气模锻锤

1—踏板;2—机架;3—砧座;4—操纵杆

(2)工艺特点。

①锻件是模膛中的金属在一定速度下经过多次连续锤击而逐步成形的。

②锤头的行程、打击速度均可调节,能实现轻重缓急、不同的打击,因而可进行制坯工作。

③由于惯性作用,金属在上锻模模膛中具有更好的充填效果。

④适应性广,可生产多种类型的锻件,可以单膛模锻,也可以多膛模锻。

⑤由于锤击速度较快,对变形速度较敏感的低塑性材料(如镁合金等),进行锤上模锻不如在压力机上模锻的效果好。

(3)锻模结构。

锤上模锻生产所用的锻模如图 2.18 所示。带燕尾的上锻模和下锻模通过燕尾和楔铁分别固定在锤头和模垫上,模垫用楔铁固定在砧座上。上锻模和下锻模合在一起在内部形成完整的模膛,上锻模随锤头做上下往复运动。

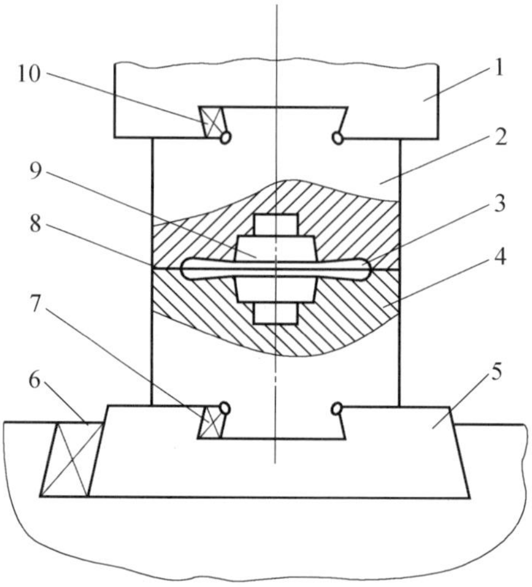

图 2.18 锤上模锻生产所用的锻模

1—锤头;2—上锻模;3—飞边槽;4—下锻模;5—模垫;6、7、10—紧固楔铁;8—分模面;9—模膛

模膛根据其功用的不同,分为制坯模膛和模锻模膛。

①制坯模膛。对于形状复杂的模锻件,为了使金属坯料形状基本接近模锻件形状,使金属坯料能合理分布和很好地充满模锻模膛,就必须预先在制坯模膛内制坯。制坯模膛有以下几种。

a. 拔长模膛。拔长模膛用来减小金属坯料部分的横截面积,以增加该部分的长度。当模锻件沿轴线的横截面积相差较大时,常采用这种模膛进行拔长。拔长模膛分为开式(2.19(a))和闭式(2.19(b))。一般情况下,把拔长模膛设置在锻模的边缘处。生产中进行拔长操作时,金属坯料除向前送进外还须不断翻转。

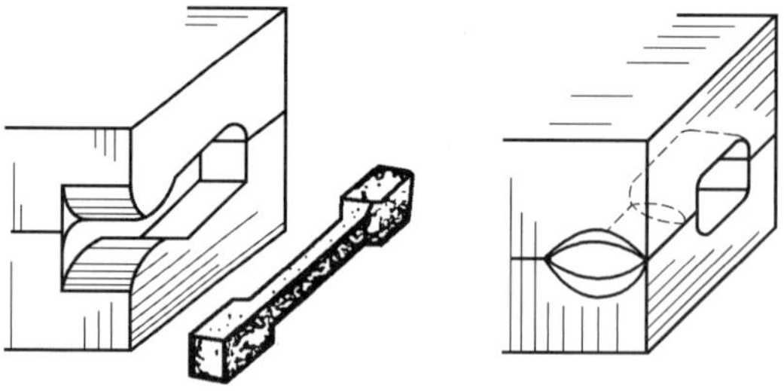

(a) 开式　　(b) 闭式

图 2.19 拔长模膛

b. 滚压模膛。在坯料长度基本不变的前提下用滚压模膛来减小坯料某部分的横截面积,以增大另一部分的横截面积。滚压模膛分为开式(图 2.20(a))和闭式(图 2.20(b))。当模锻件沿轴线的横截面积相差不是很大或对拔长后的毛坯做修整时,采用开式

滚压模膛。当模锻件沿轴线的横截面积相差较大时,则应采用闭式滚压模膛。滚压操作时须不断翻转坯料,但不做送进运动。

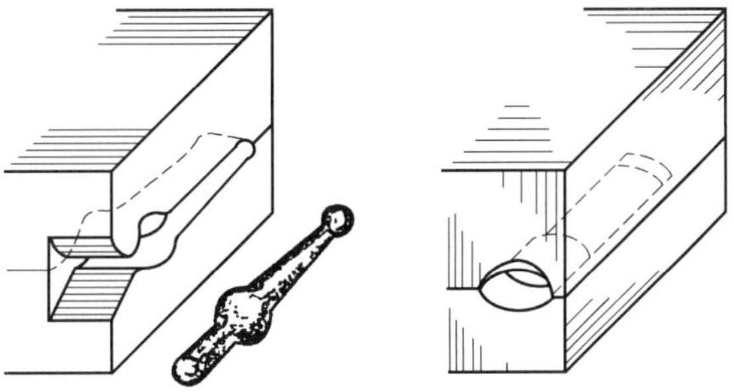

(a) 开式　　(b) 闭式

图2.20　滚压模膛

c. 弯曲模膛。对于弯曲的杆类模锻件,须采用弯曲模膛(图2.21(a))来弯曲坯料。坯料可直接或先经其他制坯工序后放入弯曲模膛进行弯曲变形。弯曲后的坯料需翻转90°再放入模锻模膛中成形。

d. 切断模膛。切断模膛(图2.21(b))是在上锻模与下锻模的角部组成的一对刃口,用来切断金属。单件锻造时,用切断模膛从坯料上切下锻件或从锻件上切下钳口;多件锻造时,用切断模膛分离成单个锻件。

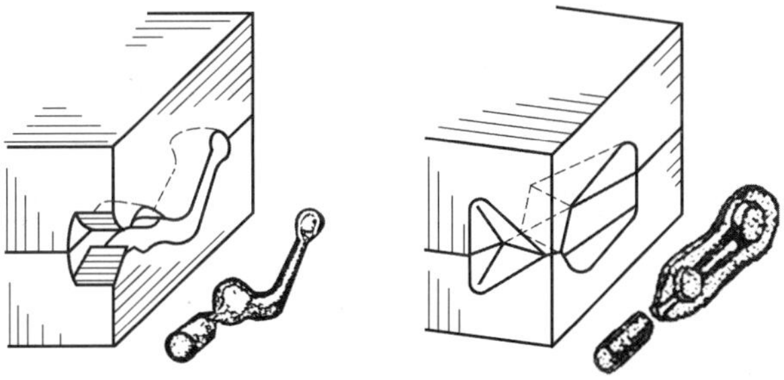

(a) 弯曲模膛　　(b) 切断模膛

图2.21　弯曲模膛和切断模膛

②模锻模膛。由于金属在模锻模膛中发生整体变形,故作用在锻模上的抗力较大。模锻模膛又分为预锻模膛和终锻模膛。

a. 预锻模膛。预锻模膛的作用是使坯料变形到接近于锻件的形状和尺寸,这样再进行终锻时金属就容易充满终锻模膛,同时减少了终锻模膛的磨损,延长了锻模的使用寿命。预锻模膛与终锻模膛的主要区别是,预锻模膛的圆角和斜度较大,没有飞边槽。对于形状简单或批量不够大的模锻件也可以不设预锻模膛。

此外,还有成形模膛、镦粗台及击扁面等制坯模膛。

根据模锻件的复杂程度不同,所需变形的模数量不等,可将锻模设计成单膛锻模或多膛锻模。单膛锻模是在一副锻模上只具有终锻模膛一个模膛。如齿轮坯模锻件就可将截下的圆柱形坯料直接放入单膛锻模中一次终锻成形。多膛锻模是在一副锻模上具有两个以上模膛的锻模。如弯曲连杆模锻件的锻模即为多膛锻模(图2.22)。

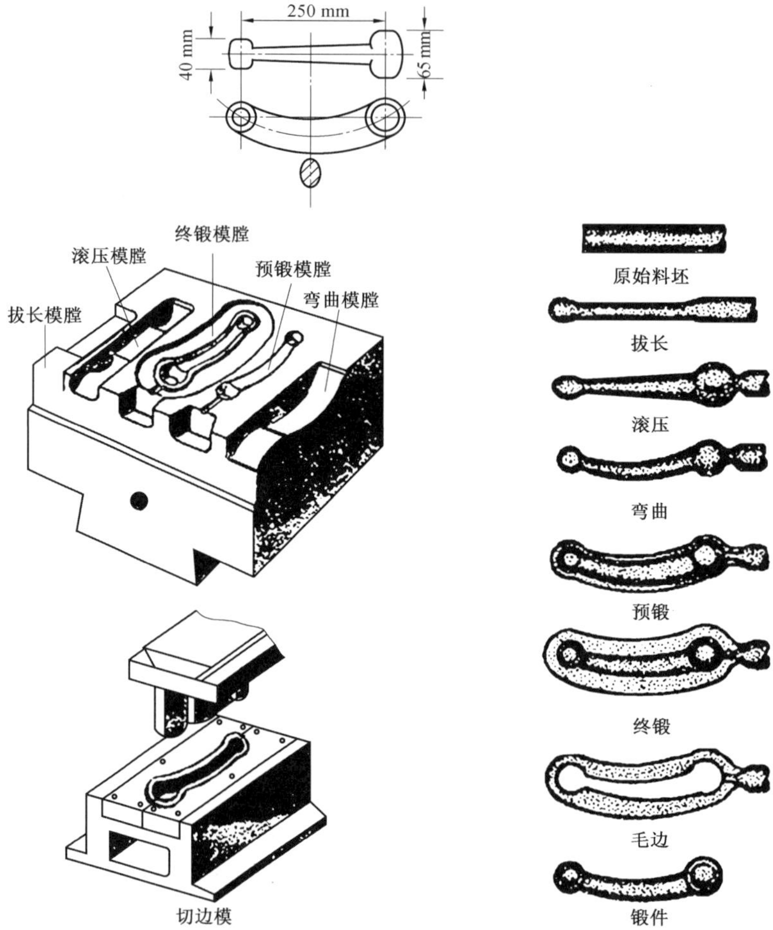

图 2.22　弯曲连杆锻造过程

b. 终锻模膛。终锻模膛的作用是使坯料最后变形到锻件所要求的形状和尺寸，因此它的形状应和锻件的形状相同。但因锻件冷却时要收缩，终锻模膛的尺寸应比锻件尺寸放大一个收缩量。钢件的收缩率取 1.5%。另外，沿模膛四周有飞边槽，用以增加金属从模膛中流出的阻力，促使金属更好地充满模膛，同时容纳多余的金属。对于具有通孔的锻件，由于不可能靠上模、下模的突起部分把金属完全挤压到旁边，故终锻后在孔内留有一薄层金属，称为冲孔连皮（图 2.23）。因此，把冲孔连皮和飞边冲掉后，才能得到具有通孔的模锻件。

锤上模锻虽具有设备投资较少，锻件质量较好，适应性强，可以实现多种变形工序，锻造不同形状的锻件等优点，但由于锤上模锻震动和噪声大，完成一个变形工序往往需要经过多次锤击，故难以实现机械化和自动化，生产效率在模锻中相对较低。

2. 压力机上模锻

锤上模锻具有工艺适应性广的特点，目前仍在锻压生产中得到广泛的应用。但是，锤上模锻在工作中存在振动和噪声大、劳动条件差、热效率低、能源消耗多等缺点。因此，近年来大吨位模锻锤有逐步被压力机取代的趋势。压力机上模锻主要有曲柄压力机上模

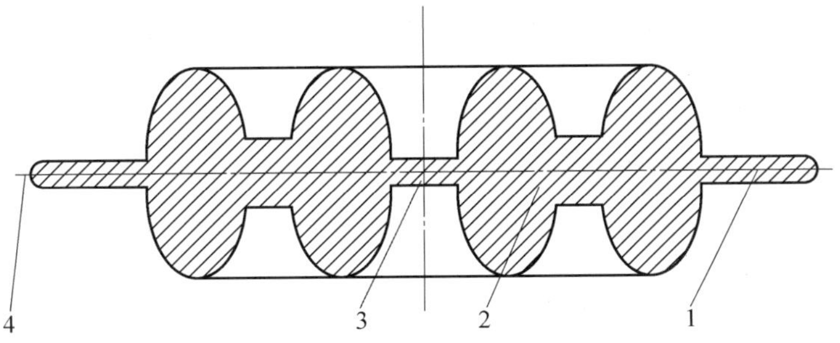

图 2.23　带有冲孔连皮及飞边的模锻件

1—飞边;2—锻件;3—冲孔连皮;4—分模面

锻、摩擦压力机上模锻和平锻机上模锻。

(1)曲柄压力机上模锻。

曲柄压力机是一种机械式压力机,其传动系统如图 2.24 所示。当离合器在结合状态时,电动机的转动通过小带轮、大带轮、传动轴、小齿轮、大齿轮传给曲柄,再经曲柄连杆机构使滑块做上下往复直线运动。离合器处在脱开状态时,大带轮(飞轮)转,制动器使滑块停在确定的位置上。锻模分别安装在滑块和楔形工作台上。下顶杆用来从模膛中推出锻件,实现自动取件。

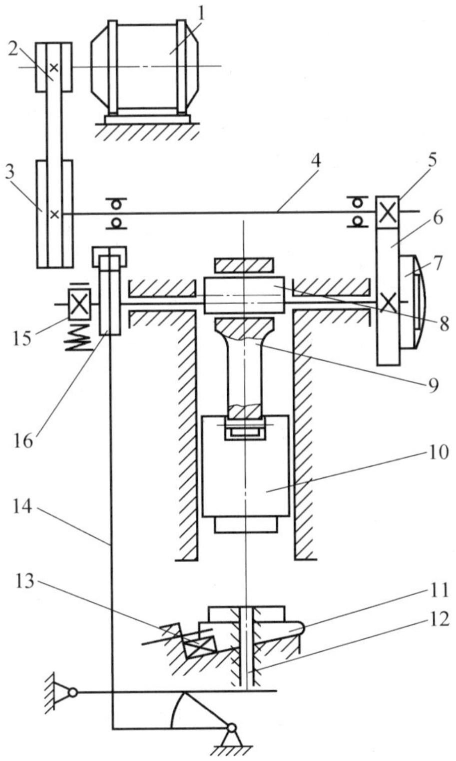

图 2.24　曲柄压力机传动系统

1—电动机;2—小带轮;3—大带轮;4—传动轴;5—小齿轮;6—大齿轮;7—离合器;8—曲柄;9—连杆;10—滑块;11—楔形工作台;12—下顶杆;13—楔块;14—顶料连杆;15—制动器;16—凸轮

曲柄压力机的吨位一般是 2 000 ~ 120 000 kN,曲柄压力机上模锻的特点如下：

①曲柄压力机作用于金属上的变形力是静压力,且变形力由机架本身承受,不传给地基。因此,曲柄压力机工作时无振动,噪声小。

②滑块行程固定,每个变形工序在滑块的一次行程中即可完成。

③曲柄压力机具有良好的导向装置和自动顶件机构,因此锻件的机械加工余量、公差和模锻斜度都比锤上模锻小。

④曲柄压力机上模锻所用的锻模(图 2.25)都设计成镶块式模具。模膛由镶块构成,镶块用螺栓和压板固定在模板上,导柱用来保证上下模之间的最大合模精度,上顶杆和下顶杆的端面形成模膛的一部分。这种组合模制造简单,更换容易,节省贵重模具材料的使用量。

⑤坯料表面上的氧化皮不易被清除掉,影响锻件质量。曲柄压力机上也不宜进行拔长和滚压工序。如果是横截面变化较大的长轴类锻件,可采用周期轧制坯料或用辊锻机制坯来代替这两个工序。

由于曲柄压力机上模锻所用设备和模具具有上述特点,因而这种模锻方法具有锻件精度高、生产效率高、劳动条件好和节省金属材料使用量等优越性,故适合于大批量生产条件下锻造中、小型锻件。但由于曲柄压力机造价高,其应用受到限制,我国仅有大型工厂使用。

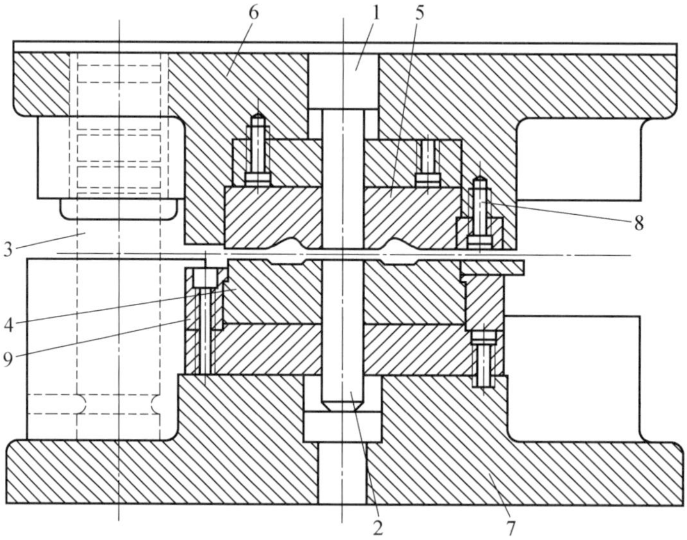

图 2.25 曲柄压力机上模锻所用的锻模

1—上顶杆;2—下顶杆;3—导柱;4、5—镶块;6—上模板;7—下模板;8—螺栓;9—压板

(2)摩擦压力机上模锻。

摩擦压力机的工作原理如图 2.26 所示。锻模分别安装在滑块和基座上。滑块与螺杆相连,沿导轨上下滑动。螺杆穿过固定在机架上的螺母,其上端装有飞轮。两个摩擦盘装在一根轴上,由电动机经皮带使摩擦盘轴旋转。改变操纵杆位置可使摩擦盘轴沿轴向窜动,这样就会使某一个摩擦盘靠紧飞轮边缘,借助摩擦力带动飞轮转动。飞轮分别与两

个摩擦盘接触,产生不同方向的转动,螺杆也就随飞轮做不同方向的转动。在螺母的约束下,螺杆的转动变为滑块的上下滑动,实现模锻生产。

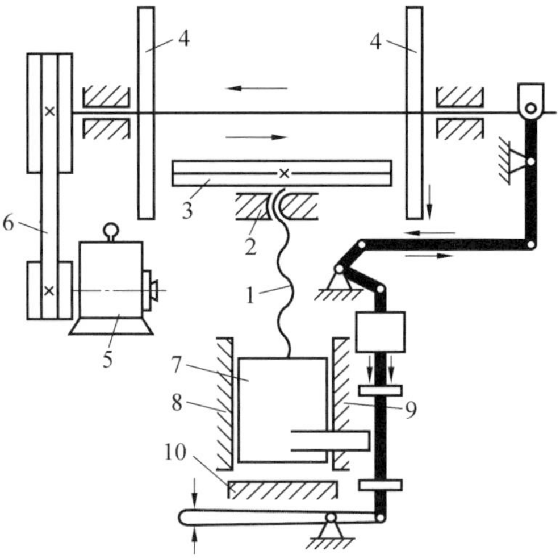

图 2.26　摩擦压力机的工作原理

1—螺杆;2—螺母;3—飞轮;4—摩擦盘;5—电动机;6—皮带;7—滑块;8、9—导轨;10—基座

在摩擦压力机上进行模锻,主要靠飞轮、螺杆及滑块向下运动时所积蓄的能量来实现。吨位为 3 500 kN 的摩擦压力机使用较多,最大吨位可达到 10 000 kN。

在摩擦压力机工作过程中,滑块运动速度为 0.5 ~ 1.0 m/s,具有一定的冲击作用,且滑块行程可控,这与锻锤相似。坯料变形中抗力由机架承受,形成封闭力系,这又是压力机的特点。因此,摩擦压力机具有锻锤和压力机的双重工作特性。

摩擦压力机上模锻的特点如下:

①摩擦压力机的滑块行程不固定,并具有一定的冲击作用,因而可实现轻打、重打,可在一个模膛内对金属进行多次锻击。这不仅能满足各种主要成形工序的要求,还可以进行弯曲、压印、热压、精压、切飞边、冲连皮及校正等工序。

②由于滑块运动速度低,金属变形过程中的再结晶可以充分进行,因而特别适合于锻造低塑性合金钢和非铁金属(如铜合金)等,但也因此使其生产效率较低。

③由于滑块打击速度不快,设备本身具有顶料装置,故可以采用整体式锻模,也可以采用特殊结构的组合式模具,使模具设计和制造简化、节约材料、降低成本。同时,可以锻造出形状更为复杂、敷料用量更少和模锻斜度较小的锻件。此外,还可将轴类锻件直立起来进行局部镦粗。

④摩擦压力机承受偏心载荷的能力差,通常只适用于单膛锻模进行模锻。对于形状复杂的锻件,需要在自由锻设备或其他设备上制坯。

摩擦压力机上模锻适合于中、小型锻件的小批量或中批量生产,如铆钉、螺钉、螺母、配气阀、齿轮、三通阀等。

综上所述,摩擦压力机具有结构简单、造价低、使用及维修方便、基建要求不高、工艺用途广泛等优点,所以我国中、小型锻造车间大多拥有这类设备。

(3)平锻机上模锻。

平锻机的主要结构与曲柄压力机相同,只因滑块做水平运动,故称平锻机。平锻机传动示意图如图 2.27 所示。平锻机的吨位一般为 5 000 ~ 31 500 kN,可加工直径为 25 ~ 230 mm 的棒料。最适合在平锻机上模锻的锻件是长杆大头件和带孔环形件,如汽车半轴、倒车齿轮等。主要模锻工序有聚料、冲孔、穿孔、预锻、终锻、弯曲、切断、切毛边等。

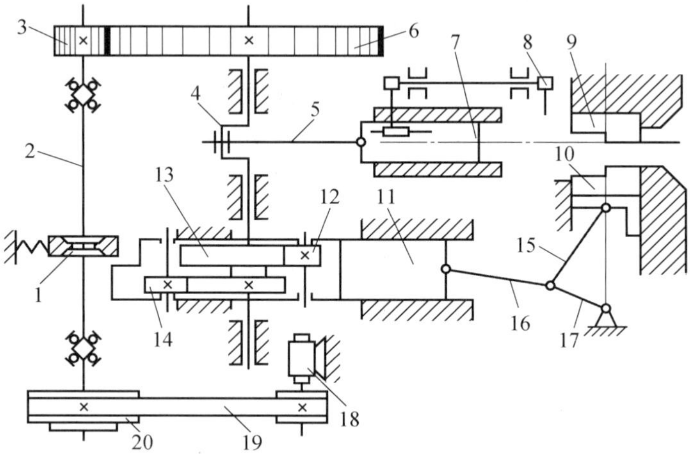

图 2.27　平锻机传动示意图

1—制动器;2—传动轴;3、6—齿轮;4—曲轴;5—连杆;7—主滑块;8—挡料板;9—定模;10—活动模;11—刚滑块;12、14—导轮;13—凸轮;15、16、17—连杆系统;18—电动机;19—传动带;20—带轮

平锻机上模锻的特点如下:

①平锻模有相互垂直的两个分模面,扩大了模锻使用范围,可以锻出锤上和曲柄压力机上无法锻出的锻件,如侧面有凹挡的双联齿轮。但平锻机设备复杂,造价昂贵。

②坯料水平放置,其长度几乎不受限制,故适合锻造带头部的长杆类锻件,也便于用长棒料逐个连续锻造。

③ 锻件尺寸精确,表面质量好,生产效率高,易于实现机械化操作。

④平锻件的模锻斜度小,机械加工余量、余块少,冲孔不留连皮,是锻造通孔锻件的唯一方法。锻件几乎没有飞边,材料利用率可达到 85% ~95% 。

⑤对非回转体及中心不对称的锻件用平锻机较难锻造,且投资金额大。

3. 胎模锻

胎模锻是在自由锻设备上使用可移动模具(胎模)生产模锻件的一种工艺方法。锻造时,胎模放在砧座上,将加热的坯料放入胎模锻造成形,也可先将坯料经过自由锻预锻,然后用胎模终锻成形。

(1)胎模锻的工艺特点。

①与模锻相比,不需要专用的模锻设备,可以在自由锻锤上生产模锻件。胎模制造简单,成本低,生产准备周期短。

②与自由锻相比,生产效率和锻件精度成倍提高,节省金属材料使用量、降低锻件成本。

③胎模采用人力抬动操作，劳动强度大。

④设备吨位小，只适用于小锻件小批量生产。

(2)胎模的类型与应用。

胎模的种类较多，主要有扣模、套模及合模 3 种。

①扣模。扣模用来对坯料进行全部或局部扣形，以生产长杆非回转体局部扣形锻件。扣模一般由上下扣组成(图 2.28(a))，或者只有下扣而上扣由上砧代替(图 2.28(b))，也可以为合模锻造(图 2.28(c))进行制坯。在扣模中锻造时，坯料不翻转，扣形后将坯料翻转 90°，再用上下砧平整锻件的侧面。

(a) 有上扣扣模　　(b) 无上扣扣模　　(c) 合模锻造

图 2.28　扣模

②套模。套模一般由套筒及上、下模垫组成，有开式套模和闭式套模两种，如图 2.29 所示。最简单的开式套模只有下模(套模)，上模由上砧代替，图 2.29(a)所示为有模垫的开式套模，其模垫的作用是使坯料的下端面成形。闭式套模是由模套和上、下模垫组成的，也可只有上模垫(图 2.29(b))。闭式套模与开式套模的不同之处在于，上砧的打击力是通过上模垫作用于坯料上的，坯料在模膛内成形，一般不产生飞边或毛刺。闭式套模主要用于有凸台和凹坑的回转体锻件，也可用于非回转体锻件。套模主要用于锻造齿轮、法兰盘等盘类锻件。

③合模。合模由上模、下模和导向装置组成，如图 2.30 所示。在上模和下模的分模面上，环绕模膛开有飞边槽，锻造时多余的金属被挤入飞边槽中。锻件成形后须将飞边切除。合模多用于锻造非回转体类且形状比较复杂的锻件，如连杆、叉形锻件等。

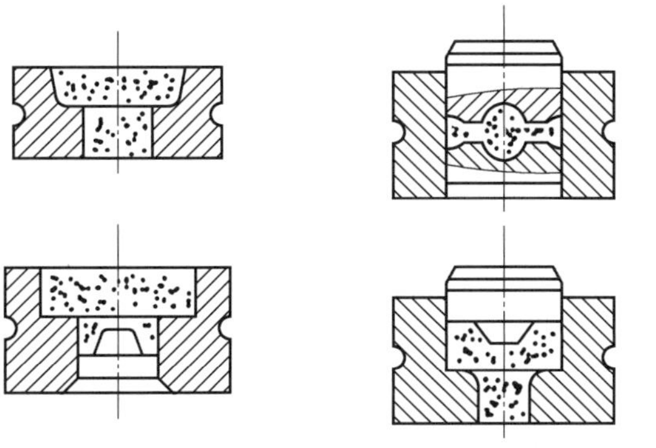

(a) 开式套模　　(b) 闭式套模

图 2.29　套模

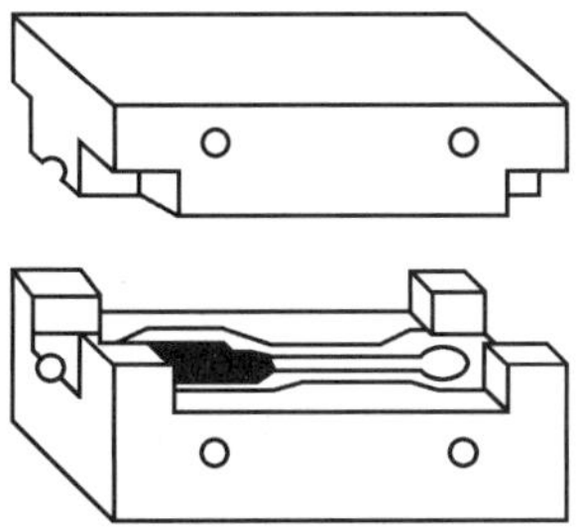

图 2.30　合模

综上所述，由于胎模结构较简单，可提高锻件的精度，不需要昂贵的模锻设备，扩大了自由锻生产的范围。但胎模易损坏，较其他模锻方法生产的锻件精度低，劳动强度大，故胎模锻只适合在没有模锻设备的中、小型工厂中生产中、小批量的锻件。

常用锻造方法的综合比较见表 2.2。

表 2.2　常用锻造方法的综合比较

<table>
<tr><th colspan="2">锻造方法</th><th>使用设备</th><th>适用范围</th><th>生产效率</th><th>锻件精度及表面质量</th><th>模具特点</th><th>模具寿命</th><th>劳动条件</th><th>对环境影响</th></tr>
<tr><td colspan="2" rowspan="3">自由锻</td><td>空气锤</td><td>小型锻件，单件、小批量生产</td><td rowspan="3">低</td><td rowspan="3">低</td><td rowspan="3">采用通用工具，无专用磨具</td><td rowspan="3">—</td><td rowspan="3">差</td><td rowspan="3">振动和噪声大，对环境影响大</td></tr>
<tr><td>蒸汽-空气锤</td><td>中型锻件，单件、小批量生产</td></tr>
<tr><td>水压机</td><td>大型锻件，单件、小批量生产</td></tr>
<tr><td rowspan="8">模锻</td><td rowspan="3">锤上模锻</td><td>蒸汽-空气模</td><td rowspan="3">中、小型锻件，大批量生产。适合锻造各种类型模锻件</td><td rowspan="3">高</td><td rowspan="3">中</td><td rowspan="3">锻模固定在锤头和砧座上，模膛复杂，造价高</td><td rowspan="3">中</td><td rowspan="3">差</td><td rowspan="3">振动和噪声大，对环境影响大</td></tr>
<tr><td>锻锤</td></tr>
<tr><td>无砧座锤</td></tr>
<tr><td rowspan="2">曲柄压力机上模锻</td><td>热模锻</td><td rowspan="2">中、小型锻件，大批量生产。不宜进行拔长和滚压工序</td><td rowspan="2">高</td><td rowspan="2">高</td><td rowspan="2">组合模，有导柱、导套和顶出装置</td><td rowspan="2">较高</td><td rowspan="2">好</td><td rowspan="2">对环境影响较小</td></tr>
<tr><td>曲柄压力机</td></tr>
<tr><td>摩擦压力机上模锻</td><td>摩擦压力机</td><td>小型锻件，中批量生产。可进行精密模锻</td><td>较高</td><td>较高</td><td>一般为单膛锻模</td><td>中</td><td>好</td><td>对环境影响较小</td></tr>
<tr><td rowspan="2">胎模锻</td><td>空气锤</td><td rowspan="2">中、小型锻件，中、小批量生产</td><td rowspan="2">较高</td><td rowspan="2">中</td><td rowspan="2">模具简单，并且不固定在设备上，取换方便</td><td rowspan="2">较低</td><td rowspan="2">差</td><td rowspan="2">振动和噪声大，对环境影响大</td></tr>
<tr><td>蒸汽-空气锤</td></tr>
</table>

2.2.3 锻造工艺规程制订

制订工艺规程、编写工艺卡片是进行锻造生产必不可少的技术准备工作,是组织生产过程、规定操作规范、控制和检查产品质量的依据。制订锻造工艺规程时,需要考虑以下内容。

1. 绘制锻件图

锻件图是以零件图为基础,结合锻造工艺特点绘制而成的。绘制锻件图应考虑如下几方面内容。

(1)机械加工余量及公差。

为了达到零件尺寸精度及表面粗糙度的要求,锻件上需切削加工而去除的金属层,称为锻件的机械加工余量。确定机械加工余量的原则是:在不影响产品零件加工的前提下,应尽量选用小机械加工余量。机械加工余量的大小取决于零件的形状、尺寸、质量大小、精度、表面粗糙度和锻造方法等。模锻件内、外表面的机械加工余量(单面)见表2.3。

表2.3 模锻件内、外表面的机械加工余量(单面) mm

加工表面最大宽度或直径	加工表面的最大长度或最大高度					
	小于63	63~160	160~250	250~400	400~1 000	1 000~2 500
小于25	1.5	1.5	1.5	1.5	2.0	2.5
25~40	1.5	1.5	1.5	1.5	2.0	2.5
40~63	1.5	1.5	1.5	2.0	2.5	3.0
63~100	1.5	1.5	2.0	2.5	3.0	3.5

锻件公差是指锻件的实际尺寸与锻件图规定的公称尺寸之间的偏差。在模锻过程中,由于欠压、错模、锻模磨损、锻件表面氧化及锻件冷却收缩不均等原因,锻件尺寸在一定的范围内上下波动。锻件公差大小取决于锻件的形状、尺寸、精度、表面粗糙度和锻造方法等。锤上模锻件水平方向尺寸公差见表2.4。

表2.4 锤上模锻水平方向尺寸公差 mm

模锻件长度(宽度)	小于50	50~120	120~260	260~500	500~800	800~1 200
公差	+1.0	+1.5	+20	+2.5	+3.0	+3.5
	-0.5	-0.7	-1.0	-1.5	-2.0	-2.5

(2)分模面。

分模面是指上、下锻模在模锻件上的分界面。分模面在锻件上的位置是否合适,关系到锻件成形、锻件出模、材料利用率及锻模加工等一系列问题。选定分模面的原则是:

①应保证模锻件能从模膛中取出来。如图2.31所示的轮形锻件,把分模面选定在a-a面时,已成形的模锻件就无法取出。一般情况,分模面应选在模锻件的最大截面处。

②按选定的分模面制成锻模后，应使上、下两模沿分模面的模膛轮廓一致，以便在安装锻模和生产中容易发现错模现象，及时而方便地调整锻模位置。图 2.31 中的 c–c 面被选定为分模面，就不符合此原则。

③分模面应选在能使模膛深度最浅的位置上。这样有利于金属充满模膛，便于取件，并有利于锻模的制造。图 2.31 中的 b–b 面，就不适合作分模面。

④选定的分模面应使零件上所加的敷料最少。图 2.31 中的 b–b 面被选作分模面时，零件中间的孔不能锻造出来，孔部金属都是敷料，既浪费金属，又增加了切削加工的工作量。所以该面不宜作分模面。

⑤分模面最好是一个平面，以便于锻模的制造，并防止锻造过程中上、下锻模错动。

按上述原则综合分析，图 2.31 中的 d–d 面是最合理的分模面。

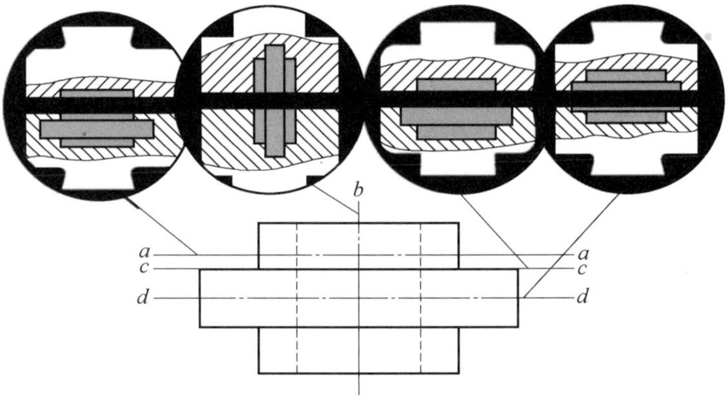

图 2.31 轮形锻件分模面的选择和比较图

(3)模锻斜度。

为了便于从模膛中取出锻件，模锻件上平行于锤击方向（垂直于分模面）的表面必须具有斜度，称为模锻斜度（图 2.32）。对于锤上模锻，模锻斜度一般为 5°~15°。模锻斜度与模膛深度和宽度有关。当模膛深度(h)与宽度(b)的比值(h/b)越大时，取较大的斜度值。图 2.32 中的 α_2 为内壁（即当锻件冷却时，锻件与模壁夹紧的表面）斜度，其值比外壁（即当锻件冷却时，锻件与模壁离开的表面）斜度 α_1 大 2°~5°。

(4)模锻圆角半径。

模锻件上所有两个平面的交角均需做成圆角，此圆角称为锻件的圆角。圆角结构有利于金属的变形流动，可使金属易于充满模膛，提高锻件质量。圆角结构还可避免锻模的尖角处产生裂纹，减轻锻件外尖角处的磨损，从而提高锻模的使用寿命。

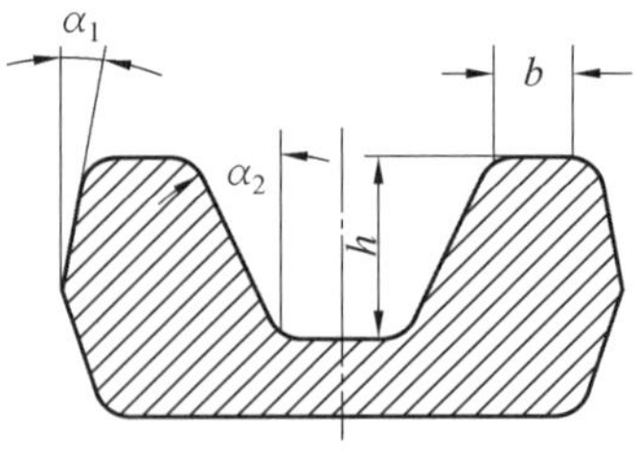

图 2.32 模锻斜度

钢质模锻件外圆角半径(r)一般取 1.5~12 mm，内圆角半径(R)比外圆角半径大 2~3 倍，如图 2.33 所示。模膛越深，圆角半径的取值就越大。

(5)冲孔连皮。

许多模锻件都具有孔形,当模锻件的孔径大于 25 mm 时,应将该孔形锻出。但由于模锻无法锻出通孔,需在孔中留出冲孔连皮(图 2.34),其厚度依孔径而定。当孔径 d 为 25 ~ 80 mm 时,冲孔连皮的厚度 s 取 4 ~ 8 mm。

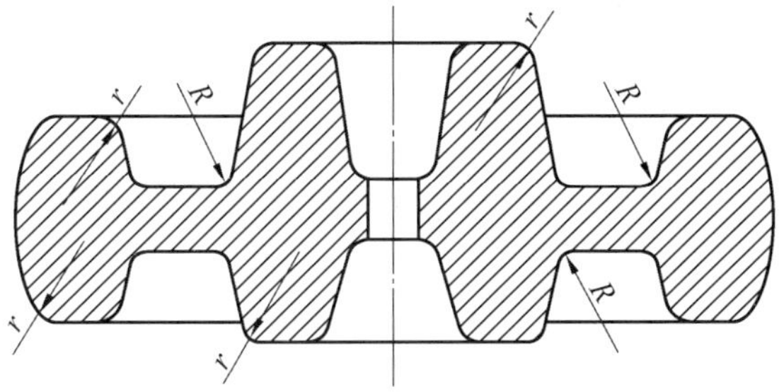

图 2.33 圆角半径

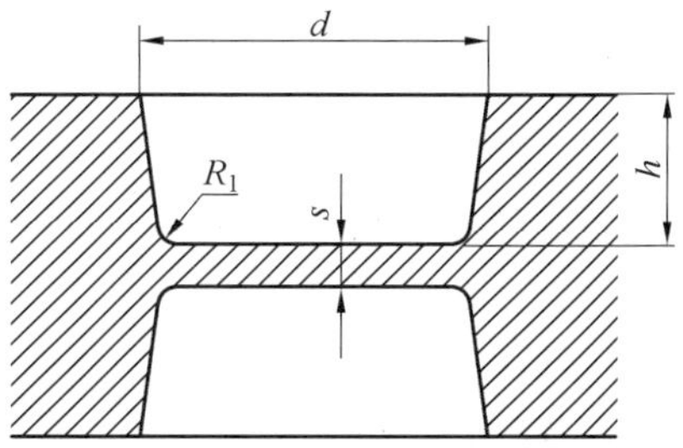

图 2.34 模锻件常用的冲孔连皮

(6)绘制锻件图。

将机械加工余量、公差、分模面、模锻斜度、模锻圆角半径等确定之后,就可以绘制锻件图。图 2.35 为齿轮坯的模锻锻件图。图 2.35 中双点画线为零件的轮廓外形,分模面选在锻件高度方向的中部。零件的轮辐部分不加工,故不留机械加工余量。图 2.35 中内孔中部的两条水平直线为冲孔连皮切除后的痕迹线。

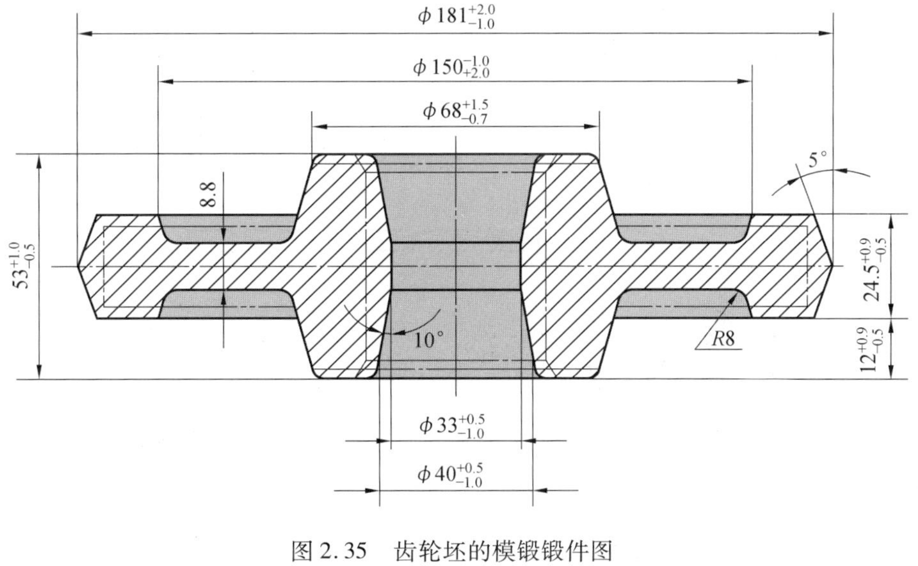

图 2.35 齿轮坯的模锻锻件图

2. 坯料质量和尺寸的确定

坯料质量包括锻件、飞边、连皮、钳口料头及氧化皮等的质量,可按下式计算:

$$G_{坯料} = G_{锻件} + G_{烧损} + G_{料头} \tag{2.5}$$

式中 $G_{坯料}$——坯料质量,kg;

$G_{锻件}$——锻件质量,kg;

$G_{烧损}$——加热中坯料表面因氧化而烧损的质量,kg(第一次加热取被加热金属质量的2%～3%，以后各次加热的烧损量取被加热金属质量的1.5%～2.0%）；

$G_{料头}$——在锻造过程中冲掉或被切掉的那部分金属的质量，kg（如冲孔时坯料中部被冲落的料芯，修切端部切除的金属及模锻生产中连皮和飞边的质量等。采用钢锭作为坯料时，料头还包括所切掉的钢锭头部和尾部的金属质量）。

坯料的尺寸根据坯料质量和几何形状确定，还应考虑坯料在锻造中的变形程度，即锻造比的问题。对于以钢锭作为坯料并采用拔长方法锻造的锻件，锻造比一般不小于2.5。对性能要求高的锻件，锻造比还可以大些。如果采用轧材作为坯料，则锻造比可取1.3～1.5。

3.锻造工序的确定

锻造工序都是根据工序特点和锻件类型来确定的。采用自由锻生产锻件时，其工序的选择见表2.1。采用模锻方法生产模锻件时，其工序根据模锻件的形状和尺寸确定。

模锻件按形状和结构可分为两大类：长轴类模锻件和短轴类模锻件。

（1）长轴类模锻件。

长轴类模锻件（图2.36）的长度与宽度之比较大，如台阶轴、曲轴、连杆、弯曲摇臂等。此类锻件在锻造过程中，锤击方向垂直于锻件的轴线。终锻时，金属沿高度与宽度方向流动，而沿长度方向没有显著的流动。因此，常选用拔长、滚压弯曲、预锻和终锻等工序。

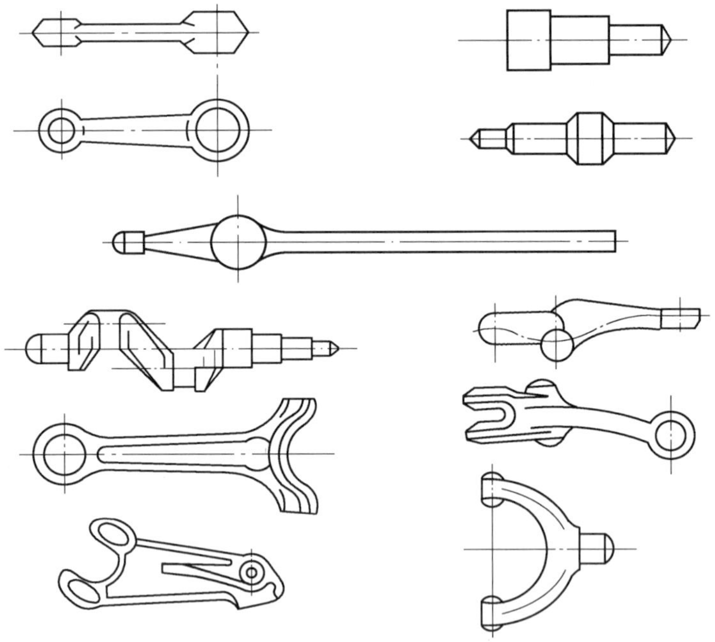

图2.36 长轴类模锻件

对于小型长轴类锻件，为了减少钳口料和提高生产效率，常采用一根棒料同时锻造出几个锻件的方法。因此，应增设切断工序，将已锻好的模锻件分离开。

有一些模锻件选用周期轧制材料作为坯料（图2.37），可以省去拔长、滚压等工序，简化了模锻过程,并显著提高了生产效率。

(a) 周期轧制材料

(b) 模锻后形状

图 2.37 用轧制坯料模锻

(2)短轴类模锻件。

短轴类模锻件在分模面上的投影为圆形或长度接近于宽度或直径的锻件,如齿轮、法兰盘等(图 2.38)。此类模锻件在锻造过程中,锤击方向与坯料轴线相同。终锻时金属沿高度、宽度及长度方向均产生流动。因此,常选用镦粗、预锻、终锻等工序。

对于形状简单的短轴类模锻件,可只选用终锻工序成形。对于形状复杂、有深孔或有高筋结构的模锻件,则应增加镦粗工序。

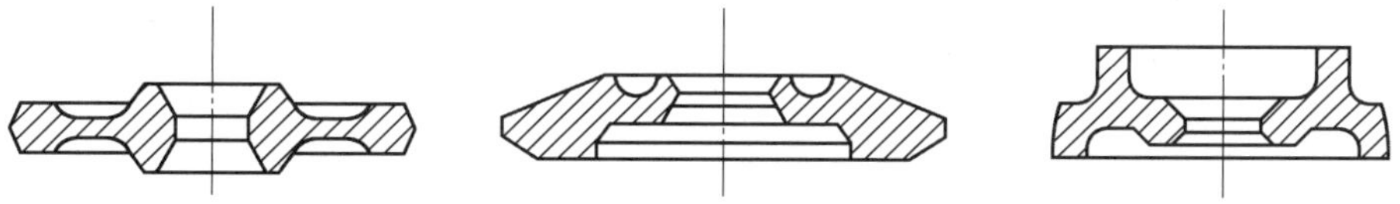

(a) 齿轮　(b) 轮毂　(c) 套筒

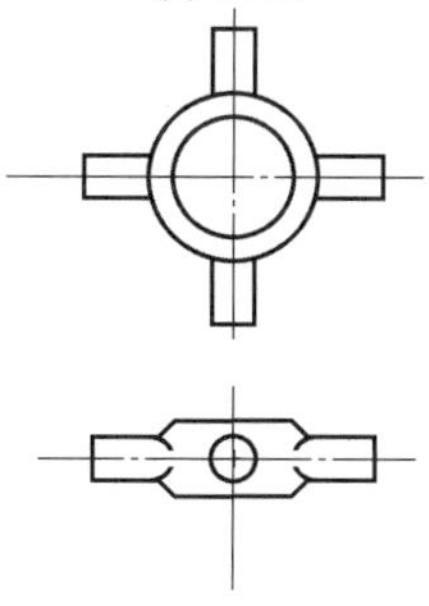

(d) 十字轴

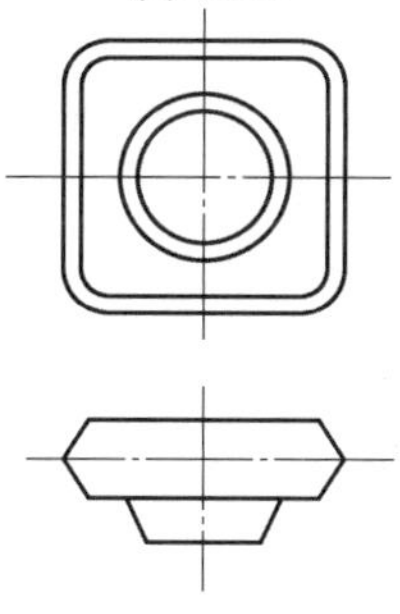

(e) 端盖

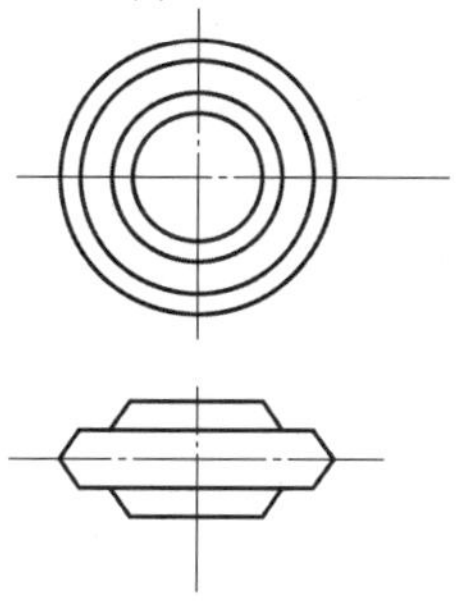

(f) 联轴器

图 2.38 短轴类模锻件

4. 锻造工艺规程中的其他内容

采用高温热变形进行锻造时,必须按锻件材质及其合金状态图确定始锻温度和终锻温度。同时还应确定加热规范(如加热速度、保温温度和时间等)和冷却规范(如冷却方式等)。这对高合金钢锻件尤为重要,以防止因热应力引起变形或开裂而报废。

无论用哪种方法进行锻造,都必须根据锻件质量、锻造方法等因素,选定相应的设备(如加热设备、锻造设备等)和确定锻造后所必需的辅助工序(如校正、切飞边、冲连皮、清理、热处理等)。

2.2.4 锻件结构的工艺性

设计锻造成形的零件时，除应满足使用性能要求外，还必须考虑锻造工艺的特点，即锻造成形的零件结构要具有良好的工艺性。这样可使锻造成形方便，节约金属材料使用量，保证质量和提高生产效率。

1. 自由锻锻件的结构工艺性

自由锻锻件的设计原则是：在满足使用性能要求的前提下，锻件的形状应尽量简单，易于锻造。

(1)尽量避免锥体或斜面结构。

自由锻锻件若有锥体或斜面结构(图 2.39(a))，将使锻造工艺复杂，操作不方便，降低设备的使用率。应改进设计，如图 2.39(b)所示。

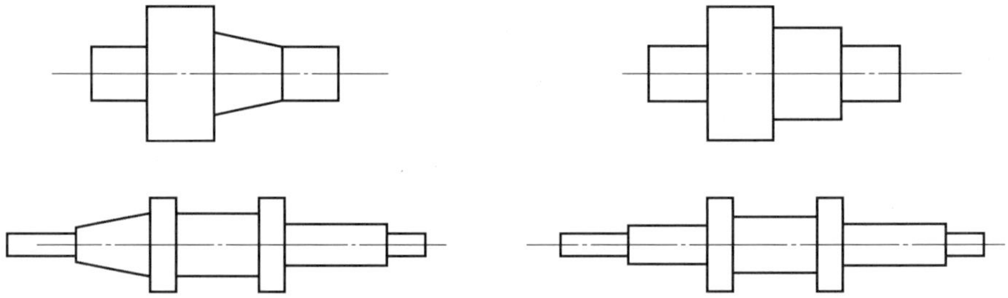

(a) 工艺性差的结构　　(b) 工艺性好的结构

图 2.39　轴类锻件结构

(2)避免几何体的交接处形成空间曲线。

锻件若由数个简单几何体构成时，几何体间的交接处不应形成空间曲线。图 2.40(a)所示的结构，采用自由锻方法极难成形，应改成平面与圆柱、平面与平面相接的结构(图 2.40(b))。

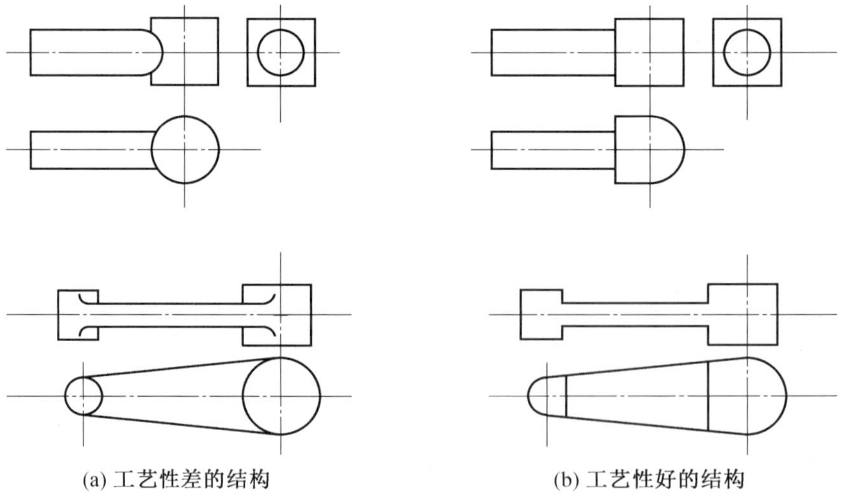

(a) 工艺性差的结构　　(b) 工艺性好的结构

图 2.40　杆类锻件结构

(3)避免特殊和非规则的截面和外形。

自由锻锻件上不应设计出加强筋、凸台、工字形截面或空间曲线形表面(图2.41(a)),应将锻件结构改成如图2.41(b)所示的结构。

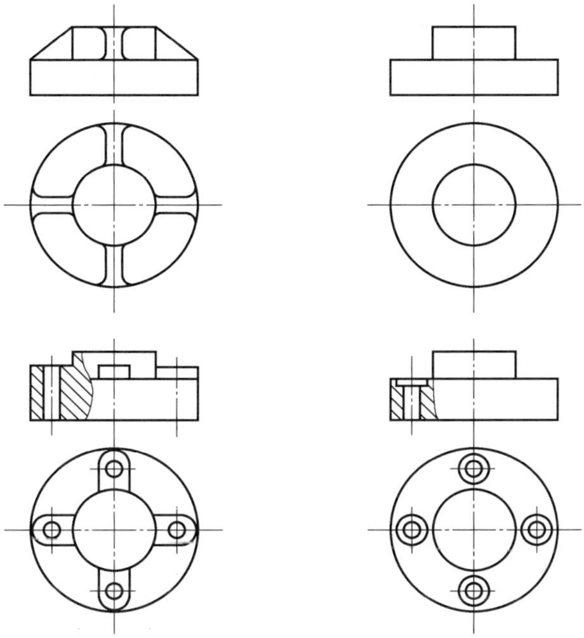

(a) 工艺性差的结构　　(b) 工艺性好的结构

图2.41　盘类锻件结构

(4)合理采用组合结构。

如图2.42(a)所示,自由锻锻件的横截面若有急剧变化或形状较复杂时,应设计成由几个简单件构成的组合体。每个简单件锻造成形后,再用焊接或机械连接方式构成整体件,如图2.42(b)所示。

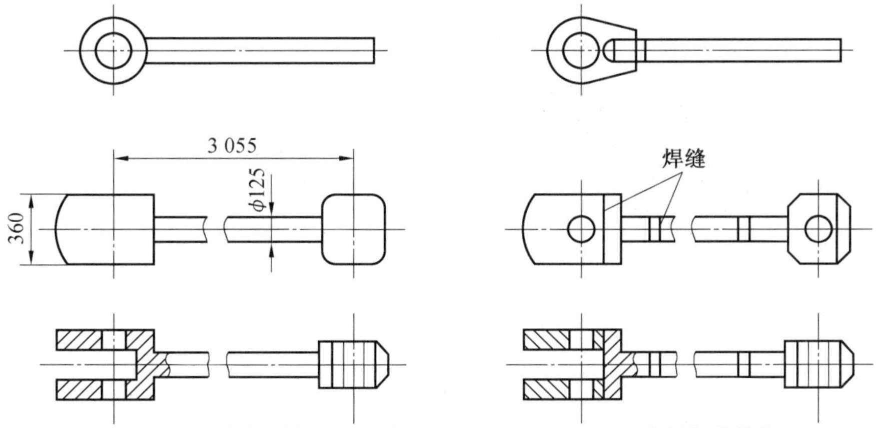

(a) 工艺性差的结构　　(b) 工艺性好的结构

图2.42　复杂件结构

2. 模锻件的结构工艺性

设计模锻件时，应根据模锻的特点和工艺要求，使模锻件的结构符合下列原则，以便于模锻生产和降低成本。

①模锻件上必须具有一个合理的分模面，以使金属易于充满模膛，并保证模锻成形后模锻件容易从锻模中取出。此外，应使敷料使用量最少，锻模容易制造。

②由于模锻件尺寸精度较高和表面粗糙度值低，因此只有与其他零件配合的表面才需要进行机械加工，其他表面均应设计为非加工表面。模锻件上与分模面垂直的非加工表面，应设计出模锻斜度。两个非加工表面形成的角（包括外角和内角）都应按模锻圆角设计。

③为了使金属容易充满模膛和减少工序，模锻件外形应力求简单、平直和对称。尽量避免模锻件截面间差别过大，或具有薄壁、高筋、高台等结构。图 2. 43(a) 所示零件的小截面直径与大截面直径之比为 0. 5，就不符合模锻生产的要求。图 2. 43(b) 所示模锻件扁而薄，模锻时薄壁部位金属冷却速度快，变形抗力剧增，易损坏锻模。

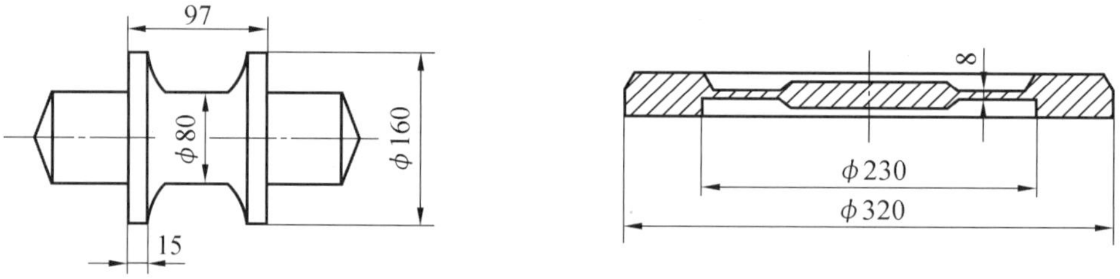

(a) 小/大截面直径比0.5的模锻件　　(b) 扁而薄的模锻件

图 2. 43　模锻件

图 2. 44(a) 所示零件有一个高而薄的凸缘，金属难以充满模膛，且使锻模制造和成形后的锻件取出较为困难，应改进，设计成图 2. 44(b) 所示的形状，使之易于锻制成形。

(a) 改进前　　(b) 改进后

图 2. 44　有高而薄凸缘的模锻件

④模锻件的结构中应避免深孔或多孔结构。图 2. 45 所示零件的轴孔直径为 60 mm，属于深孔结构，其上又有 4 个非加工孔，不能锻出。故应减小轮毂高度，并将直径为 40 mm的 4 个孔改用机械加工方法制出。

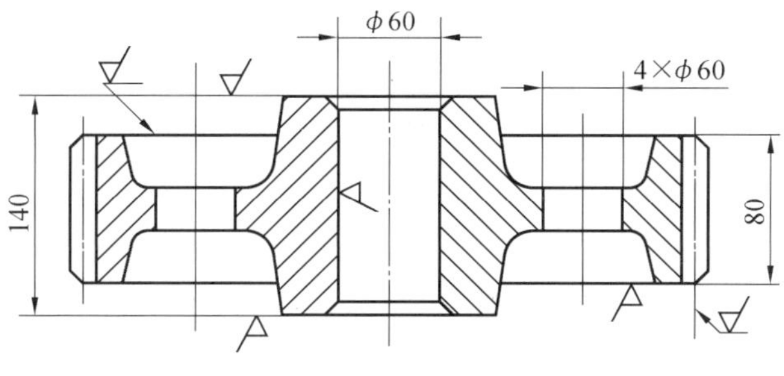

图2.45　多孔齿轮

⑤模锻件的整体结构应力求简单。当整体结构在成形中需增加较多的敷料时，可采用组合工艺制作。图2.46所示零件应先采用模锻的方法单个成形，然后采用焊接工艺组合成一个整体零件。

(a) 模锻件　　(b) 焊合件

图2.46　锻-焊结构模锻件

2.3　板料冲压成形

板料冲压是利用冲模使板料产生分离或变形的加工方法。这种加工方法通常是在冷态下进行的，所以又叫冷冲压。只有当板料厚度超过10 mm时，才采用热冲压。

几乎在一切制造金属成品的工业部门中，都广泛应用板料冲压，特别是在汽车、拖拉机、航空、电器、仪表及国防等工业中，板料冲压占有极其重要的地位。

板料冲压具有下列特点：

①板料冲压可以冲压出形状复杂的零件，且废料较少。

②板料冲压产品具有足够高的精度和较低的表面粗糙度值，冲压件的互换性较好。

③板料冲压能获得质量轻、材料消耗少、强度和刚度都较高的零件。

④板料冲压操作简单，工艺过程便于机械化和自动化，生产效率很高，故零件成本低。但冲模制造复杂、成本高，只有在大批量生产条件下其优越性才明显。

板料冲压所用原材料，特别是制造中空杯状和钩环状等成品时，必须具有足够的塑性。板料冲压常用的金属材料有低碳钢、铜合金、铝合金、镁合金及塑性好的合金钢等。从形状上分，金属材料有板料、条料及带料等。

板料冲压生产中常用的设备是剪床和冲床。剪床用来把板料剪切成一定宽度的条料，以供下一步的冲压工序使用。冲床用来实现冲压工序，以制成所需形状和尺寸的成品零件，冲床的最大吨位已达到40 000 kN。

板料冲压生产的基本工序有分离工序和变形工序。

2.3.1 分离工序

分离工序是使坯料的一部分与另一部分相互分离的工序。如落料、冲孔、修整、切断、切口、切边、剖切等。

1. 落料与冲孔

落料与冲孔统称为冲裁,是利用冲模将板料按照封闭的轮廓与坯料分离的工序。落料时,冲落部分为成品,而余料为废料。冲孔是为了获得带孔的冲裁件,而冲落部分是废料。例如,冲制平面垫圈,冲制外形的工序为落料,冲制内孔的工序为冲孔。

(1)冲裁变形过程。

冲裁可分为普通冲裁和精密冲裁。普通冲裁的刃口必须锋利,凸模与凹模之间留有间隙,冲裁时冲裁件的质量与板料的变形分离过程有很大的关系,其过程可分为 3 个阶段,如图 2.47 所示。

①弹性变形阶段。弹性变形阶段是冲头(凸模)接触板料继续向下运动的初始阶段,将使板料产生弹性压缩、拉伸与弯曲等变形。此时,凸模下的一部分坯料相对于另一部分发生错移,但无明显裂纹,如图 2.47(a)所示。

②塑性变形阶段。冲头继续向下运动,板料中的应力值达到屈服极限,板料金属产生塑性变形。变形达到一定程度时,位于凸、凹模刃口处的金属硬化加剧,出现微裂纹,如图 2.47(b)所示。

③断裂分离阶段。冲头继续向下运动,由于应力集中,已形成的微裂纹快速扩展,上、下裂纹相遇重合后板料被剪断分离,如图 2.47(c)所示。

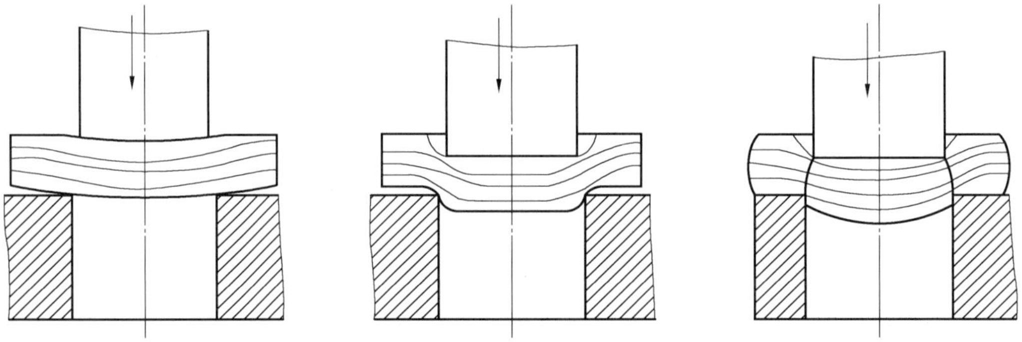

(a) 弹性变形阶段　(b) 塑性变形阶段　(c) 断裂分离阶段

图 2.47 冲裁变形过程

板料冲裁时的应力应变十分复杂,除剪切应力应变外,还有拉伸、弯曲和挤压等应力应变,如图 2.48 所示。当模具间正常时,冲裁件的断面由圆角带、光亮带、断裂带和毛刺组成。

(2)凸凹模间隙。

凸凹模间隙是指凸模和凹模工作部分水平投影尺寸之间的间隙,如图 2.48 中的 Z 值。凸凹模间隙不仅严重影响冲裁件的断面质量,也影响着模具寿命、卸料力、推件力、冲裁力和冲裁件的尺寸精度。

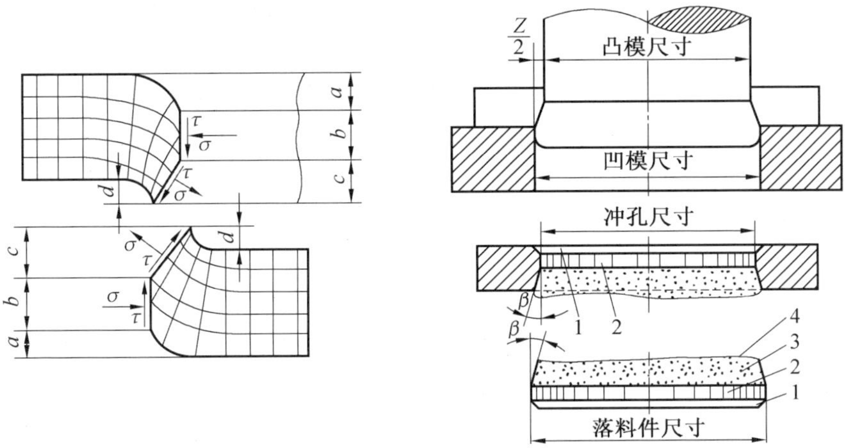

图 2.48 冲裁变形区的应力应变

1—圆角带;2—光亮带;3—断裂带;4—毛刺

如果间隙过大,凸模刃口附近的剪裂纹较正常间隙时向里错开一段距离,难以与凹模刃口附近的裂纹汇合,冲裁件被撕开,边缘粗糙。如果间隙过小,凸模刃口附近的剪裂纹较正常间隙时向外错升一段距离,上、下裂纹也不能很好重合。只有间隙值控制在合理范围内,上、下裂纹才能重合于一线,冲裁断口质量最好。

间隙的大小也影响模具的寿命,间隙越小,摩擦越严重,模具的寿命将降低。间隙对卸料力、推件力也有较明显的影响,间隙越大,则卸料力和推件力越小。

因此,正确选择合理的间隙值对冲裁生产是至关重要的。当冲裁件断面质量要求较高时,应选取较小的间隙值。对冲裁件断面质量无严格要求时,应尽可能加大间隙,以利于提高冲模寿命。

设计冲裁模时,可按照相关设计手册选用冲裁间隙或利用下列经验公式选择合理的间隙值。

$$Z=2m\delta \tag{2.6}$$

式中 Z——凸模与凹模间的双面间隙,mm;

δ——板料厚度,mm;

m——与板料性能及厚度有关的系数。

在实际应用中,板料较薄时,系数 m 可以选用如下数据:低碳钢、纯铁取 0.06 ~0.09;铜、铝合金取 0.06 ~0.1;高碳钢取 0.08 ~0.12。

当板料厚度 $\delta>3$ mm 时,由于冲裁力较大,应适当把系数 m 放大。对冲裁件断面质量没有特殊要求时,系数 m 可放大 1.5 倍。

(3)凸凹模刃口尺寸的确定。

凸模和凹模刃口的尺寸取决于冲裁件尺寸和冲模间隙,因此必须正确确定冲模刃口尺寸。

设计落料模时,应先按落料件确定凹模刃口尺寸,以凹模作为设计基准件,然后根据间隙确定凸模尺寸,即用缩小凸模刃口尺寸来保证间隙值。设计冲孔模时,先按冲孔件确定凸模刃口尺寸，以凸模作为设计基准件，然后根据间隙确定凹模尺寸，即用扩大凹模刃口尺寸来保证间隙值。

冲模在工作过程中必然有磨损，落料件尺寸会随凹模刃口的磨损而增大，而冲孔件尺寸则随凸模的磨损而减小。为了保证零件的尺寸要求，并提高模具的使用寿命，落料时凹模刃口的尺寸应靠近落料件公差范围内的最小尺寸；冲孔时，选取凸模刃口的尺寸靠近孔的公差范围内的最大尺寸。

(4)冲裁件的排样。

排样是指落料件在条料、带料或板料上合理布置的方法。排样合理可使废料最少，材料利用率高。图2.49为同一个冲裁件采用4种排样方式时材料消耗的对比情况。

落料件的排样有两种类型：无搭边排样和有搭边排样。

①无搭边排样。无搭边排样是利用落料件形状的一个边作为另一个落料件的边缘(图2.49(d))。这种排样，材料利用率很高，但毛刺不在同一个平面上，而且尺寸准确性不高，因此只用于对冲裁件质量要求不高的场合。

②有搭边排样。有搭边排样是在各个落料件之间均留有一定尺寸的搭边，其优点是毛刺小，而且在同一个平面上，冲裁件尺寸准确，质量较高，但材料消耗多。

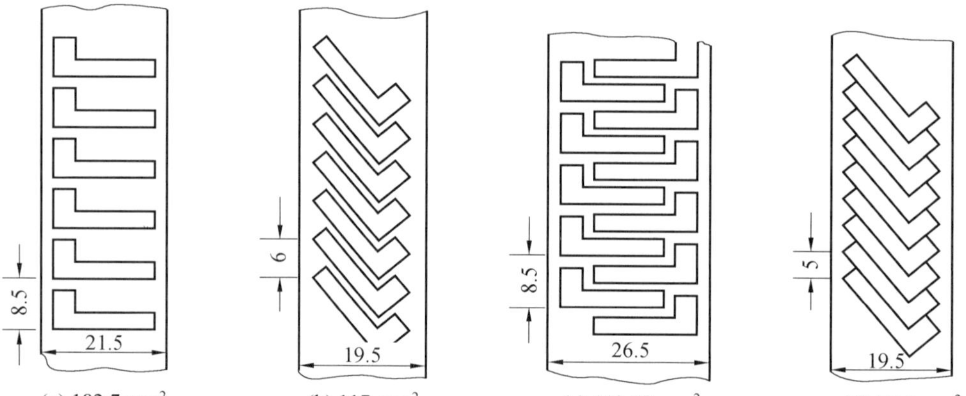

(a) 182.7 mm^2　(b) 117 mm^2　(c) 112.63 mm^2　(d) 97.5 mm^2

图2.49　同一个冲裁件采用4种排样方式时材料消耗的对比情况

2. 修整

修整是利用修整模沿冲裁件外缘或内孔刮削一薄层金属，以切掉冲裁件上的剪裂带和毛刺，从而提高冲裁件的尺寸精度(IT6 ~ IT7)，降低表面粗糙度值(Ra = 0.8 ~ 1.6 μm)。修整冲裁件的外形称外缘修整(图2.50(a))，修整冲裁件的内孔称内孔修整(图2.50(b))。

修整的机理与冲裁完全不同，而与切削加工相似。对于大间隙冲裁件，单边修整量一般为板料厚度的10%。对于小间隙冲裁件，单边修整量在板料厚度的8%以下。当冲裁件的修整总量大于一次修整量时，或板料厚度大于3 mm时，均需多次修整。

外缘修整模的凸凹模间隙，单边取0.001 ~0.01 mm。也可以采用负间隙修整，即凸模刃口尺寸大于凹模刃口尺寸的修整工艺。

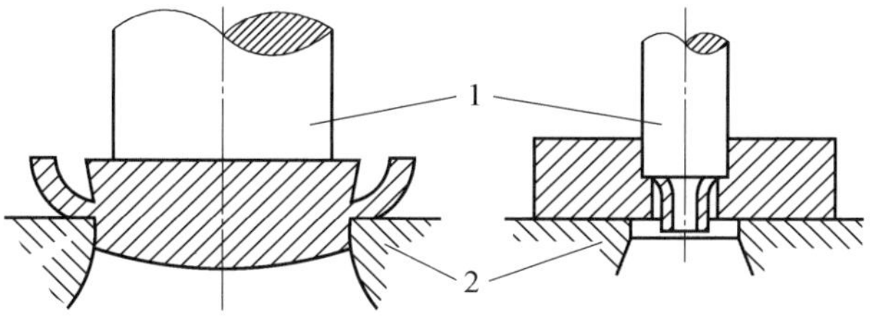

图 2.50　修整工序简图

1—凸模;2—凹模

3. 切断

切断是指用剪刃或冲模将板料沿不封闭轮廓进行分离的工序。

剪刃安装在剪床上,把大板料剪切成一定宽度的条料,供下一步冲压工序使用。而冲模是安装在冲床上,用以制取形状简单、精度要求不高的平板件。

2.3.2　变形工序

变形工序是使坯料的一部分相对于另一部分产生位移而不破裂的工序,如弯曲、拉深、翻边、胀形、起伏、缩口、压筋等。

1. 弯曲

弯曲是使坯料的一部分相对于另一部分弯曲成一定角度的变形工序(图 2.51)。弯曲方法可分为压弯、拉弯、折弯、滚弯等。

在弯曲过程中,板料弯曲部分的内侧受压缩,而外层受拉伸。当外侧的拉应力超过板料的抗拉强度时,即会造成金属破裂,这种现象称为弯裂。板料越厚,内弯曲半径 r 越小,则拉应力越大,越容易弯裂。为了防止弯裂,最小弯曲半径 r_{min} 应为$(0.25 \sim 1)\delta$(δ 为金属板料的厚度)。材料塑性好,则弯曲半径可小些。

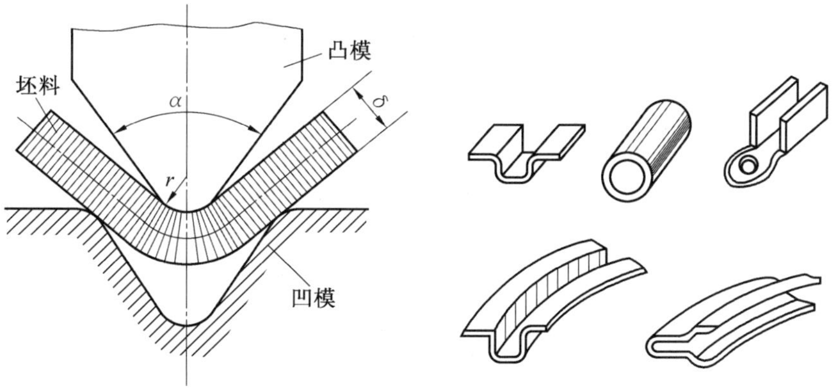

图 2.51　金属弯曲变形过程及弯曲件

弯曲时还应尽可能使弯曲线与板料纤维垂直,如图 2.52 所示。若弯曲线与纤维方向一致,则容易产生破裂,此时应增大弯曲半径。

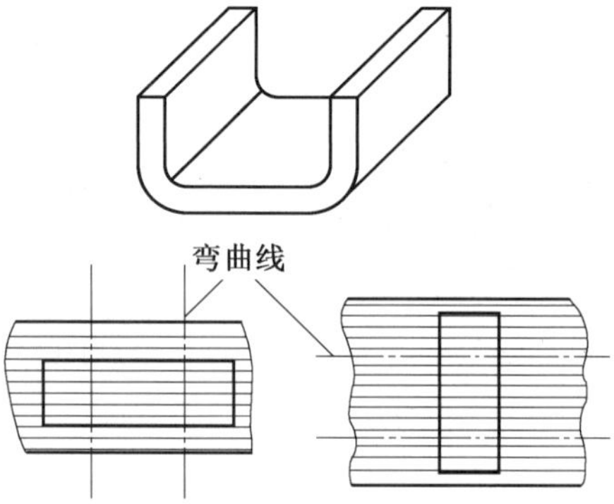

图 2.52　弯曲时的纤维方向

在弯曲结束后，由于材料弹性变形的恢复，板料略微弹回一点，使弯曲件的角度和弯曲半径比凸模大，这种现象称为回弹。增大的角度称为回弹角，回弹角一般为 0°～10°。回弹会影响弯曲件的精度，因此在设计弯曲模时，必须使模具的角度比零件弯曲角度小一个回弹角，以保证弯曲件的弯曲角度和弯曲半径准确。

2. 拉深

拉深是利用模具使冲裁后得到的平板坯料变形成开口空心零件的工序，或以开口空心件作为毛坯进一步使空心件改变形状和尺寸的工序，如图 2.53 所示。

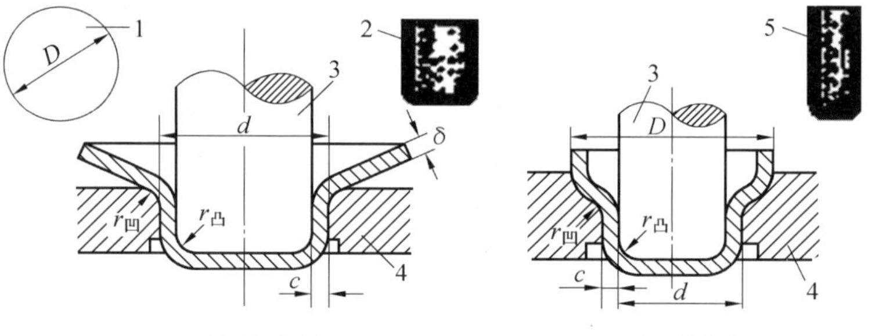

图 2.53　拉深工序

1—坯料；2—第 1 次拉深成品，即第 2 次拉深的坯料；3—凸模；4—凹模；5—成品

拉深的变形过程为：把直径为 D 的平板坯料放在凹模上，在凸模作用下，坯料被拉入凸模和凹模的间隙中，形成空心拉深件。拉深件的底部金属一般不变形，只起传递拉力的作用，厚度基本不变。坯料外径 D 与内径 d 之间的环形部分的金属，切向受压应力作用，径向受超过屈服点的拉应力作用，逐步进入凸模和凹模之间的间隙，形成拉深件的直壁。直壁本身主要受轴向拉应力作用，厚度有所减小，而直壁与底部之间的过渡圆角部被拉薄得最为严重。

拉深件最容易出现的质量问题是起皱和拉裂。起皱（图 2.54（a））是拉深时由于较大的切向压应力使板料失稳造成的；拉裂（图 2.54（b））一般出现在直壁与底部的过渡圆角处，当拉应力超过材料的抗拉强度时，此处将被拉裂。

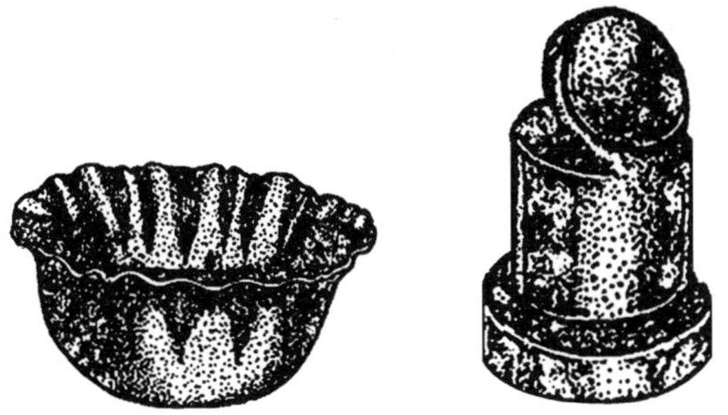

图 2.54　拉深件最容易出现的质量问题

为了防止拉深件出现拉裂现象，应采取如下工艺措施。

(1)合理选择拉深系数。

拉深件直径 d 与坯料直径 D 的比值称为拉深系数，用 m 表示。拉深系数是衡量拉深变形程度的指标。拉深系数越小，表明拉深件直径越小，变形程度越大，坯料被拉入凹模越困难，易产生拉穿废品。一般情况下，拉深系数为 0.5～0.8，坯料塑性差时取上限，坯料塑性好时取下限。

如果拉深系数过小，不能一次拉深成形时，则可采用多次拉深工艺，如图 2.55 所示。但多次拉深过程中，加工硬化现象严重。为了保证坯料具有足够的塑性，在 1～2 次拉深后，应安排工序间的退火处理。其次，在多次拉深中，拉深系数应一次比一次略大一些，以确保拉深件的质量，使生产顺利进行。总拉深系数等于各次拉深系数的乘积。

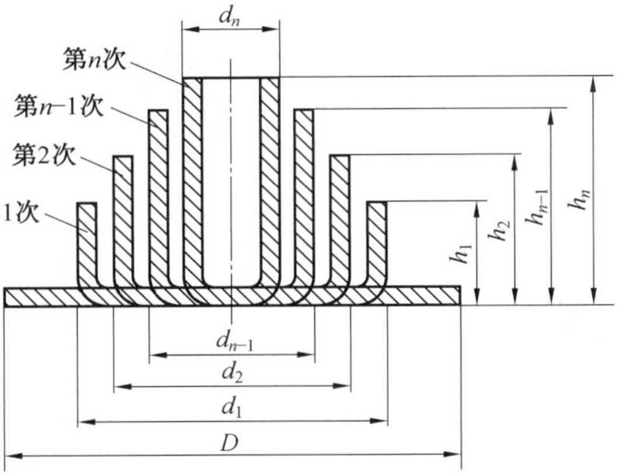

图 2.55　多次拉深圆筒直径的变化

(2)凸、凹模工作部分加工成圆角。

凸、凹模的圆角半径拉深模的工作部分不能是锋利的刃口，必须做成一定的圆角。对于钢的拉深件，取 $r_{凹}=10\delta$（δ 为板料的厚度），而 $r_{凸}=(0.6-1)r_{凹}$。这两个圆角半径过小时，则容易将板料拉穿。

(3)合理的凸、凹模间隙。

拉深模的凸、凹模间隙远比冲裁模的大，一般取单边间隙 $c=(1.1\sim1.2)\delta$。间隙过小，模具与拉深件间的摩擦力增大，易拉穿和擦伤工件表面，且降低模具寿命。间隙过大，又容易使拉深件起皱，影响拉深件的尺寸精度。

(4)减小拉深时的阻力。

为了减少摩擦、降低拉深件壁部的拉应力和减小磨具的磨损，拉深时通常要加润滑剂或对坯料进行表面处理。

拉深件严重起皱后，法兰部分的金属更难通过凸、凹模间隙，致使坯料被拉断而报废。轻微起皱，法兰部分的金属勉强通过间隙，也会在产品侧壁留下起皱痕迹，影响产品质量。为了防止起皱，可采用设置压边圈来解决(图 2.56)。起皱现象与毛坯的相对厚度(δ/D)和拉深系数有关。相对厚度或拉深系数越小，越容易起皱。

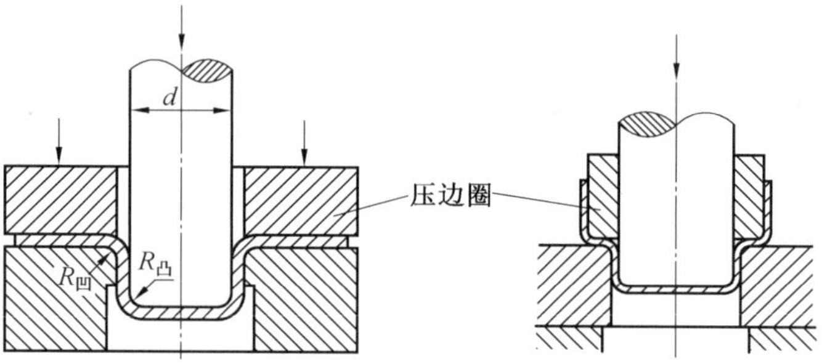

图 2.56　有压边圈的拉深

3. 翻边

翻边(图 2.57)是指利用模具将工件上的孔边缘或外边缘翻成竖立的直边的冲压工序。翻边凸模的圆角半径满足$r_{凸}=(4\sim9)\delta$，如图 2.58 所示。

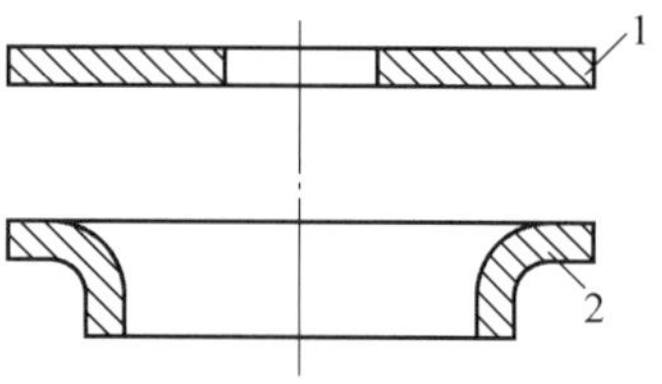

图 2.57　翻边

1—翻边前的坯件；2—翻边后的冲压件

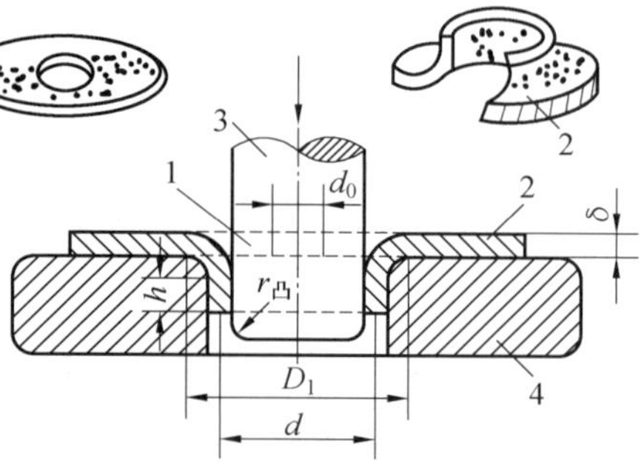

图 2.58　翻边简图

在进行翻边工序时，如果翻边孔的直径不能超过某一允许值，则会使孔的边缘破裂。其允许值用翻边系数K_0来衡量。

$$K_0=\frac{d_0}{d} \tag{2.7}$$

式中　d_0——翻边前的孔径尺寸；

d——翻边后的内孔尺寸。

显然，K_0值越小，变形程度越大。翻边时孔边不破裂所能达到的最小K_0值称为极限翻边系数。对于镀锡铁皮，$K_0=0.65\sim0.70$；对于酸洗钢板，$K_0=0.68\sim0.72$。

当零件所需凸缘的高度较大时,用一次翻边成形计算出的K_0值很小,直接成形无法实现,则可采用先拉深、后冲孔、再翻边的工艺来实现。

4. 胀形

胀形(图2.59)是指从空心件内部施加径向压力,强迫局部材料厚度变薄和表面积增大,获得所需形状和尺寸的冲压工序。

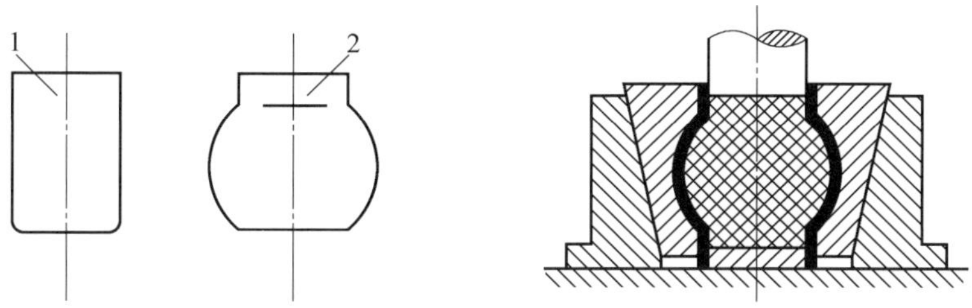

(a) 胀形前后　　(b) 胀形工艺

图2.59　胀形

1—胀形前的坯件;2—胀形后的冲压件

胀形的极限变形程度主要取决于板料的塑性。板料的塑性越好,可能达到的极限变形程度就越大。由于胀形时板料处于两向拉应力状态,变形区的坯料不会产生失稳起皱现象,因此冲压成形的零件表面光滑、质量好。胀形所用模具可分为钢模和软模,软模胀形时板料的变形比较均匀,容易保证零件的精度,便于成形复杂的空心零件,故在生产中广泛采用。

5. 起伏

起伏(图2.60)是指使局部材料厚度变薄而成形的方法,主要用于制造刚性的筋条等。

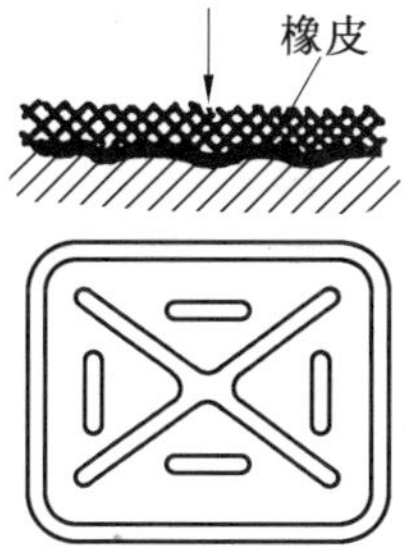

图2.60　起伏

2.3.3　冲模

冲模是冲压生产中必不可少的模具,冲模的结构合理与否对冲压件的质量、生产效率及模具寿命等都有很大的影响。冲模按其结构特点不同分为简单冲模、连续冲模和复合冲模。

1. 简单冲模

简单冲模是在冲床的一次冲程中只完成一个工序的冲模。图2.61为落料用的简单冲模。凹模固定板固定在下模板上,下模板用螺栓固定在冲床的工作台上。凸模固定板固定在上模板上,上模板则通过模柄与冲床的滑块连接。为使凸模能对准凹模孔,并保持间隙均匀,通常设置导柱和导套。条料在凹模上沿两个导板之间送进,碰到定位销为止。凸模冲下的零件(或废料)进入凹模孔落下,而条料则夹住凸模并随凸模一起回程向上运动。条料碰到卸料板时(固定在凹模上)被推下。

2. 连续冲模

连续冲模是在冲床的一次冲程中,在模具不同部位上完成数道工序的冲模。图2.62为冲孔落料连续冲模,在冲床的一次冲程中,模具的不同部位向下运动,定位销进入预先

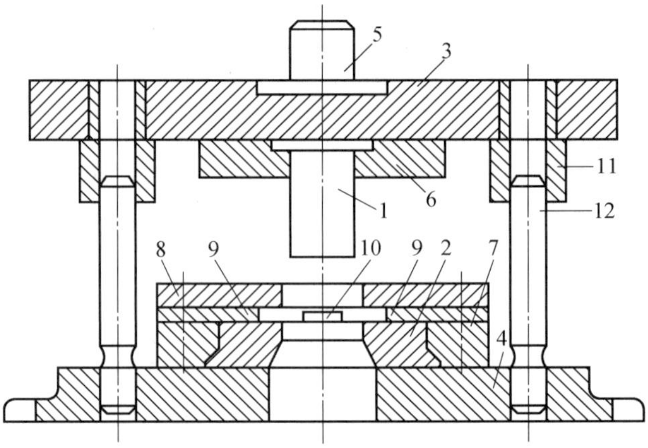

图 2.61　落料用的简单冲模

1—凸模;2—凹模;3—上模板;4—下模板;5—模板;6—凸模固定板;7—凹模固定板;8—卸料板;9—导板;10—定位销;11—导套;12—导柱

冲出的孔中使坯料定位,落料凸模进行落料,冲孔凸板同时进行冲孔。回程中卸料板推下废料。再将坯料送进(距离由挡料销控制)进行第 2 次冲裁。

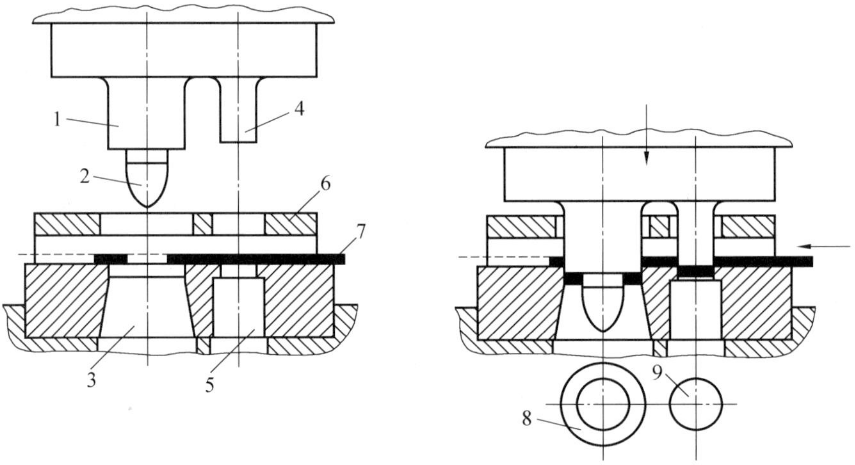

(a) 合模前　　(b) 合模后

图 2.62　冲孔落料连续冲模

1—落料凸模;2—定位销;3—落料凹模;4—冲孔凸板;5—冲孔凹模;6—卸料板;7—坯料;8—成品;9—废料

3. 复合冲模

复合冲模在冲床的一次冲程中,在模具同一部位上同时完成数道工序的冲模,如图 2.63 所示。复合冲模的最突出的特点是模具中有一个凸凹模,它的外圆是落料凸模刃口,内孔则为拉深凹模。当滑块带着凸凹模向下运动时,条料首先在凸凹模和落料凹模中落料。落料件被下模当中的拉深凸模顶住。滑块继续向下运动时,凸凹模随之向下运动进行拉深。顶出器和卸料器在滑块的回程中把拉深件顶出,完成落料和拉深工序。复合冲模适用于产量大、精度要求较高的冲压件生产。

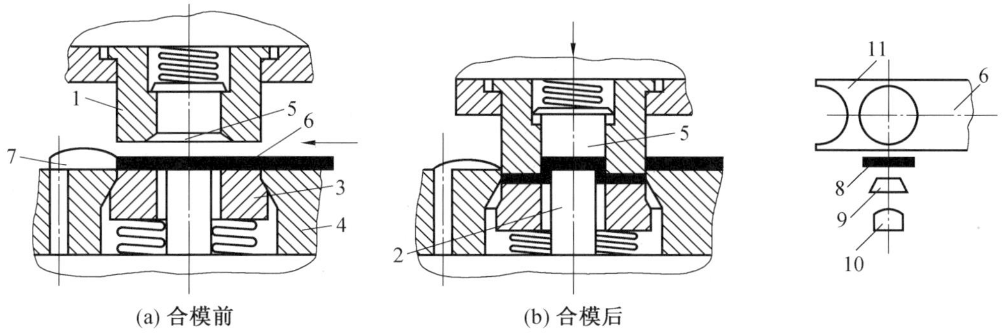

图 2.63　落料拉深复合冲模

1—凸凹模;2—拉深凸模;3—卸料器;4—落料凹模;5—顶出器;6—条料;7—挡板销;8—坯料;9—拉深件;10—零件;11—切余材料

2.3.4　冲压件的结构工艺性

冲压件的设计不仅应保证具有良好的使用性能,而且也应具有良好的工艺性能,以减少材料的消耗、延长模具寿命、提高生产效率、降低成本及保证冲压件质量等。影响冲压件工艺性的主要因素有:冲压件的形状、尺寸、工艺、材料、厚度、精度和表面质量等。

1. 冲压件的形状及尺寸

(1)对落料件和冲孔件的要求。

①落料件的外形和冲孔件的孔形应力求简单、对称。尽可能采用圆形或矩形等规则形状,应避免如图 2.64 所示的长槽或细长悬臂结构,否则会使模具制造困难,降低模具寿命。

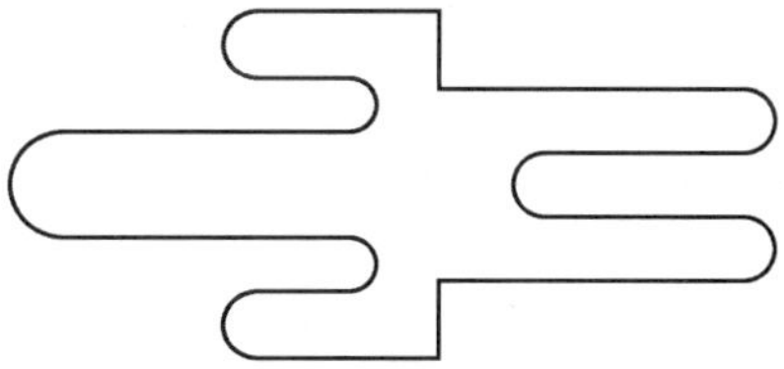

图 2.64　不合理的落料件外形

同时应使落料件和冲孔件,在排样时将废料降低到最小的程度。图 2.65(b)较图2.65(a)更合理,材料利用率高达 79% 。

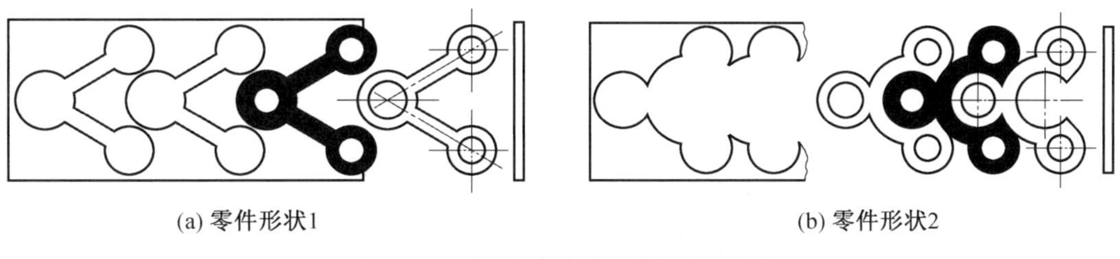

图 2.65　零件形状与节约材料的关系

②为避免落料件和冲孔件的变形,孔间距、孔边距及外缘凸出或凹进的尺寸都不能过小。落料件和冲孔件的尺寸要求如图 2.66 所示。冲圆孔时,孔径不得小于坯料厚度 δ。冲方孔时,边长不小于 0.9δ。孔与孔之间、孔与工件边缘之间的距离不得小于坯料厚度,外缘凸出或凹进的尺寸不小于 1.5δ。

③落料件和冲孔件上直线与直线、曲线与直线的交界处,均应用圆弧连接,以避免尖角因应力集中而产生裂纹。落料件、冲孔件的最小圆角半径见表 2.5。

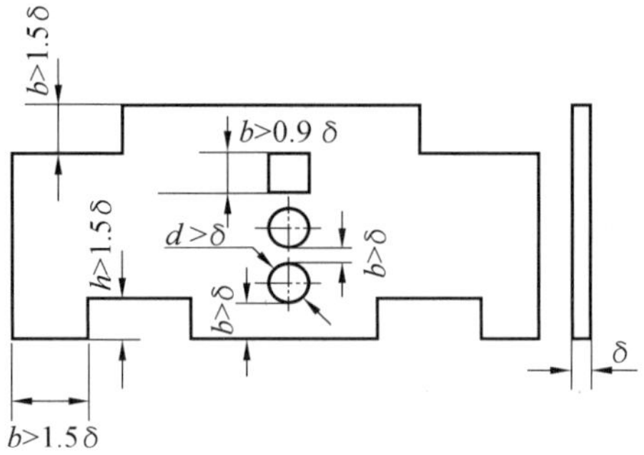

图 2.66　落料件和冲孔件的尺寸要求

表 2.5　落料件、冲孔件的最小圆角半径

工序	圆弧角	最小圆角半径/mm			
		黄铜、紫铜、铝	低碳钢	合金钢	
落料	$\alpha \geqslant 90^\circ$ $\alpha < 90^\circ$	0.24δ 0.35δ	0.30δ 0.50δ	0.45δ 0.70δ	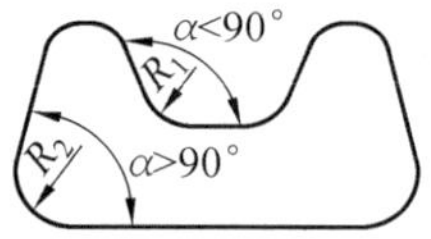
冲孔	$\alpha \geqslant 90^\circ$ $\alpha < 90^\circ$	0.20δ 0.45δ	0.35δ 0.60δ	0.50δ 0.90δ	

(2)对弯曲件的要求。

①弯曲件形状应尽量对称,弯曲半径不能小于坯料允许的最小弯曲半径。同时,材料的纤维方向应尽量使弯曲线与纤维方向垂直,以免在成形过程中弯裂。

②弯曲件直边高度不宜过短,否则不易成形,故应使弯曲件直边高度 $H>2\delta$(图 2.67)。如果 $H<2\delta$,则必须压槽,或增加弯曲件直边高度,弯好后再切去所增加的金属。

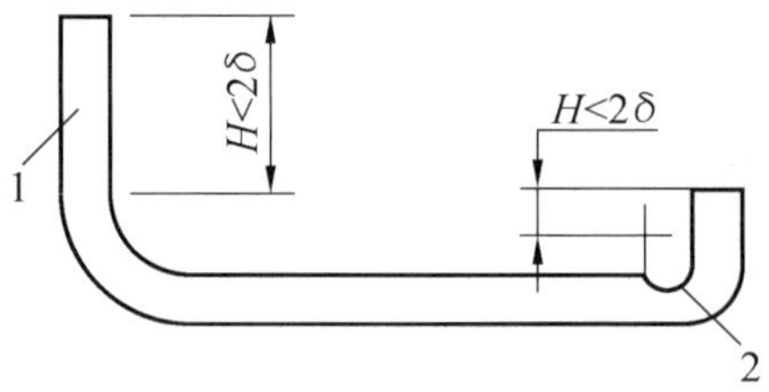

图 2.67　弯曲件直边高度

1—弯曲边;2—压槽

③弯曲带孔件时,为了避免孔的变形,孔边距弯曲中心应有一定的距离(L)大于$(1.5\sim2)\delta$(图 2.68(a))。当 L 过小时,可在弯曲线上冲工艺孔(图 2.68(b)),或开工艺槽(图 2.68(c))。如果零件孔的精度要求较高,则应弯曲后再冲孔。

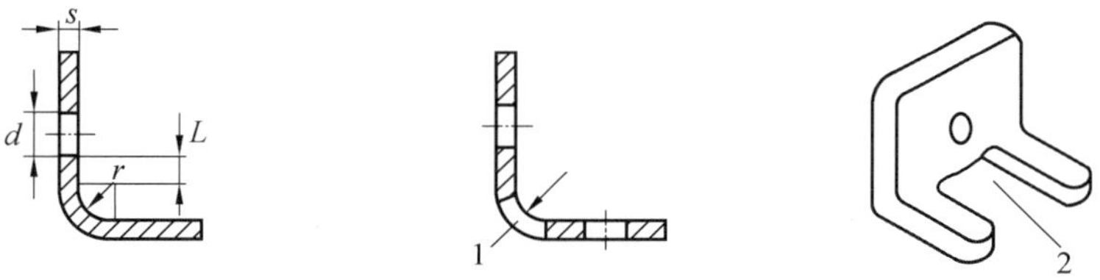

(a) 控制孔边与弯曲中心距离　(b) 冲工艺孔　(c) 冲工艺

图 2.68　带孔的弯曲件

1—工艺孔；2—工艺槽

(3)对拉深件的要求。

①拉深件外形应简单、对称，尽量采用回转体，尤其是圆筒形。拉深件的深度不宜过大，以便使拉深次数最少，容易成形。

②拉深件的圆角半径不宜过小，在不增加工序的情况下，拉深件最小允许的圆角半径如图 2.69 所示。否则必将增加拉深次数和整形工作，也将增加模具数量，并容易产生废品和提高成本。

③拉深件上的孔应避开转角处，以防止孔变形或利于冲孔。

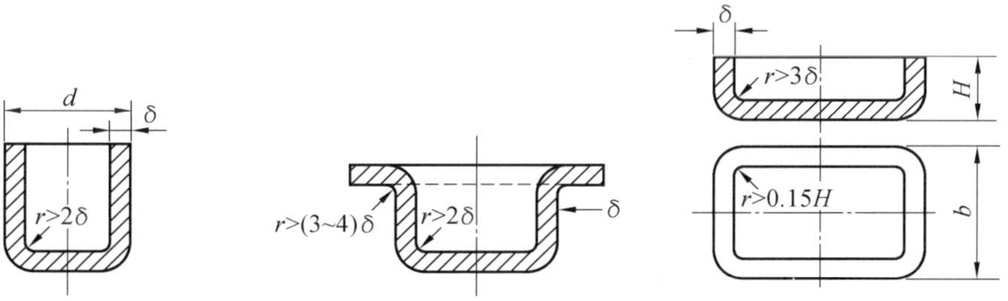

(a) 圆筒形拉深件　(b) 带凸缘的圆筒形拉深件　(c) 盒形拉深件

图 2.69　拉深件最小允许的圆角半径

2. 简化工艺及节省材料的设计

对于形状复杂的冲压件，可以将其分成若干个单件，分别冲压后再焊接成为整体组合件(图 2.70)。

采用冲口工艺，以减少组合件的数量(图 2.71)，以节省材料和简化工艺。

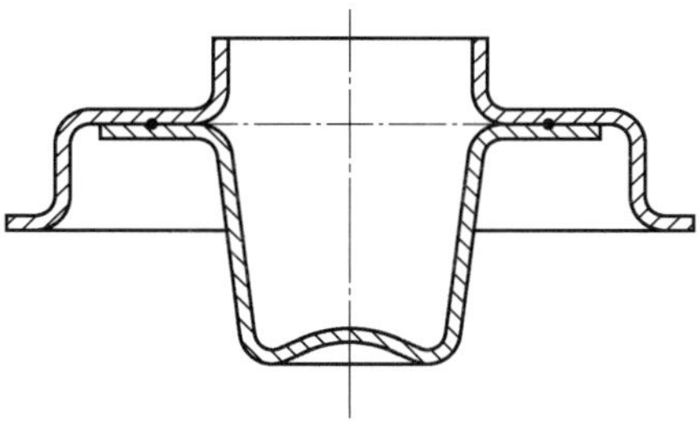

图 2.70　冲压-焊接结构零件

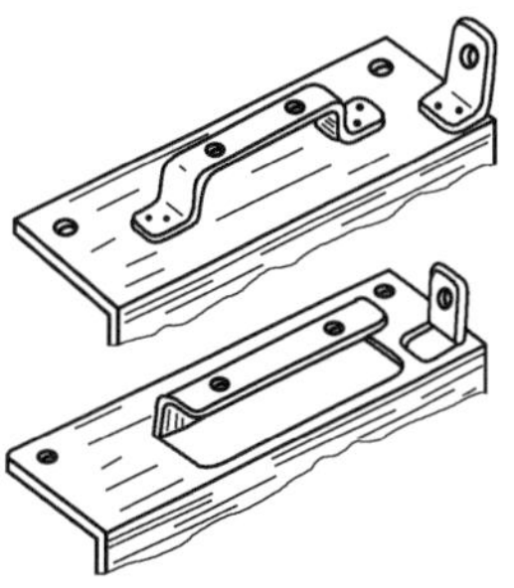

图 2.71　冲口工艺应用

在使用性能不变的情况下，应尽量简化拉深件结构，以达到简化工艺、节省材料和降低成本的目的。如消声器后盖(图 2.72)经改造后，冲压工序由 8 道工序减少为两道工序，同时节省材料约 50%。

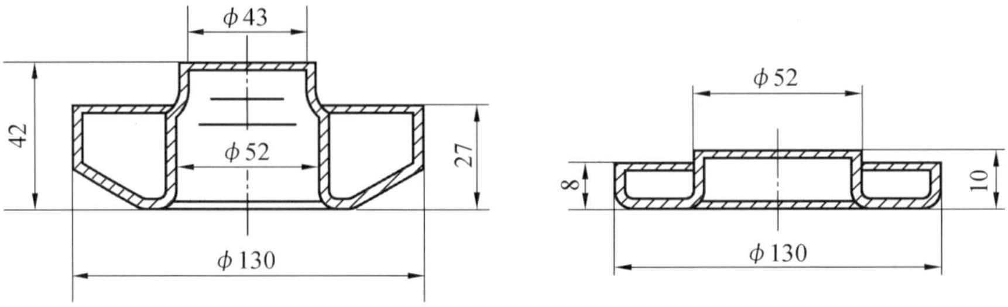

(a) 改进前　　(b) 改进后

图 2.72　消声器后盖零件结构

3. 冲压件的厚度

在强度和刚度允许的条件下，应尽可能采用较薄的材料，以减少金属材料的消耗。对局部刚度不够的部位，可采用加强筋(图 2.73)，以实现薄材料代替厚材料。

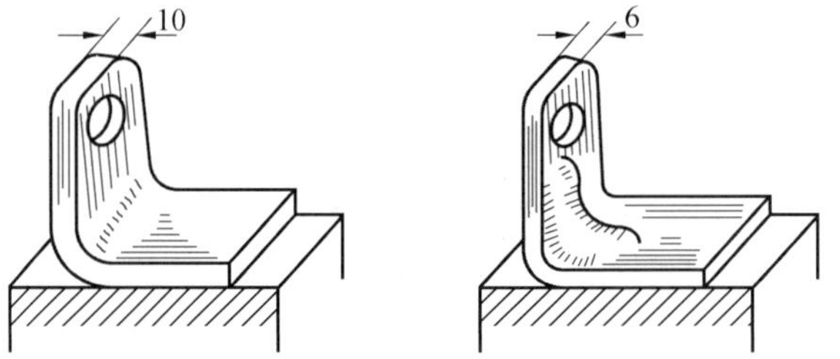

(a) 无加强筋　　(b) 有加强筋

图 2.73　使用加强筋

4. 冲压件的精度和表面质量

对冲压件的精度要求，不应超过冲压工艺所能达到的一般精度，并应在满足需要的情况下尽量降低要求。否则将增加工艺过程，降低生产效率，提高成本。冲压工艺的一般精度：落料件不超过 IT10；冲孔件不超过 IT9；弯曲件不超过 IT10；拉深件高度尺寸精度为 IT10 ~ IT8，直径尺寸精度为 IT10 ~ IT9，经整形后的尺寸精度可达到 IT7 ~ IT6。

对冲压件表面质量的要求，一般应尽可能不要高于原材料所具有的表面质量。否则就要增加切削加工等工序，产品成本将大大提高。

2.4　特种压力加工

随着工业的不断发展，对压力加工生产提出了越来越高的要求，不仅应能生产各种毛坯，还需要直接生产更多的零件。近年来，在压力加工生产方面出现了许多特种压力加工方法，并得到迅速发展，如精密模锻、零件轧制成形、挤压成形及超塑性成形等。

2.4.1 精密模锻

精密模锻是在模锻设备上锻造出形状复杂、高精度锻件的锻造工艺。精密模锻工艺采用两步成形,先预锻(或称粗锻),严格清理重新加热后再终锻(或称精锻)。精锻模膛的精度必须很高,一般要比锻件的精度高。如精密锻造锥齿轮,其齿形部分可直接锻出而不必再切削加工。精密模锻件尺寸精度可达到 IT15 ~ IT12、表面粗糙度值 $Ra=3.2\sim1.6\ \mu m$。精密模锻的工艺过程如图 2.74 所示。

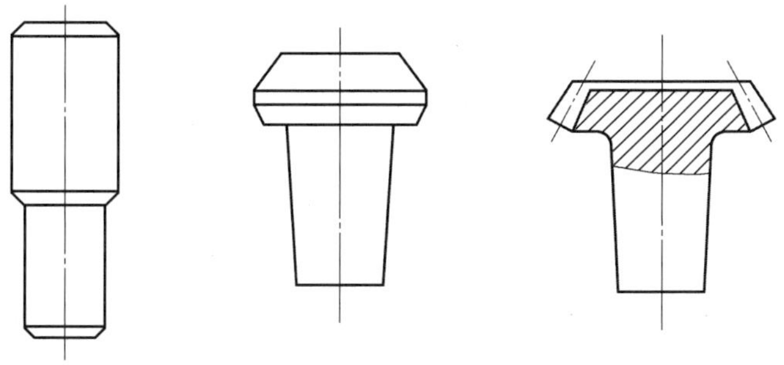

图 2.74 精密模锻的工艺过程

保证精密模锻的措施:

①精确计算原始坯料的尺寸,否则会增大锻件尺寸公差,降低精度。

②精细清理坯料表面,除净坯料表面的氧化皮、脱碳层及其他缺陷等。

③采用无氧化或少氧化加热法,尽量减少坯料表面形成的氧化皮。

④精锻模膛的精度必须比锻件精度高两级。精锻模应有导柱、导套结构,以保证合模准确。精锻模上应开有排气小孔,以减小金属的变形阻力,更好地充满模膛。

⑤模锻进行中要很好地冷却锻模和进行润滑。

精密模锻一般都在刚度大、运动精度高的设备(如曲柄压力机、摩擦压力机、高速锤等)上进行,它具有精度高、生产效率高、成本低等优点。

2.4.2 轧制成形

近些年来,用轧制工艺生产零件得到越来越广泛的发展,因为它具有生产效率高、质量好、成本低,以及减少金属材料消耗量等优点。根据轧辊轴线与坯料轴线方向的不同,轧制分为纵轧、横轧、斜轧、楔横轧等。

1. 纵轧

纵轧是轧辊轴线与坯料轴线互相垂直的轧制方法,包括各种型材轧制和辊锻轧制等。

辊锻轧制是使坯料通过装有弧形模块的一对做相反旋转的轧辊并受压变形的生产方法,如图 2.75 所示。辊锻轧制既可作为模锻前的制坯工序,也可直接辊锻工件。目前,成形辊锻适用于生产如下 3 种类型的锻件:

①扁断面的长杆件:如扳手、活动扳手、链环等。

②带有不变形头部而沿长度方向横截面面积递减的锻件:如叶片等。叶片辊锻成形

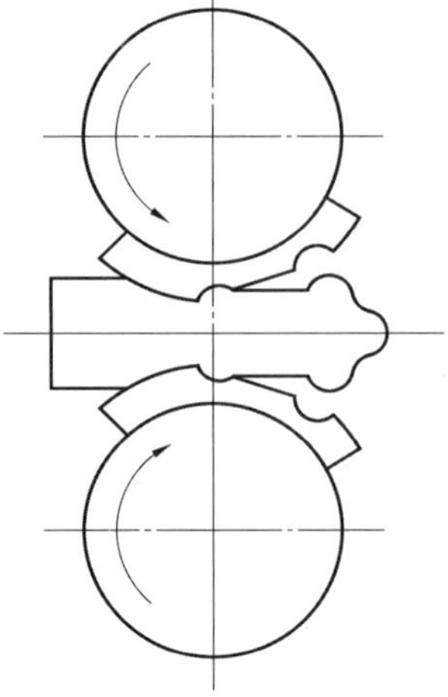

图 2.75　辊锻轧制示意图

与铣削成形相比，材料利用率提高 4 倍，生产效率提高 2.5 倍，且叶片质量好。

③连杆件：用辊锻工艺锻制连杆生产效率高，工艺过程得以简化，但需进行后续的精整工艺。

2. 横轧

横轧是轧辊轴线与坯料轴线互相平行的轧制方法，如辗环轧制、齿轮轧制等。

(1)辗环轧制。

辗环轧制(图 2.76)是用来扩大环形坯料的内外直径，获得各种环状零件的轧制方法。驱动辊由电机带动旋转，利用摩擦力使坯料在驱动辊和芯辊之间受压变形。驱动辊还可由油缸推动做上下移动。改变驱动辊和芯辊间的距离，使坯料厚度逐渐变小，而直径得到扩大。导向辊用来保持正确运送坯料。信号辊用来控制环件直径。坯料变形与信号辊接触后，信号辊立即发出信号，使驱动辊停止工作。这种方法生产的环类件呈各种形状，如火车轮箍、轴承座圈、齿轮及法兰等。

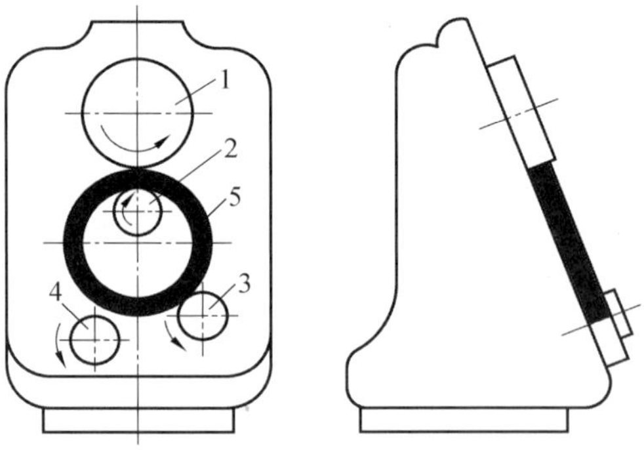

图 2.76　辗环轧制示意图

1—驱动辊；2—芯辊；3—导向辊；4—信号辊；5—坯料

(2)齿轮轧制。

齿轮轧制可制造出直齿轮和斜齿轮，如图 2.77 所示，这是一种无屑或少屑加工齿轮的新工艺。轧制前将坯料加热，然后将带有齿形的轧轮做径向进给运动，迫使轧轮与坯料对辗，这样坯料上的一部分金属受压形成齿谷，相邻部分的金属被轧轮齿部“反挤”而上升，形成齿顶。

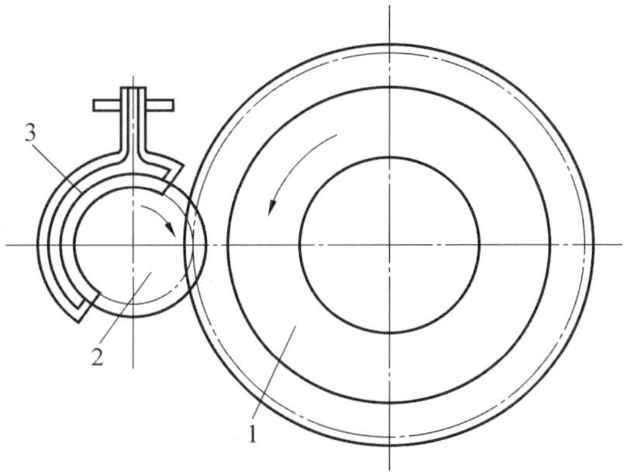

图 2.77　齿轮轧制示意图
1—轧轮；2—坯料；3—感应加热器

3. 斜轧

斜轧（图 2.78）亦称螺旋斜轧，它是轧辊轴线与坯料轴线相交一定角度的轧制方法，如钢球轧制、周期轧制、冷轧丝杠等。

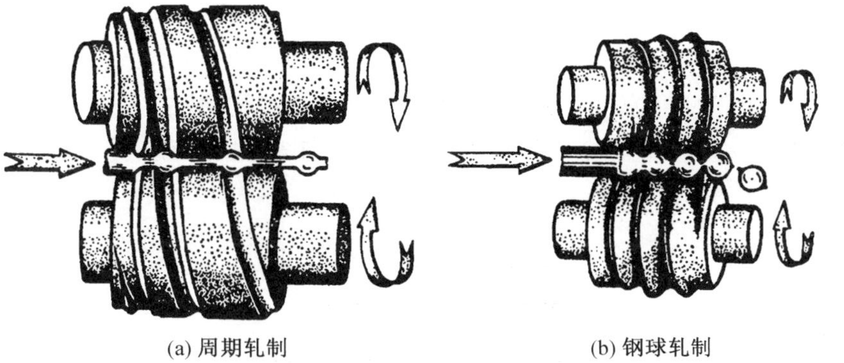

(a) 周期轧制　　(b) 钢球轧制

图 2.78　斜轧示意图

螺旋斜轧采用两个带有螺旋型槽的轧辊，互相交叉成一定角度，并做同方向旋转，使坯料在轧辊间既绕自身轴线转动，又向前行进，与此同时受压变形获得所需产品。产品形状由型槽决定，轧制过程连续进行。

4. 楔横轧

带有楔形模具的 2 个或 3 个轧辊，以相同的方向旋转，棒料在它的作用下反向旋转的轧制，称为楔横轧，如图 2.79 所示。

楔横轧的变形过程主要是靠两个楔形凸块压缩坯料，使坯料径向尺寸减小，长度增加。楔形凸块展开图如图 2.80 所示。楔形凸块由楔入、展宽和精整 3 个部分组成。

轧制时楔入部分首先与坯料接触，将坯料压出环形槽，称为楔入过程；然后楔形凸块

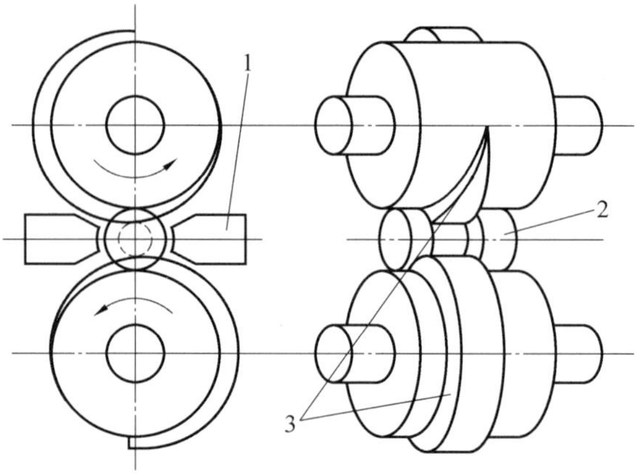

图 2.79 两辊式楔横轧
1—导板;2—轧件;3—带楔形凸块的轧辊

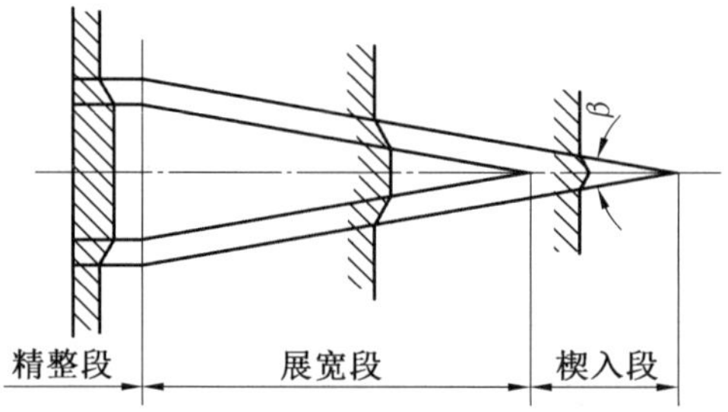

图 2.80 楔形凸块展开图

上展宽部分的侧面把环形槽逐渐扩展,使变形部分的宽度增加(展宽部分);达到所需宽度后,由楔形凸块上的第三部分对轧件进行精整。轧件变形过程如图 2.81 所示。

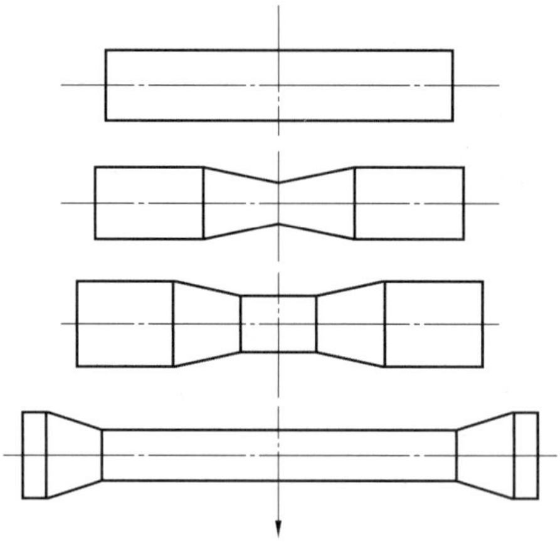

图 2.81 轧件变形过程

楔横轧有如下优点:①生产效率高。每台轧机每小时可生产数百甚至上千个锻件。②产品精度高。采用高刚度轧机或冷轧时,可达到无屑加工要求。③设备投资少,模具寿命高。此外,生产中无冲击,噪声小,易于实现机械化与自动化。目前,楔横轧在我国发展很快,主要用于大批量生产阶梯轴、锥形轴等对称形零件或毛坯。

2.4.3 挤压成形

挤压是使坯料在挤压模内受压被挤出模孔而变形的加工方法。

按金属的流动方向与凸模运动方向的不同,挤压可分为如下4种:

①正挤压。正挤压时,金属的流动方向与凸模运动方向相同,如图2.82(a)所示。

②反挤压。反挤压时,金属的流动方向与凸模运动方向相反,如图2.82(b)所示。

③复合挤压。复合挤压过程中,一部分金属的流动方向与凸模运动方向相同,另一部分金属的流动方向与凸模运动方向相反,如图2.82(c)所示。

④径向挤压。径向挤压时,金属的流动方向与凸模运动方向呈90°,如图2.82(d)所示。

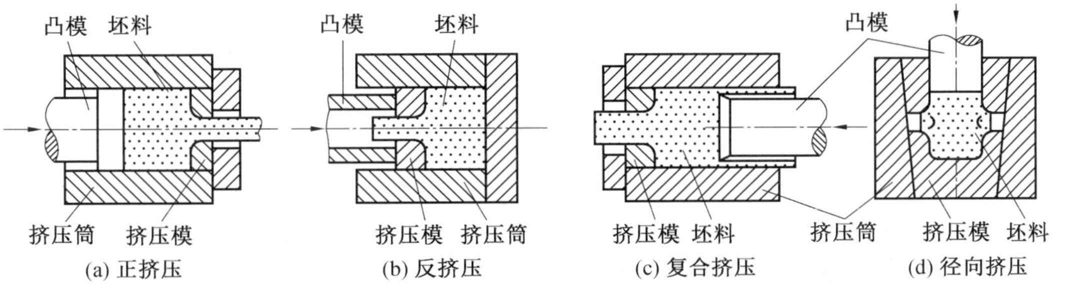

图2.82 挤压类型

按坯料的挤压温度不同,挤压又可分为:

①热挤压。热挤压时,坯料变形的温度高于再结晶温度,与锻造温度相同。热挤压中,金属的变形抗力小,允许的变形程度较大,生产效率高,但产品表面较粗糙。热挤压被广泛应用于冶金部门,生产铝、铜、镁及其合金的型材和管材等,目前也越来越多地用于机器零件和毛坯的生产。

②冷挤压。冷挤压时,坯料变形的温度低于再结晶温度,经常是在室温下。冷挤压中,金属的变形抗力较大,变形程度不宜过大。变形后的金属,其内部组织为冷变形强化组织,故产品的强度高,且产品的表面较光洁。图2.83为纯铁底座零件,长期以来是采用切削加工方法制造,工序多。改用冷挤压成形后,一次挤压成形,尺寸精度完全符合设计要求,表面粗糙度值 $Ra=1.4\sim0.8$ μm。

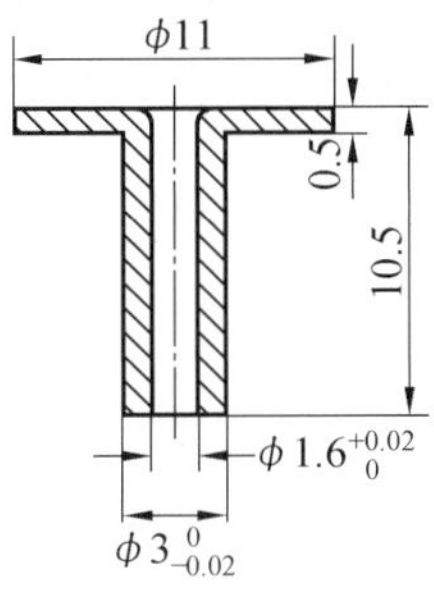

图2.83 纯铁底座零件

③温挤压。温挤压时,金属坯料变形的温度介于室温和再结晶温度之间(100~800 ℃)。与热挤压相比,坯料氧化脱碳少,表面粗糙度值低,产品尺寸精度较高。与冷挤压相比,变形抗力低,增大了每个工序的变形程度,提高了模具的寿命,扩大了冷挤压产品材料的品种。温挤压产品的表面粗糙度值 $Ra=6.3\sim3.2$ μm,适合于挤压中碳钢和合金钢件。图2.84为电机不锈钢接头外壳挤压过程,若采

用冷挤压制作,需经多次挤压才能完成。现采用温挤压成形(变形温度为 360 ℃),只需两次挤压即可成形。其过程为:第 1 次用复合挤压将 21 mm 处的尾部挤出,第 2 次用正挤压,即可获得平底工件。

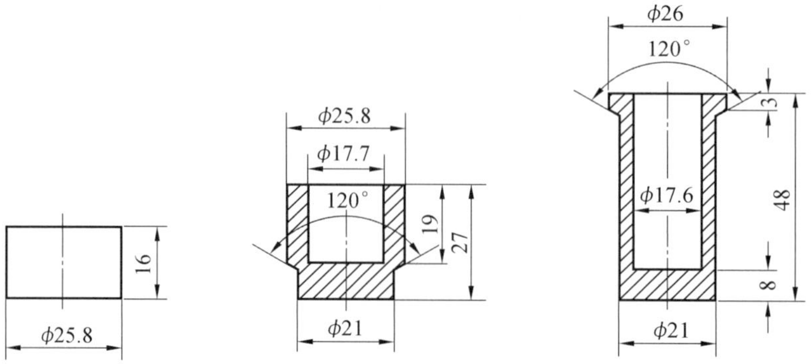

(a) 下料　(b) 复合挤压　(c) 正挤压

图 2.84　电机不锈钢接头外壳挤压过程

零件挤压工艺具有如下特点:

①挤压时金属坯料处于三向受压状态,可提高金属坯料的塑性,因而适合于挤压的材料品种多,如非铁金属、碳钢、合金、不锈钢及工业纯铁等。在一定的变形量下,某些高碳钢、轴承钢,甚至高速钢等也可进行挤压。

②可制出形状复杂、深孔、薄壁和异形断面的零件。

③挤压零件的精度可达到 IT7 ~ IT6,表面粗糙度值 $Ra = 3.2 \sim 0.4$ μm,从而达到少、无屑加工的目的。

④挤压变形后,零件内部的纤维组织基本上是沿零件外形分布而不被切断,从而提高了零件的力学性能。

⑤节省原材料,其利用率可达到 70%,生产效率也较高,比其他锻造方法提高几倍。挤压是在专用挤压机(有液压式挤压机、曲轴式挤压机、肘杆式挤压机等)上进行的,也可在适当改造后的通用曲柄压力机或摩擦压力机上进行。

2.4.4　超塑性成形

超塑性成形也是压力加工的一种新工艺,是指利用某些金属及合金的超塑性进行成形的方法。超塑性成形时,金属或合金在低的变形速率($\varepsilon = 10^{-2} \sim 10^{-4} s^{-1}$)、一定的变形温度(约为熔点的一半)和均匀的细晶粒度(晶粒平均直径为 0.2 ~ 5 μm)条件下,其断后伸长率 A 超过 100%。例如,钢的断后伸长率可超过 500%、纯钛可超过 300%、锌铝合金可超过 1 000%。

超塑性状态下的金属在拉伸变形过程中不产生缩颈现象,变形应力比常态下金属的变形应力降低,因此极易变形,可采用板料冲压、挤压、模锻等方法制出形状复杂件。随着超塑性材料的日益发展,超塑性成形工艺的应用也将随之扩大。

目前,常用的超塑性成形材料主要是锌铝合金、铝基合金、钛合金及高温合金,主要应用在以下 3 个方面。

(1)板料超塑性冲压成形。

采用锌铝合金等超塑性材料,可以一次拉深较大变形量的杯形件,而且质量很好。

(2)板料超塑性气压成形。

将具有超塑性性能的金属板料放于模具之中,把板料与模具一起加热到规定温度,向模具内吹入压缩空气或抽出模具内空气形成负压,使板料沿凸模或凹模变形,从而获得所需形状,如图 2.85 所示。气压成形能加工的板料厚度为 0.4 ~4 mm。

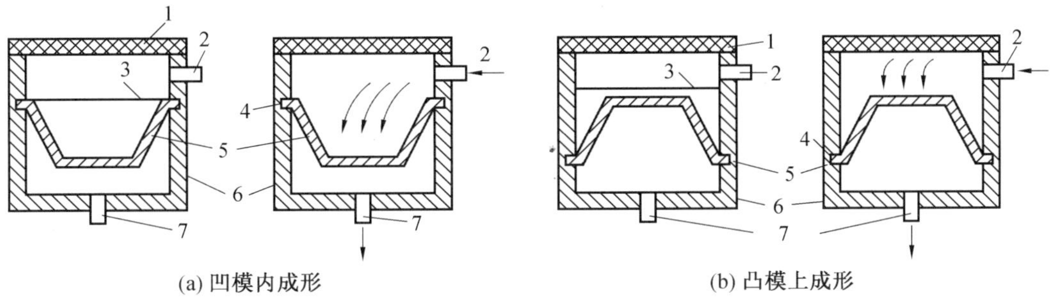

图 2.85 板料气压成形

1—电热元件;2—进气孔;3—板料;4—工件;5—凹(凸)模;6—模框;7—抽气孔

(3)超塑性模锻或挤压。

高温合金及钛合金在常态下塑性很差,变形抗力大,不均匀变形引起各向异性的敏感性强,常规方法难以成形,材料损耗大。如采用普通热模锻毛坯,再进行机械加工,金属消耗达 80% 左右,导致产品成本升高。在超塑性状态下进行模锻或挤压,就可克服上述缺点,节约材料,降低成本。

超塑性模锻利用金属及合金的超塑性,扩大了可锻金属材料的类型。如过去只能采用铸造成形的镍基合金,也可以进行超塑性模锻成形。超塑性模锻时,金属填充模膛的性能好,可锻出尺寸精度高、械机械加工余量很小,甚至不用加工的零件,并且金属的变形抗力小,可充分发挥中、小设备的作用。锻后可获得均匀、细小的晶粒组织,零件力学性能均匀一致。

2.5 典型案例分析

散粮集装箱运输已成为我国新型现代化粮食物流体系的重要组成部分,使玉米、水稻等散粮的运输方式由传统的散装船运输转向集装箱运输,具有机械化程度高、装卸效率高、灵活、便捷等优点。散粮集装箱化运输既可以避免粮食在运输过程中的洒漏损失,又可以提高运输效率,近年来在国内外粮食物流运输中发展迅速。

散粮集装箱托架(图 2.86)是实现散粮集装箱化运输的重要部件,可实现玉米、水稻等散粮由传统的散装船运输方式转变为集装箱运输方式。

下面将以图 2.87 所示的小型托架零件为例阐述冲压成形工艺过程的制定。已知该零件材料为 08F 钢,年产量为 20 000 件,要求表面无划伤,孔不能有变形。

图 2.86 散粮集装箱托架

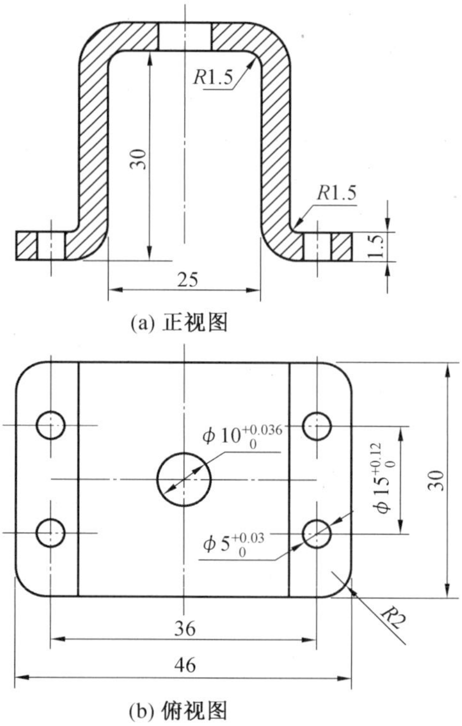

图 2.87 小型托架零件

1. 结构工艺性分析

该零件中 ϕ10 孔内装有心轴,4 个 ϕ5 孔与机身连接,为保证良好的装配条件,5 个孔的公差均为 IT9,精度要求不高。08F 钢的冷轧板塑性好,各弯曲半径大于最小弯曲半径,不需要整形,各孔都可以冲出。因此,该零件可以用冲压成形。

2. 拟定工艺方案

从零件结构分析,该零件所需基本工序为落料、冲孔、弯曲 3 种。其中弯曲工艺方案有 3 种,如图 2.88 所示。

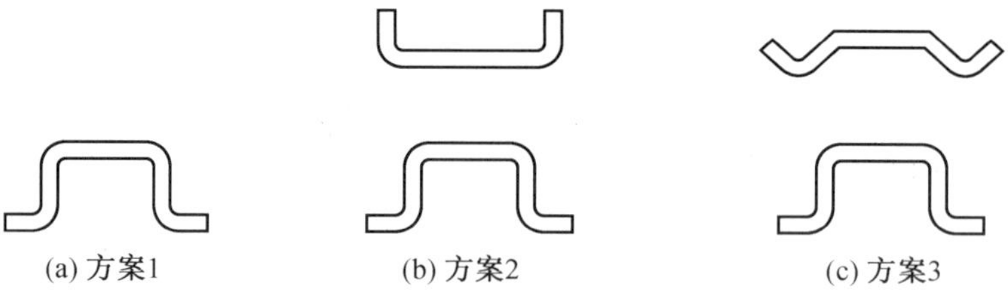

图 2.88 托架弯曲工艺方案

该零件总的冲压工艺方案有以下 4 种。

(1)方案一。

复合冲 ϕ10 孔与落料,弯两边外角和中间两 45°角,弯中间两角,冲 4 个 ϕ5 孔,如图 2.89 所示。方案一的优点是:模具结构简单,寿命长,制造周期短,投产快,弯曲回弹容易控制,尺寸和形状准确,表面质量高。除工序一外,后面工序都以 ϕ10 孔和一个侧边定位，定位基准一致且与设计基准重合，操作比较方便。其缺点是：工序较分散，需要模具、压力机和操作人员较多，劳动量较大。

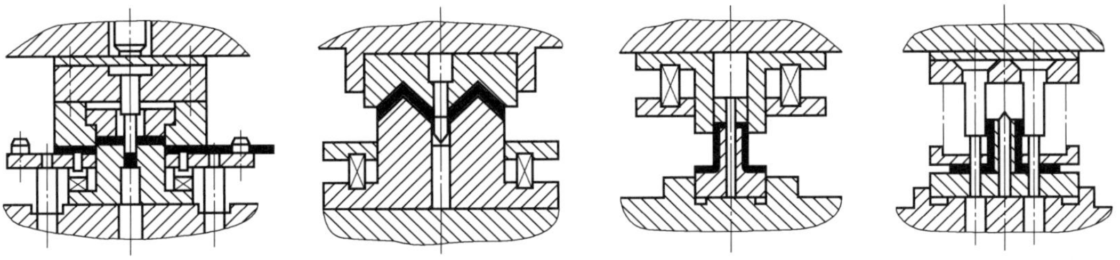

(a) 冲 ϕ10孔与落料　(b) 弯外角　(c) 弯中间角　(d) 冲 ϕ5孔

图 2.89　托架工艺方案一

(2)方案二。

复合冲 ϕ10 孔与落料(同方案一)，弯两外角和中间两角，如图 2.90 所示，冲 4 个 ϕ5 孔(同方案一)。与方案一相比，方案二弯中间两角时零件的回弹难以控制，尺寸和形状不精确，且同样具有工序分散的缺点。

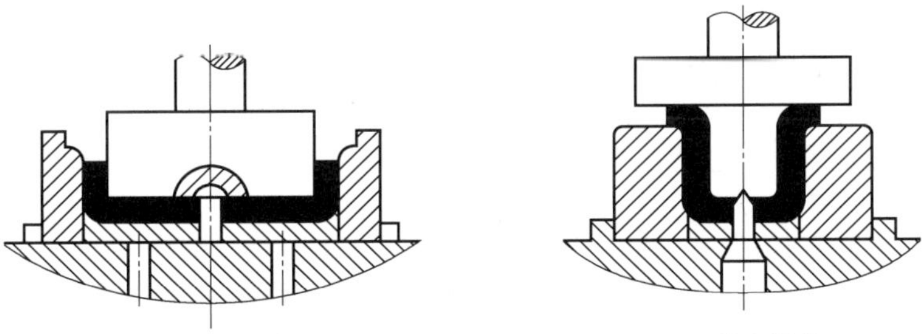

(a) 弯两边外角　(b) 弯中间角

图 2.90　托架工艺方案二

(3)方案三。

复合冲 ϕ10 孔与落料，弯四角，如图 2.91 所示，冲 4 个 ϕ5 孔(同方案一)。方案三的工序比较集中，占用设备和操作人员少，但模具寿命短，零件表面有划伤，工件厚度变薄，回弹不易控制，尺寸和形状不够精确。

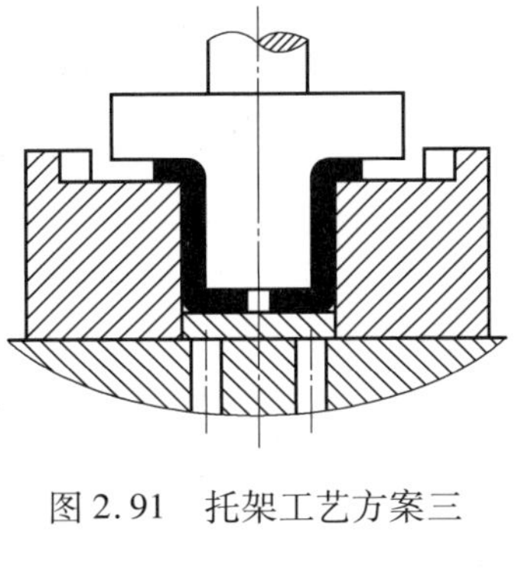

图 2.91　托架工艺方案三

(4)方案四。

全部工序采用带料连续冲压成形。方案四的工序集中，生产效率高，适合大批量生产。但其结构复杂，安装、调试、维修较困难，制造周期长，当批量不大时成本较高。

综上所述，考虑零件精度要求较高，生产批量不大的特点，故采用工艺方案一。

3. 填写冲压工艺卡片

将冲压件的产品名称、零件型号、零件名称、材料牌号及规格、工序草图、工装名称、设备吨位及检验要求等技术资料填写到冲压工艺卡片(见表 2.6)中，作为生产该冲压件的指导性工艺文件。

表 2.6　冲压工艺卡片

(厂名)	冷冲压工艺卡片	产品型号		零件名称	托架	共　页
		产品名称		零件型号		第　页

材料牌号及规格	材料技术要求	坯料尺寸	每个坯料制件数	毛坯质量	辅助材料
材料牌号 08F 规格 1 800 mm×900 mm	横裁、无毛刺	900 mm×108 mm×1.5 mm	16 件		

工序号	工序名称	工序草图	工装名称	设备吨位/kN	检验要求	备注
1	冲孔落料	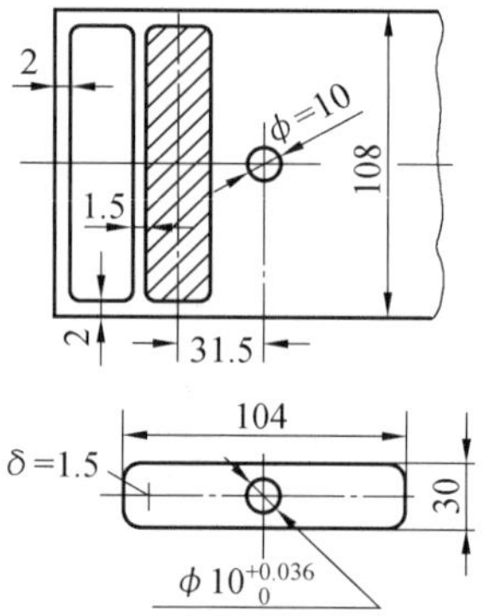	冲孔落料复合模	250	按草图检验	
2	首次弯曲（带预弯）	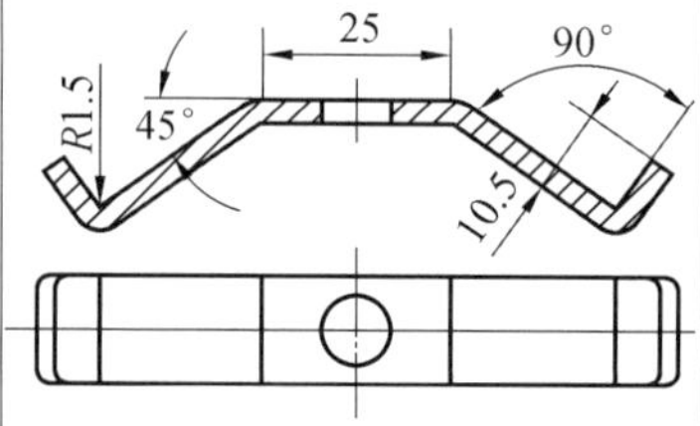	弯曲模	160	按草图检验	
3	二次弯曲	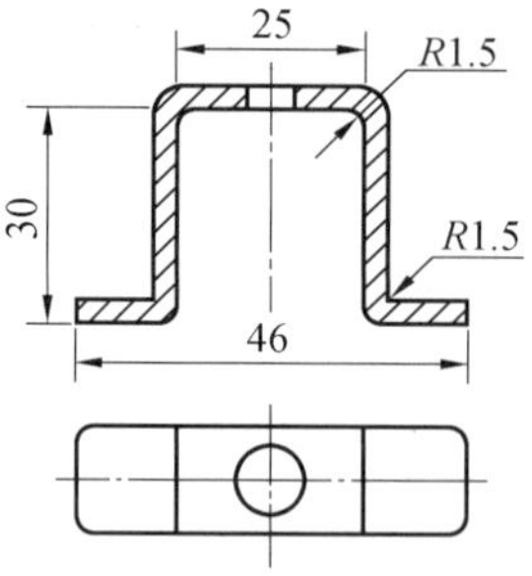	弯曲模	160	按草图检验	

续表 2.6

(厂名)	冷冲压工艺卡片	产品型号		零件名称	托架	共 页
		产品名称		零件型号		第 页

材料牌号及规格	材料技术要求	坯料尺寸	每个坯料制件数	毛坯质量	辅助材料
材料牌号 08F 规格 1 800 mm× 900 mm	横裁、无毛刺	900 mm× 108 mm× 1.5 mm	16 件		

工序号	工序名称	工序草图	工装名称	设备吨位/kN	检验要求	备注
4	冲孔 4×ϕ5	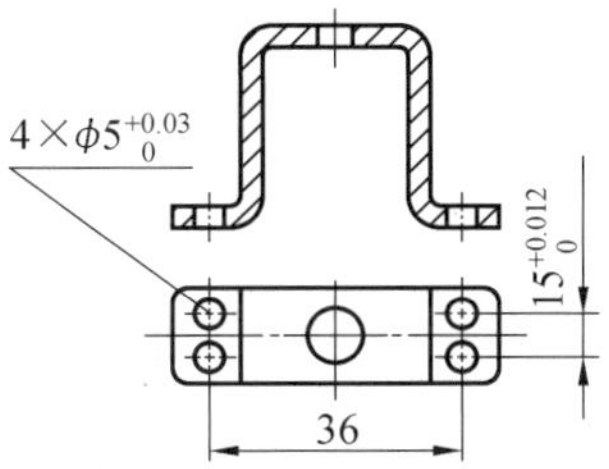	冲孔模	160	按草图检验	
				编制日期	审核日期	会签日期

第3章

粮油装备中的焊接与胶接

3.1 焊接概述

焊接是利用加热或加压,把两个分离的金属连接成一个不可拆卸的整体的工艺方法。焊接是一种永久性连接金属材料的工艺方法,其实质是利用加热或加压力等手段,借助金属原子的结合与扩散作用,使分离的金属材料牢固地连接起来。

焊接在现代工业生产中具有十分重要的作用,如舰船的船体、高炉炉壳、建筑构架、锅炉与压力容器、车厢及家用电器、汽车车身、粮油装备等工业产品的制造,都离不开焊接。焊接方法在制造大型结构件或复杂机器部件时,更显得优越。它可以用化大为小、化复杂为简单的办法来准备坯料,然后用逐次装配焊接的方法拼小成大、拼简单成复杂。这是其他工艺方法难以做到的。在制造大型机器设备时,还可以采用铸-焊或锻-焊复合工艺。这样,只有小型铸、锻设备的工厂也可以生产出大型零部件。用焊接方法还可以制成双金属结构件,如制造复合层容器。此外,还可以对不同材料进行焊接。总之,焊接方法的这些优越性,使其在现代工业中的应用日趋广泛。

3.1.1 焊接方法的分类

根据焊接过程的特点不同,可将焊接方法分为熔焊、压焊和钎焊 3 类。常用焊接方法分类如图 3.1 所示。

(1)熔焊。

熔焊是利用局部加热的方法,将焊接接头加热到熔化状态,加填充金属或不加填充金属,形成共同熔池,凝固后形成共同结晶体而连接起来的焊接方法。由于加热热源不同,熔焊又分为气焊、电渣焊、电弧焊、激光焊、等离子弧焊、电子束焊。熔焊适合各种金属和合金的焊接加工。

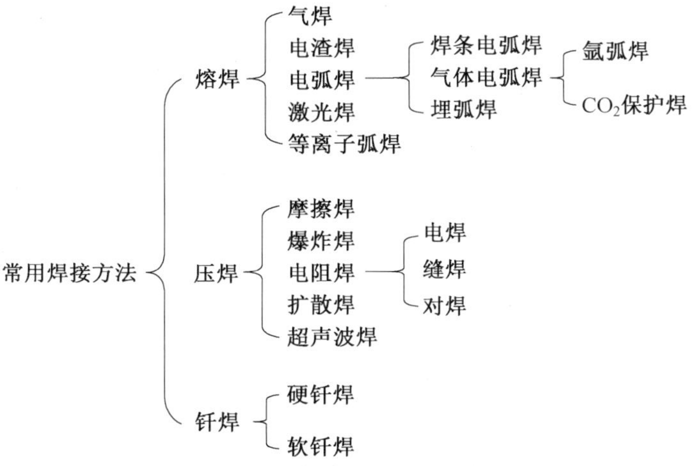

图 3.1　常用焊接方法分类

(2)压焊。

压焊是一种必须对焊件施加压力,加热或不加热,使被焊金属接合处紧密接触,依靠原子扩散或塑性变形及再结晶(或局部熔化与结晶),获得原子间结合的焊接方法。因压焊焊接接头独特的形成特点,有时也称之为固相焊接。根据加热情况的不同,压焊又分为摩擦焊、爆炸焊、电阻焊、扩散焊、超声波焊、感应焊和冷压焊。压焊适合于各种金属材料和部分非金属材料的焊接。

(3)钎焊。

钎焊是采用熔点比母材低的金属材料作为钎料,将焊件和钎料加热到高于钎料熔点,但低于母材熔点的温度,利用毛细作用使液态钎料润湿母材,填充接头间隙并与母材相互扩散实现连接的焊接方法。根据钎料熔点的不同,钎焊分为硬钎焊和软钎焊。钎焊过程的钎料熔化与凝固会形成一个过渡连接层,因此钎焊不仅适合于同种材料的焊接加工,也适合于异种金属和异类材料的焊接加工。

3.1.2　焊接方法的特点

焊接方法的主要优点如下:

①节省材料,能减轻金属结构件质量,经济效益好。在金属结构制造中,用焊接代铆接,可省去很多连接元件,一般可节省材料 15% ~20%,同时减轻设备的自重。例如,点焊代替铆接加工的飞行器质量明显减轻,运载能力提高,油耗降低。

②连接性好。焊缝具有良好的力学性能(接头能达到与母材同等强度)、耐压、密封性、耐蚀性等。

③可简化复杂零件和大型零件的制造工艺。将大而复杂的结构分解为小而简单的坯料拼焊,可简化制造工艺,在制造大型机器设备时,可采用铸-焊或锻-焊复合工艺。

④为结构设计提供较大的灵活性。可按结构的受力情况优化配置材料,按工况的需要,在不同部位选用不同强度、耐磨性、耐蚀性、耐高温性等的材料。如防腐容器的双金属

筒体焊接,钻头工作部分与柄的焊接,水轮机叶片耐磨表面的堆焊等。

⑤焊接工艺过程容易实现机械化和自动化。

焊接加工虽然有很多优点,但也有如下一些不足之处:

①焊接结构不可拆卸,给更换修理部分零件带来不便。

②焊接结构容易引起较大残余应力和焊接变形。由于绝大多数焊接方法都采用局部加热,焊件结构中会产生一定的焊接应力和变形,从而影响结构的承载能力、加工精度和尺寸稳定性。

③焊接接头中存在一定数量的缺陷,如裂纹、夹渣、气孔、未焊透等。缺陷的存在会降低焊件的强度,引起应力集中,损坏焊缝致密性。

④焊接接头具有较大的性能不均匀性。焊缝的成分、组织与母材不同,接头各部位经历的热循环不同,会使焊接接头组织不均。

3.2 焊接理论基础

3.2.1 焊接电弧

焊接电弧是在电极与工件之间的气体介质中长时间的放电现象,即在局部气体介质中有大量电子流通过的导电现象。产生电弧的电极可以是金属丝、钨丝、碳棒或焊条。焊条电弧焊常用的引弧方法有划擦法和敲击法。

焊接电弧如图 3.2 所示。引燃电弧时,通常是将两极相接触并迅速分离至一定距离,由于两极已接通电源,当相互接触时会通过较大的短路电流使电极表面迅速加热至熔化状态,而当两极分离时则由于强场发射和热电子发射使阴极电子射向阳极,气体介质亦由于高温加热和电子撞击等作用而游离,于是电弧形成后,只要保持两极之间一定的电位差,即可维持电弧燃烧。电弧的一个重要特性就是在放电的同时产生强烈的光和大量的热。所放之热使电弧达到很高的温度,能迅速熔化金属。

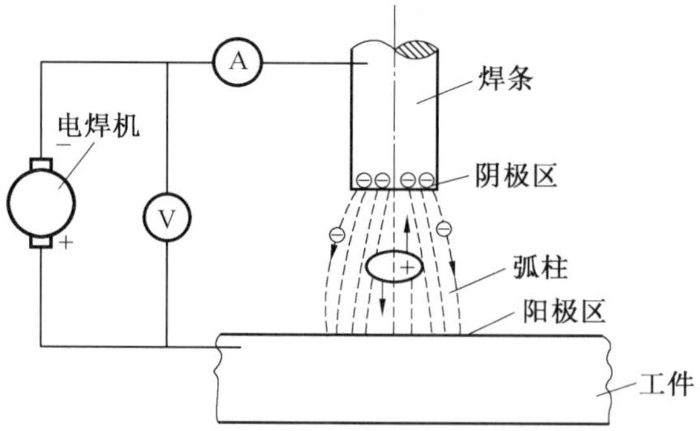

图 3.2 焊接电弧

引燃电弧后,弧柱中就充满了高温电离气体,并放出大量的热能和强烈的光。电弧的热量与焊接电流和电弧电压的乘积成正比。电流越大,电弧产生的总热量就越多。一般情况下,在阳极区产生的电弧热量较多,约占总热量的 43% 。阴极区因放出大量电子,消耗了一部分能量,所以产生的热量相对较少,约占36%,其余21%左右的热量是在弧柱中产生的。焊条电弧焊只有65%~85%的热量用于加热和熔化金属,其余的热量则散失在电弧周围和飞溅的金属滴中。

电弧中阳极区和阴极区的温度因电极材料不同而有所不同。用钢焊条焊接钢材时,阳极区温度约为2 600 K,阴极区温度约为2 400 K,电弧中心区温度可达到6 000~8 000 K。

由于电弧产生的热量在阳极和阴极上有一定差异及其他一些原因,使用直流电源焊接时,有正接和反接两种接线方法,如图3.3所示。

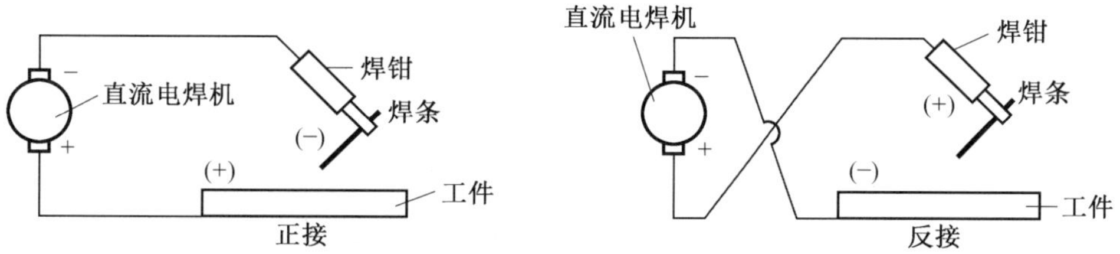

图3.3 直流电源的正接与反接

正接是将工件接到电源的正极,焊条(或电极)接到负极。反接是将工件接到电源的负极,焊条(或电极)接到正极。正接时工件的温度相对高一些。

如果焊接时使用的是交流弧焊机(弧焊变压器),因为电极每秒钟正负变化达到100次以上,所以两极加热温度一样,都在2 500 K左右,因而不存在正接和反接问题。

弧焊机的空载电压就是焊接时的引弧电压,一般为50~90 V。电弧稳定燃烧时的电压称为电弧电压,它与电弧长度(即焊条与工件间的距离)有关。电弧长度越大,电弧电压也越高。一般情况下,电弧电压在16~35 V范围之内。

3.2.2 焊接冶金过程

熔焊是最重要的焊接工艺方法之一,它是利用电弧或气体火焰等热源将被焊金属的连接处局部加热到熔化状态,形成熔池,熔池冷却凝固后即形成焊缝。焊接熔池相当于一个微型炼钢炉,其中将发生多种冶金反应。

1. 熔焊冶金过程

图3.4为焊条电弧焊焊接过程。在电弧高温作用下,焊条和工件同时发生局部熔化形成熔池,同时使焊条的药皮熔化和分解。药皮熔化后与液态金属发生一系列冶金反应,所形成的熔渣浮于熔池上面,冷却后成为焊缝渣壳,对焊缝起保护作用。药皮受热分解产生大量的CO_2、CO和H_2等气体包围电弧和熔池,形成保护。

2. 熔焊冶金特点

熔焊冶金过程的实质是焊缝金属的一次再熔炼,它具有以下特点。

(1)熔池温度高。

焊接时熔池温度高于一般的冶炼温度。电弧高温使金属元素强烈蒸发、烧蚀,焊接热源高温区的气体分解为原子状态,提高了气体的活泼性,导致金属烧蚀或形成有害杂质。

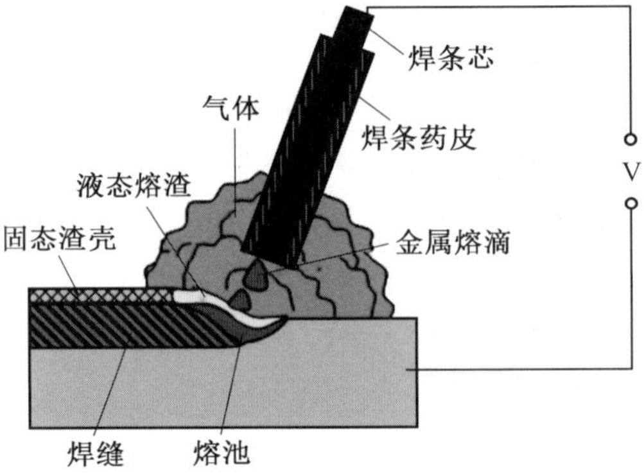

图 3.4 焊条电弧焊焊接过程

(2)熔池体积小、冷却速度快。

熔池处于液态的时间只有几秒钟,各种冶金反应不充分,难以达到平衡,造成化学成分不均匀,反应产生的气体及杂质来不及逸出而残留在焊缝中形成气孔或其他缺陷。

(3)冶炼条件差。

熔焊(如焊条电弧焊)一般在大气中进行,各种有害气体易进入熔池,形成氧化物、氮化物、气孔及杂质等缺陷。

3. 熔池的保护

熔焊时熔池的保护方法有机械保护和冶金处理。

(1)机械保护。

利用保护气体、渣等将熔池和空气隔离开。

(2)冶金处理。

向熔池中添加合金元素,以改善焊缝金属的化学成分和组织。

3.2.3 焊接接头组织与性能

焊接接头由焊缝和靠近焊缝区域(热影响区)两部分组成。

1. 焊接工件上温度的变化与分布

焊接时,电弧沿着工件逐渐移动并对工件进行局部加热。因此在焊接过程中,焊缝及其附近的金属都是由常温状态开始被加热到较高的温度,然后再逐渐冷却到常温。但随着焊缝区各点金属所在位置的不同,其最高加热温度是不同的。图 3.5 为焊缝区各点温度变化情况。由于焊件横截面上各种点(点 1、点 3、点 3 和点 4)离焊缝中心距离不同,所以各点的最高温度不同。又因热传导需要一定的时间,所以各点是在不同时间达到该点最高温度的。但总的看来,在焊接过程中,焊缝的形成是一次冶金过程,焊缝附近区域金属相当于受到一次不同规范的热处理,其组织与性能必然会产生相应的变化。

2. 焊接接头的组织与性能

现以低碳钢为例说明焊缝和焊缝附近区域由于受到电弧不同程度的加热而产生的组织与性能的变化。如图 3.6 所示,左侧下部是焊件的横截面,上部是相应各点在焊接过程中被加热的最高温度曲线(并非某一瞬时该截面的实际温度分布曲线)。图中 1、2、3 和 4

各段金属组织的获得，可用右侧所示的部分铁-碳合金状态图来对照分析。

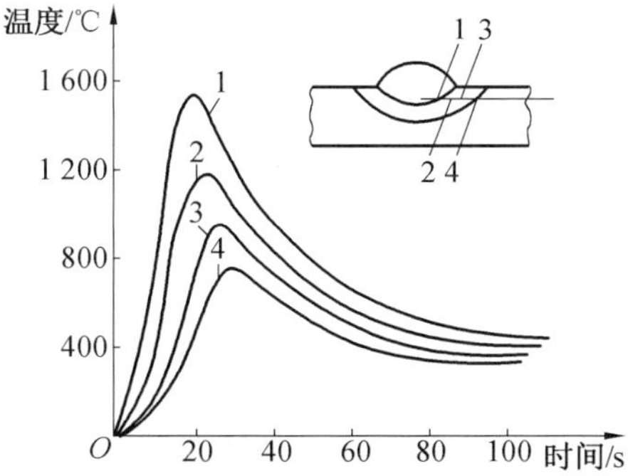

图3.5　焊缝区各点温度变化情况

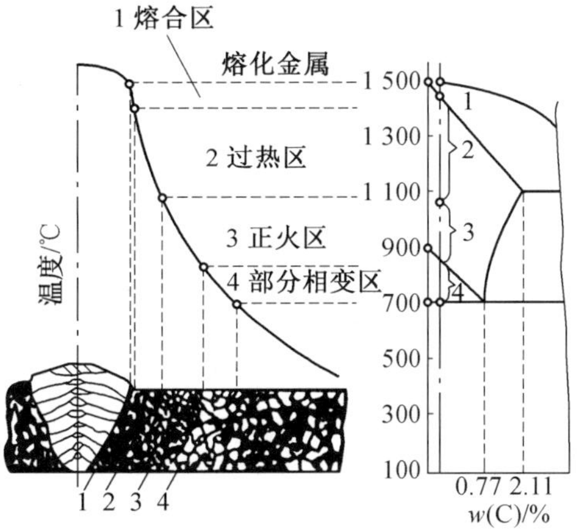

图3.6　低碳钢焊接接头的组织

(1)焊缝。

焊缝的结晶是从熔池底壁开始向中心成长的。因结晶时各个方向的冷却速度不同，从而形成柱状的铸态组织，由铁素体和少量珠光体组成。因结晶是从熔池底部的半熔化区开始逐次进行的，低熔点的硫磷杂质和氧化铁等易偏析物集中在焊缝中心区，将影响焊缝的力学性能。因此，应慎重选用焊条或其他焊接材料。

焊接时，熔池金属受电弧吹力和保护气体吹动，熔池底壁柱状晶体的成长受到干扰，柱状晶体呈倾斜状，晶粒有所细化。同时由于焊接材料的渗合金作用，焊缝金属中锰、硅等合金元素含量可能比母材(即焊件)金属高，焊缝金属的性能可能不低于母材金属的性能。

(2)焊接热影响区。

焊接热影响区是指焊缝两侧金属因焊接热作用而发生组织和性能变化的区域。由于焊缝附近各点受热情况不同，热影响区可分为熔合区、过热区、正火区和部分相变区等。

①熔合区。熔合区是焊缝和基体金属的交界区，此区温度处于固相线和液相线之间，由于焊接过程中母材部分熔化，所以也称为半熔化区。此时，熔化的金属凝固成铸态组织，未熔化金属因加热温度过高而成为过热粗晶。在低碳钢焊接接头中，由于熔合区组织极不均匀，虽然很窄(0.1～1 mm)，但因其强度、塑性和韧性都下降，而且此处接头断面变化易引起应力集中，所以熔合区在很大程度上决定着焊接接头的性能。熔合区是焊接接头最薄弱的环节之一。

②过热区。过热区紧邻熔合区，焊接时该区域的金属被加热到 Ac_3 以上 100～200 ℃至固相线温度区间。由于奥氏体晶粒急剧长大形成过热组织，故塑性及韧性降低，也是焊接接头最薄弱的环节之一。对于易淬火硬化钢材，此区脆性更大。

③正火区。焊接时正火区的金属被加热到 Ac_3 以上 30～50 ℃区间。加热时金属发生重结晶，转变为细小的奥氏体晶粒。冷却后得到均匀而细小的铁素体和珠光体组织，其力学性能优于母材，是焊接接头中组织和性能最好的区域。

④部分相变区。焊接时部分相变区被加热到 Ac_1～Ac_3 温度区间。珠光体和部分铁素

体发生重结晶,转变成细小的奥氏体晶粒。部分铁素体不发生相变,但其晶粒有长大趋势。冷却后晶粒大小不均,因而力学性能比正火区稍差。

焊接热影响区的大小和组织性能变化的程度,取决于焊接方法、焊接参数、接头形式和焊后冷却速度等因素。表 3.1 是采用不同焊接方法焊接低碳钢时,焊接热影响区的平均尺寸。

表 3.1 焊接热影响区的平均尺寸 mm

焊接方法	过热区宽度	热影响区总宽度
焊条电弧焊	2.2 ~ 3.5	6.0 ~ 8.5
埋弧焊	0.8 ~ 1.2	2.3 ~ 4.0
手工钨极氩弧焊	2.1 ~ 3.2	5.0 ~ 6.2
气焊	21	27
电渣焊	18 ~ 20	25 ~ 30
电子束焊	—	0.05 ~ 0.75

同一焊接方法使用不同焊接参数时,热影响区的大小也不相同。在保证焊接质量的条件下,增加焊接速度或减少焊接电流都能减小焊接热影响区。

3. 改善焊接热影响区组织和性能的方法

焊接热影响区在电弧焊焊接接头中是不可避免的。用焊条电弧焊或埋弧焊方法焊接一般低碳钢结构时,因热影响区较窄,危害性较小,焊后不进行处理即可使用。但对重要的碳钢结构件、合金钢结构件或用电渣焊焊接的结构件,则必须注意热影响区带来的不利影响。为消除热影响区的影响,一般采用焊后正火处理,使焊缝和焊接热影响区的组织转变成为均匀的细晶结构,以改善焊接接头的性能。

对焊后不能进行热处理的金属材料或结构件,则只能正确选择焊接方法与焊接工艺减小焊接热影响区的范围。

3.2.4 焊接应力与变形

1. 焊接应力与变形的产生

焊接过程是一个极不平衡的热循环过程,即焊缝及其相邻区金属都要由室温被加热到很高温度(焊缝金属已处于液态),然后再快速冷却下来。由于在这个热循环过程中,焊件各部分的温度不同,随后的冷却速度也各不相同,焊件各部位在热胀冷缩和塑性变形的影响下,必将产生内应力、变形或裂纹。因此,焊接过程中,对焊件的局部不均匀加热是产生焊接应力与变形的根本原因。现以图 3.7 所示平板对焊为例说明焊接应力与变形的产生。

焊缝是靠一个移动的点热源加热,然后逐次冷却下来形成的。因而应力的形成、大小和分布状况较为复杂。为了简化问题,假定整条焊缝同时形成。焊接加热时,焊缝及其相邻区域金属处于加热阶段时都会膨胀。图 3.7(a)中虚线表示接头横截面的温度分布,也表示金属若能自由膨胀的伸长量分布。实际上接头是个整体,焊缝及其相邻区金属受到焊件冷金属的阻碍,平板只能在整个宽度 l 上伸长 Δl,不能自由伸长而受压,形成压应力

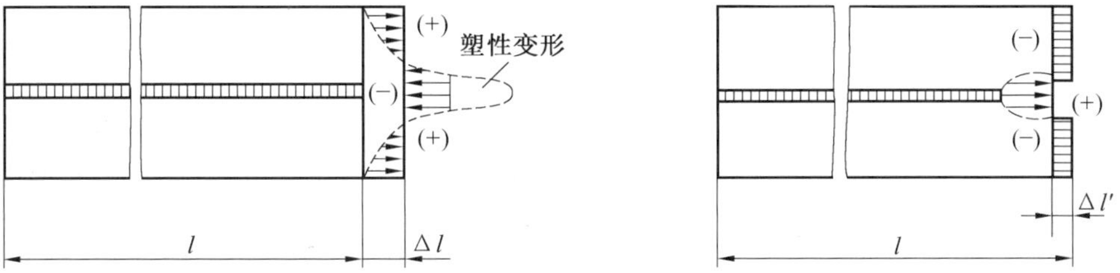

(a) 加热时　　(b) 冷却时

图 3.7　平板对焊的应力与变形

(用符号"−"表示),两侧则形成拉应力(用符号"+"表示)。当焊缝区中心部分的压应力超过屈服强度时,产生压缩塑性变形,其变形量为图 3.7(a)所示。焊后冷却时,金属若能自由收缩,由于焊缝区中心部分已经产生的压缩塑性变形不能再恢复,冷却至室温将缩至图 3.7(b)中的虚线位置,两侧则缩短到焊前的原长 l。这种自由收缩同样是无法实现的,平板各部分收缩会互相牵制,焊缝区两侧将阻碍中心部分的收缩,因此焊缝区中心部分产生拉应力,两侧则形成压应力。在平板的整个宽度上缩短 $\Delta l'$,即产生了焊接变形。

由此可见,焊件冷却后同时存在焊接应力与变形。当焊件塑性较好和结构刚度较小时,焊件能较自由地收缩,则焊接变形较大,而焊接应力较小。当焊件塑性较差和结构刚度较大时,则焊接变形较小,而焊接应力较大。

2. 减小焊接应力的工艺措施

焊接应力的存在将影响焊接结构件的使用性能,其承载能力大为降低,甚至在外载荷改变时出现脆断的危险后果。对于接触腐蚀性介质的焊件(如容器),由于应力腐蚀现象加剧,将缩短焊件使用期限,甚至产生应力腐蚀裂纹而报废。

对于承受重载的重要结构件、压力容器等,焊接应力必须加以防止和消除。第一,在结构设计时应选用塑性好的材料,要避免使焊缝密集交叉,避免使焊缝截面过大和焊缝过长。第二,在施焊中应确定正确的焊接次序(图 3.8(b)中 A 区易产生裂缝)。焊前对焊件预热是较为有效的工艺措施,这样可减弱焊件各部位间的温差,从而显著减小焊接应力。焊接中采用小能量焊接方法或锤击焊缝亦可减小焊接应力。第三,当需较彻底地消除焊接应力时,可采用焊后去应力退火方法来达到。此时需将焊件加热至 500 ~ 650 ℃,保温后缓慢冷却至室温。此外,亦可采用水压试验或振动法消除焊接应力。

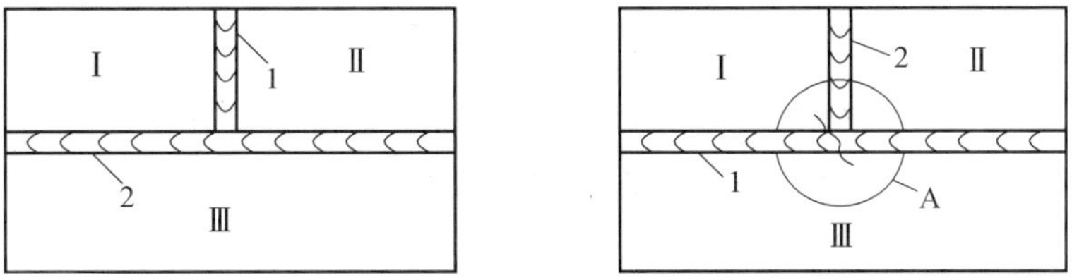

(a) 正确　　(b) 不正确

图 3.8　焊接次序对焊接应力的影响

3. 焊接变形的基本形式及减少焊接变形的措施

焊接变形的基本形式(图 3.9)大致可分为 7 类,即纵向收缩变形、横向收缩变形、角变形、弯曲变形、扭曲变形、波浪变形和错边变形。

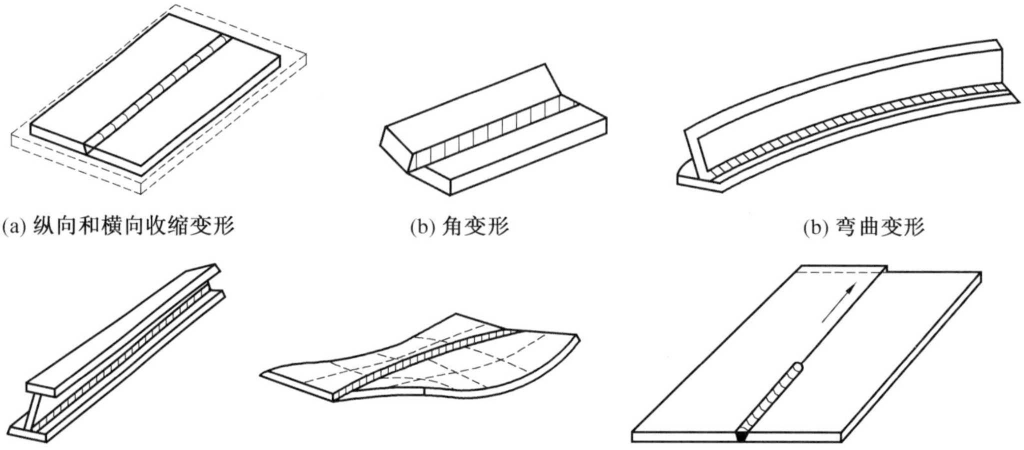

(a) 纵向和横向收缩变形　(b) 角变形　(b) 弯曲变形

(d) 扭曲变形　(e) 波浪变形　(f) 错边变形

图 3.9　焊接变形的基本形式

焊件出现变形将影响使用,过大的变形量将使焊件报废,因此必须加以防止和消除。焊件产生变形主要是由焊接应力引起的,预防焊接应力的措施对防止焊接变形有时是有效的。当对焊件的变形有较高限定时,在结构设计中应采用对称结构、大刚度结构、焊缝对称分布结构,都可减小或不出现焊接变形。减少焊接变形的措施具体来说有以下几种:

(1)反变形法。

反变形法是生产中最常用的方法,即事先估计好结构变形的大小和方向,然后在装配时给予一个相反方向的变形与焊接变形相抵消,使焊后结构保持设计的要求。图 3. 10、图3. 11分别为平板焊角变形的反变形措施和防止压力容器壳体局部塌陷的反变形措施。

(a) 焊前反变形　(b) 焊后

图 3.10　平板焊角变形的反变形措施

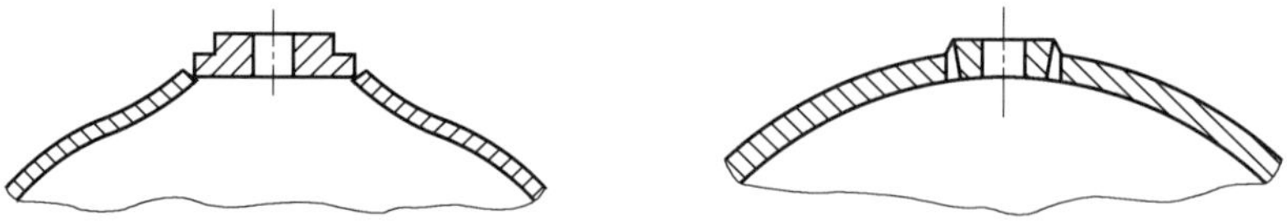

(a) 焊前预弯反变形　(b) 焊后

图 3.11　防止压力容器壳体局部塌陷的反变形措施

(2)刚性固定法。

刚性固定法是在没有反变形的情况下,将焊件加以固定来限制焊接变形的方法。该方法对防止角变形和波浪变形是比较有利的,但不适合焊接淬硬性较大的钢结构件和铸铁件。在焊接法兰盘时,采用刚性固定法可有效减小法兰盘的角变形,使法兰盘保持平直。刚性固定法可以直接将焊件点固,或压紧在平台上,或两个法兰盘背对背地用夹具固定起来,如图 3.12 所示。

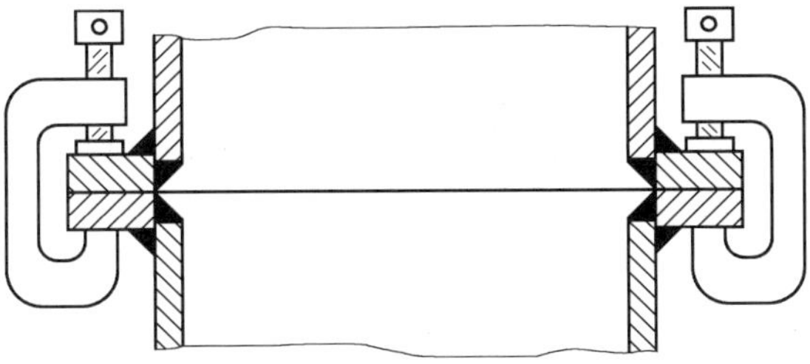

图 3.12 刚性固定法焊接法兰盘

(3)选择合理的焊接装配顺序。

选择合理的焊接装配顺序对减小焊接变形也很重要(图 3.13、图 3.14)。该措施可使温度分布更加均衡,开始焊接时产生的变形可被后来焊接部位的变形所抵消,从而获得无变形的焊件。

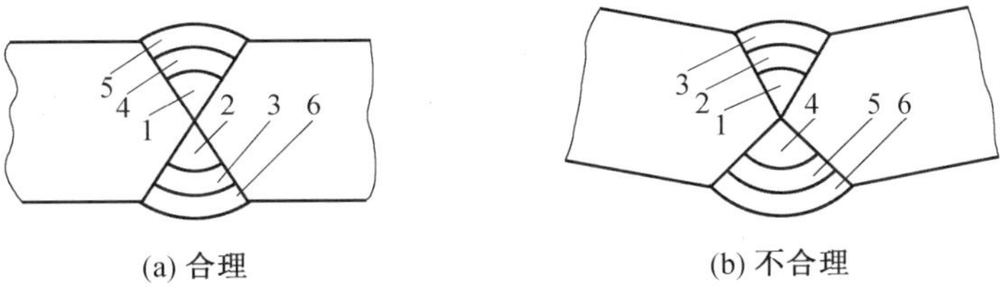

图 3.13 双 Y 型坡口焊接次序

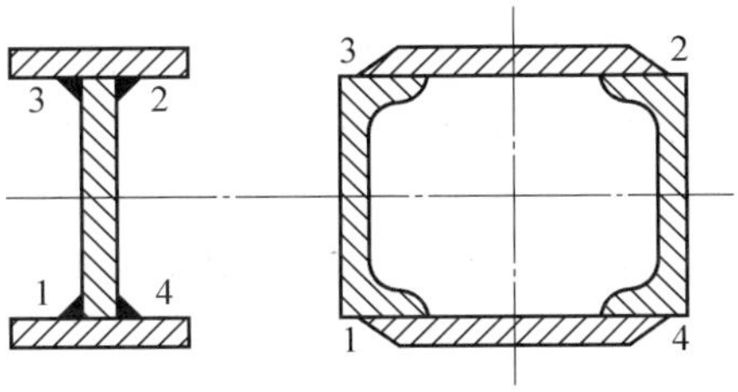

图 3.14 梁的焊接次序

(4)焊后矫形处理。

对于焊后变形小但已超过允许值的焊件,可采用机械矫正法(图 3.15)或火焰加热矫正法(图 3.16)加以消除。采用火焰加热矫正法时,要注意焊件的加热部位,使焊件在加热-冷却后产生相反方向的塑性变形,以消除焊接时产生的变形。

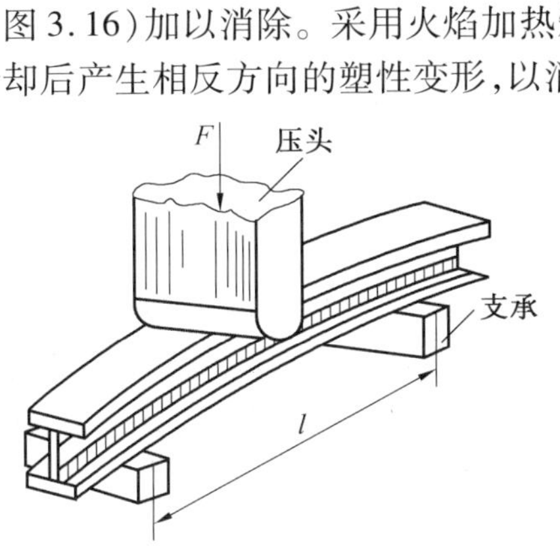

图 3.15 机械矫正法

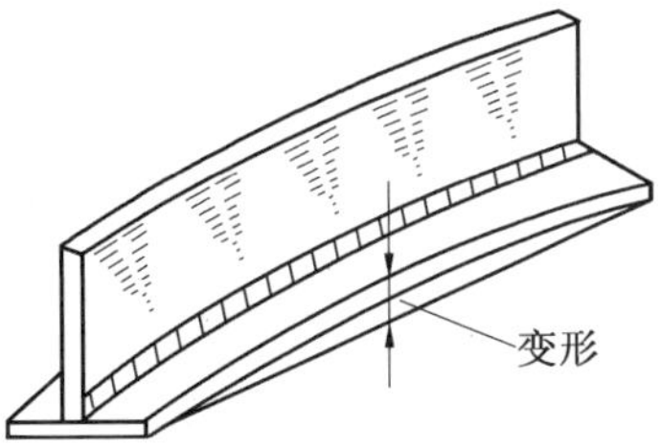

图 3.16 火焰加热矫正法

3.2.5 焊接缺陷

焊接缺陷是指焊接过程中在焊接接头处产生的金属不连续、不致密或连接不良的现象。熔焊焊缝的缺陷包括焊瘤、裂纹、夹渣、气孔、咬边、未焊透、未熔合等(图 3.17),其中危害最大的是裂纹和气孔。

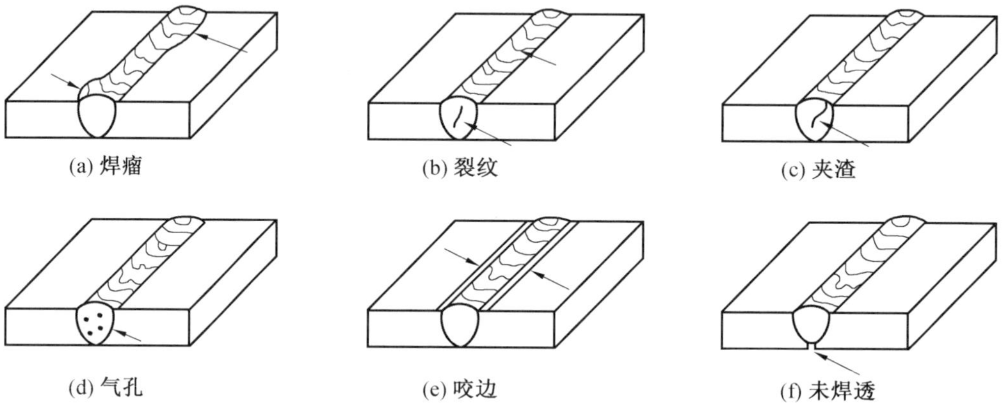

图 3.17 焊缝中常见的焊接缺陷

1. 焊瘤

在焊接过程中,熔化金属流淌到焊缝之外未熔化的母材上所形成的金属瘤称为焊瘤。

焊瘤不仅影响焊缝外表的美观,而且焊瘤下面常有未焊透缺陷,易造成应力集中。对于管道接头来说,管内焊瘤会使其有效面积减小,严重时造成管道堵塞,使管道中流体流动受阻。

焊瘤产生的原因是焊缝间隙过大,焊条位置和运条方式不正确,焊接电流过大或焊接速度太慢等。

2. 裂纹

裂纹是在焊接应力及其他致脆因素共同作用下,焊接接头中局部地区的金属原子结合力遭到破坏而形成的新界面所产生的缝隙。

裂纹是最危险的焊接缺陷,裂纹的存在严重削弱结构的承载能力和抗腐蚀能力,严重影响焊接结构的使用性能和安全可靠性。根据形成裂纹的温度可分为热裂纹和冷裂纹,根据裂纹发生的位置可分为焊缝金属中裂纹和热影响区中裂纹。

(1)热裂纹。

热裂纹是指在焊接过程中,焊缝和热影响区金属冷却到固相线附近的高温区产生的焊接裂纹。

焊缝金属中的热裂纹又称结晶裂纹。由于被焊材料大多为合金,其凝固在一个温度范围内完成,首先凝固的焊缝金属把低熔点的杂质推挤到晶界处,形成一层液体薄膜,又因为焊接熔池冷却速度很大,焊缝金属在冷却过程中发生收缩,内部产生拉应力,拉应力把凝固的焊缝金属沿晶粒边界拉开,在没有足够的液态金属补充条件下,就形成微小的裂纹,随着温度的降低,拉应力增大,裂纹也不断扩大。

在热影响区熔合线附近产生的热裂纹称为液化裂纹或热撕裂,它也有可能出现在多层焊时焊缝层间。液化裂纹的产生原因与结晶裂纹基本相同。

从上述热裂纹产生的过程可知,低熔点的杂质元素(如硫)是造成结晶裂纹的主要因素,当钢中碳含量高时,有利于硫在晶界的富集,促进热裂纹的形成。因此,为了防止热裂纹,应限制钢材、焊条、焊剂中低熔点杂质(如硫、磷)的含量。锰具有脱硫作用,如母材和焊接材料中硫及碳的含量高,而锰含量不足时,易产生热裂纹。一般要求母材、焊条、焊丝中的 $w(S) \leqslant 0.04\%$ 时,用于低碳钢和低合金钢的焊条、焊丝中的 $w(S) \leqslant 0.12\%$ 。另外,选择合适的焊接规范和焊接工艺,也是防止热裂纹的重要措施。

(2)冷裂纹。

冷裂纹是指焊接接头冷却到较低温度时产生的焊接裂纹,它与热裂纹的主要区别是:冷裂纹在较低的温度(一般为 200 ~ 300 ℃)下形成;冷裂纹不是在焊接过程中产生的,而是在焊后延续一定时间后才产生的,故又称延迟裂纹;冷裂纹大多出现在热影响区内,也会在焊缝金属内出现。一般焊缝金属中的横向裂纹多为冷裂纹。

冷裂纹的影响因素有钢材的淬火倾向、焊接应力、焊接接头中的扩散氢,其中氢的作用是形成冷裂纹的重要因素。

当含氢量高时,焊缝中的氢在结晶过程中向热影响区扩散;当这些氢不能逸出时,就聚集在离熔合线不远的热影响区中。如果被焊材料的淬火倾向较大,焊后冷却时,在热影响区可能形成硬而脆的马氏体组织,加上焊后焊件存在残余应力,在上述 3 个因素的共同作用下导致冷裂纹的产生。

选用碱性低氢型焊条时,焊前应清理接头的水、油、锈等污物以减少氢的来源,可有效防止冷裂。焊前预热和焊后缓冷不但能降低热影响区的硬度和脆性,还能加速焊缝中的氢向外扩散,并起到减小焊接应力的作用。必要时,可在焊后进行去应力退火和去氢处理。

3. 夹渣

焊缝中存在残留熔渣的现象称为夹渣。夹渣与夹杂物不同,夹杂物是在焊接冶金反应过程中产生的、残留在焊缝中的非金属夹杂物,如氧化物、硫化物、硅酸盐等,夹杂物一般尺寸很小,呈分散分布。而夹渣尺寸较大,为毫米级,其外形很不规则,大小相差很悬殊。

夹渣会降低焊接接头的塑性和冲击韧度,其尖角处还会造成应力集中,对于淬火倾向较大的母材,容易在夹渣尖角处形成裂纹。

产生夹渣的主要原因是焊前接头清洗不干净,或者多层焊时层间清洗不彻底,焊接电流过小,母材金属和焊接材料的化学成分不当等。

4. 气孔

气孔是在焊接过程中,熔池中的气泡在凝固时来不及逸出而残留下来所形成的孔穴。气孔可分为密集气孔、条虫状气孔、针状气孔和圆形气孔等。小的气孔要在显微镜下才能看到,大的气孔直径可达到 3 mm。

常见的气孔有氢气孔、一氧化碳气孔和氮气孔。

焊缝中的气孔减小了焊缝有效截面积,使焊缝疏松,从而降低接头的强度、塑性。气孔的存在还破坏了焊缝的致密性,导致压力容器等焊接结构会泄漏。条虫状气孔和针状气孔比圆形气孔危害性更大,在这种气孔的边缘有可能发生应力集中,使焊缝的塑性降低。氢气孔还可能促成冷裂纹。因此,在重要的焊接结构中,应严格控制气孔。

防止气孔产生可从以下几个方面着手:

① 焊前清除接头处的水分、锈、油污及防蚀底漆。

② 焊条电弧焊时,对焊条进行烘烤以去除焊条中的水分。通常酸性焊条抗气孔性好,要求其药皮中 $w(H_2O)\leqslant 4\%$。低氢型碱性焊条抗气孔性差,要求药皮中 $w(H_2O)\leqslant 1\%$。气体保护焊时,保护气体的纯度必须符合要求。

③ 焊条电弧焊时,焊接电流不宜过大,否则药皮提前分解,保护作用将会失去。焊接速度不能太快。对于碱性焊条,要采用短弧进行焊接,防止有害气体侵入。

④ 焊前预热可减慢熔池冷却速度,有利于气体的逸出。

⑤ 直流反接气孔倾向小,直流正接气孔倾向大,交流电源介于两者之间。

5. 咬边

由于焊接参数选择不当或操作方法不正确,基体金属与焊缝金属交界处形成的凹下沟槽称为咬边。

过深的咬边将影响焊接接头的强度,并在咬边处产生应力集中,导致焊接结构破坏。特别是在焊接低合金高强度钢时,咬边的边缘易被淬硬,常常是焊接裂纹的发源处。

咬边产生的原因是焊接电流过大、电弧过长及运条不当等。

6. 未焊透

未焊透是指焊接时接头根部未完全熔透的现象,对于对接焊缝也指焊缝深度未达要求的现象。未焊透常出现在单面焊的根部和双面焊的中部,如图 3.18 所示。

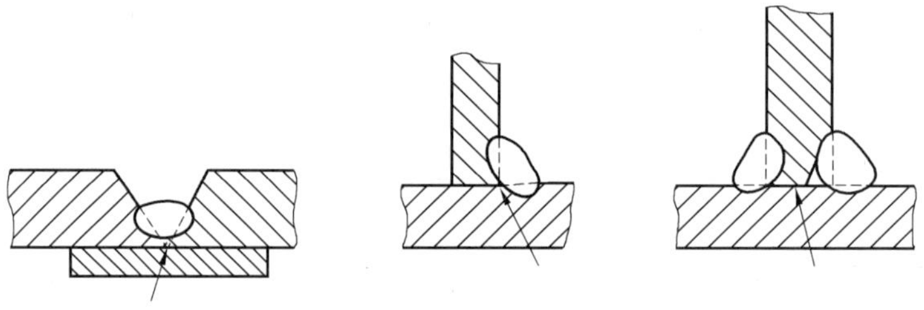

(a) 对接接头未焊透　(b) T形接头单侧未焊透　(c) T形接头双侧未焊透

图 3.18　未焊透

未焊透不仅使焊接接头的力学性能降低,而且在未焊透处的缺口和端部形成应力集中,承载后会引起裂纹。

未焊透产生的原因是焊接电流太小、运条速度太快,焊条角度不当或电弧发生偏吹、坡口角度或对口间隙太小,接头不洁等。

7. 未熔合

未熔合是指焊缝金属与母材金属,或焊缝金属之间未熔化结合在一起的缺陷。图 3.19为 3 种常见的未熔合。

未熔合是一种面积型缺陷,明显减少承载截面积,应力集中比较严重,危害性仅次于裂纹。《钢熔化焊对接接头射线照相和质量分级》(GB/T 3323—2019)中对Ⅰ、Ⅱ、Ⅲ级焊缝均规定不能有未熔合。

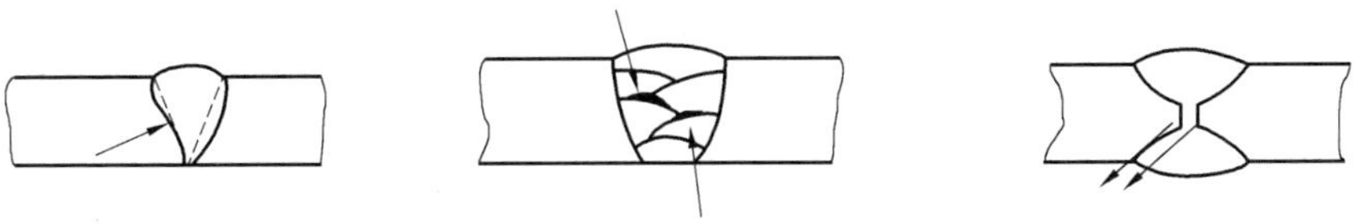

(a) 坡口未熔合　　(b) 层间未熔合　　(c) 根部未熔合

图 3.19　3 种常见的未熔合

3.2.6　焊接质量检验

焊接质量检验方法分为非破坏性检验和破坏性检验两大类，以下简要介绍常用的几种检验方法。

1. 非破坏性检验

(1)外观目视检查。

外观目视检查是一种简便而又应用广泛的检验方法，一般以肉眼检验为主，有时也可借助量具和低倍放大镜进行检验。其目的是检验接头是否有咬边、表面气孔、表面裂纹、未焊透、焊瘤等缺陷。

(2)致密性检验。

致密性检验有水压试验、气压试验和煤油试验等，用来检验储存液体或气体的焊接容器是否存在贯穿性的裂纹、气孔、夹渣、未焊透及组织疏松等缺陷。

(3)无损探伤检验。

无损探伤检验见表 3.2。

表 3.2　无损探伤检验

探伤方法		基本原理	适用范围	可检测缺陷及灵敏度	主要特点
射线探伤检验	X 射线检验	利用一种波长短、能量大、穿透能力很强的电磁波	2～120 mm 厚度的焊件，焊接表面不需要特殊加工	气孔、夹杂物、未焊透、未熔合、裂缝等，灵敏度一般为厚度的 10%	灵敏度高；费用高；设备较重；不能发现与射线方向平行的裂纹；放射性对人体有一定影响
	γ 射线检验	利用某些放射性物质的射线，具有较短的波长、较强的穿透力	厚度小于 300 mm 的焊件，焊件表面不需要特殊加工		
超声波探伤检验		利用声波通过有缺陷的金属时有不同的渗透性，若将这些声波反映在示波仪的荧光屏上，即可与正常的声波做出鉴别和比较	厚度一般为 8～120 mm的形状简单的焊件，表面需光滑	任何部位的气孔、夹杂物、裂缝、灵敏度随厚度的变化而变化	适用范围广；对人体无影响；灵敏度高；能及时得出探伤结论；焊件形状需简单；表面粗糙度值要低；不能测定缺陷的性质

续表 3.2

探伤方法	基本原理	适用范围	可检测缺陷及灵敏度	主要特点
磁力探伤检验	利用焊件磁化后，在缺陷的上部会产生不规则的磁力线这一现象，来判断焊缝中缺陷的位置	厚度不限的铁磁性金属焊件，表面需光滑	表面及表面下 1～2 mm 的毛发裂缝。灵敏度取决于磁化方法、磁化电流等因素	灵敏度高；速度快；能直接观察，操作方便；不能检验非铁磁性材料；不能发现内部缺陷；不能测定缺陷的深度
荧光探伤检验	利用紫外线照射某些荧光物质时会产生荧光的特性，来检验焊件的表面缺陷	厚度不限的各种铝合金焊件，表面粗糙度值 $Ra=3.2\sim6.2\ \mu m$	宽度为10^{-4} mm、深度为10^{-2} mm 的细小的表面缺陷	操作方便；设备简单；紫外线会产生臭氧，对人体有一定的影响；只能发现外部缺陷
着色探伤检验	利用某些渗透性很强的有色油液，渗入工件表面缺陷中，除去工件表面油层后，涂上吸附油液的显现粉，就会显现出缺陷的形状和位置	厚度不限的任何材料的焊件，表面粗糙度值 $Ra=3.2\ \mu m$	宽度不小于 0.01 mm、深度为 0.03～0.04 mm 的表面缺陷	不需要专门设备；操作简单；费用低；灵敏度较低；速度较慢；表面粗糙度值要求低

2. 破坏性检验

破坏性检验是焊接接头性能检测的一种必不可少的手段。如焊接接头的力学性能指标、化学成分分析、金相检验等，只有通过破坏性检验才能办到。破坏性检验的主要目的是进行焊接工艺评定、焊接性试验、焊工技能评定和其他考核焊接接头的检验方法。常用的破坏性检验方法有力学性能测试、耐腐蚀能力测试及金相分析等。

（1）力学性能测试。

通过对焊接接头进行冲击试验、拉伸试验、弯曲试验、疲劳试验及硬度测定，得到各种力学性能指标，用以评定焊接质量。

（2）耐腐蚀能力测试。

根据试验目的不同，可分为晶间腐蚀试验、应力腐蚀试验，静水腐蚀试验及动水腐蚀试验。其中，晶间腐蚀试验主要用于确定奥氏体不锈钢、奥氏体+铁素体不锈钢的焊件在正常使用条件下所产生的晶间腐蚀倾向。

(3)金相分析。

通过金相分析可以了解焊接接头各部位的组织,可以获得焊缝金属中各种氧化类杂质的数量、氢白点的分布情况、晶粒度及热影响区的组织情况,据此可以分析影响焊接接头性能优劣的原因,为改进焊接工艺、制订热处理规范、合理选材等提供依据。

3.3 焊接方法与工艺

3.3.1 焊条电弧焊

焊条电弧焊(即手工电弧焊)是利用焊条与工件间产生电弧热,将工件和焊条熔化而进行焊接的方法。焊条电弧焊是应用最广泛的焊接方法。

焊条电弧焊可在室内、室外、高空和各种焊接位置进行,设备简单,容易维护,焊钳小,使用灵便,适于焊接高强度钢、铸钢、铸铁和非铁金属,其焊接接头可与工件(母材)的强度相近,是焊接生产中应用最广泛的焊接方法。

1. 焊条电弧焊的焊接过程

焊条电弧焊的焊接过程如图3.20所示。电弧在焊条与被焊工件之间燃烧,电弧热使工件和焊芯同时熔化形成熔池,同时也使焊条的药皮熔化和分解。药皮熔化后与液态金属发生物理化学反应,所形成的熔渣不断从熔池中浮起。药皮受热分解产生大量的CO_2、CO、和H_2等保护气体,围绕在电弧周围,熔渣和气体能防止空气中氧和氮的侵入,具有保护熔化金属的作用。

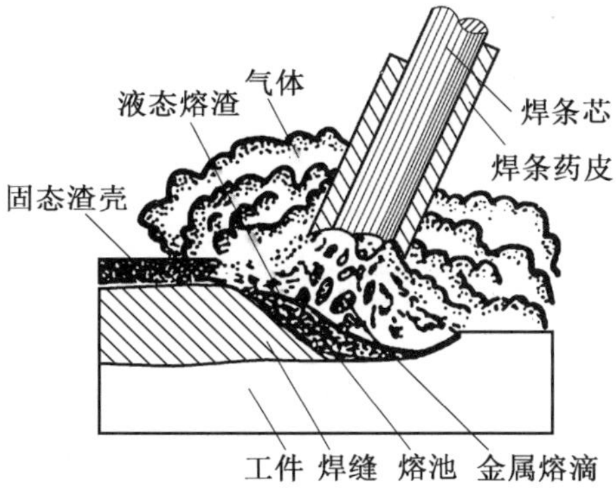

图3.20 焊条电弧焊的焊接过程

当电弧向前移动时,工件和焊条不断熔化汇成新的熔池。原来的熔池则不断冷却凝固,构成连续的焊缝。覆盖在焊缝表面的熔渣也逐渐凝固成为固态渣壳。这层熔渣和渣壳对焊缝成形的好坏和降低金属的冷却速度有着重要的作用。

焊缝质量由很多因素决定,如母材金属和焊条的质量、焊前的清理程度、焊接时电弧的稳定情况、焊接参数、焊接操作技术、焊后冷却速度及焊后热处理等。

2. 电焊条

一般焊条电弧焊所使用的焊条为普通电焊条,由焊芯和药皮(涂料)两部分组成。焊芯起导电和填充焊缝的作用,药皮则用于保证焊接顺利进行并使焊缝具有一定的化学成分和力学性能。

(1)焊芯。

焊芯(埋弧焊时为焊丝)是组成焊缝金属的主要材料,它的化学成分和非金属夹杂物的多少将直接影响焊缝质量。因此,结构钢焊条的焊芯应符合《熔化焊用钢丝》(GB 14957—1994)的要求。常用的结构钢焊条焊芯的牌号、化学成分和用途见表3.3。

表3.3 常用的结构钢焊条焊芯的牌号、化学成分和用途

牌号	化学成分(质量分数)/%							用途
	碳(C)	锰(Mn)	硅(Si)	铬(Cr)	镍(Ni)	硫(S)	磷(P)	
H08	≤0.10	0.30~0.55	≤0.03	≤0.20	≤0.30	<0.04	<0.04	一般焊接结构
H08A	≤0.10	0.30~0.55	≤0.03	≤0.20	≤0.30	<0.03	<0.03	重要的焊接结构
H08MnA	≤0.10	0.80~1.10	≤0.07	≤0.20	≤0.30	<0.03	<0.03	用作埋弧自动焊钢丝

焊芯具有较低的碳含量和一定的锰含量,硅含量控制较严,硫、磷含量则应低。焊芯牌号中带“A”字符号者,其硫、磷含量不超过0.03%。焊芯的直径即称为焊条直径,最小为1.6 mm,最大为8 mm,其中以直径为3.2~5 mm的焊条应用最广。

焊接合金结构钢、不锈钢用的焊条,应采用相应的合金结构钢、不锈钢的焊接钢丝作焊芯。

(2)药皮。

药皮是各种原料粉末按照一定比例配成涂料,压涂在焊芯上所形成的。药皮在焊接过程中的作用如下:

①稳定电弧燃烧。药皮中含有稳弧物质,可保证电弧容易引燃并稳定电弧燃烧。

②保护焊接区。药皮熔化后产生大量的气体和熔渣,包围在电弧区和熔池周围,将它们与大气隔离开,可防止空气对熔化金属的有害作用。

③冶金处理。药皮中含有合金剂、脱氧剂、脱硫剂和去氢剂,对熔池脱氧、脱硫和加入合金元素,可保证焊缝金属的化学成分和力学性能。

药皮原料的种类、名称及其作用见表3.4。

表3.4 药皮原料的种类、名称及其作用

原料种类	原料名称	作用
稳弧剂	碳酸钾、碳酸钠、长石、大理石、钛白粉、钠水玻璃、钾水玻璃	改善引弧性能，提高电弧燃烧的稳定性
造气剂	淀粉、木屑、纤维素、大理石	生成一定量的气体，隔绝空气，保护焊接熔滴与熔池
造渣剂	大理石、萤石、菱苦土、长石、锰矿、钛铁矿、黏土、钛白粉、金红石	生成具有一定物理-化学性能的熔渣，保护焊缝。碱性渣中的CaO还可起脱硫、磷作用
脱氧剂	锰铁、硅铁、钛铁、铝铁、石墨	降低电弧气氛和熔渣的氧化性，脱除金属中的氧。锰还起脱硫作用
合金剂	锰铁、硅铁、铬铁、钼铁、钒铁、钨铁	使焊缝金属获得必要的合金成分
稀渣剂	萤石、长石、钛白粉、钛铁矿	增加熔渣流动性，降低熔渣黏度
黏结剂	钾水玻璃、钠水玻璃	将药皮牢固地黏在钢芯上

(3)焊条的种类、型号和牌号。

焊接的应用范围越来越广泛，为适应各个行业，各种材料和达到不同性能要求的焊条品种非常多。我国将焊条按用途划分为十大类，即结构钢焊条(J)、钼和铬钼耐热钢焊条(R)、不锈钢焊条(A或G)、堆焊焊条(D)、低温钢焊条(W)、铸铁焊条(Z)、镍及镍合金焊条(Ni)、铜及铜合金焊条(T)、铝及铝合金焊条(L)、特殊用途焊条(TS)。

焊条型号是国家标准中的焊条代号，根据《非合金钢及细晶粒钢焊条》(GB 5117—2012)规定，焊条型号用大写字母+4位数字表示，如E4303、E5016等。“E”表示焊条。前两位数字表示焊缝金属的抗拉强度等级(单位为MPa)。第3位数字表示焊条的焊接位置，“0”及“1”表示焊条适用于全位置焊接(平、立、仰、横)，“2”表示焊条适用于平焊及平角焊，“4”表示焊条适用于向下立焊。第3位和第4位数字组合时表示焊接电流种类及药皮类型，如“03”为钛钙型药皮，交流或直流正、反接；“15”为低氢钠型药皮，直流反接；“16”为低氢钾型药皮，交流或直流反接。低合金钢焊条型号中的4位数字之后，还标出附加合金元素的化学成分。如E5515-B2-V，属于低氢钠型，是适用直流反接进行各种位置焊接的焊条，并含0.6%硅和0.10% ~0.35%钒(质量分数，下同)。

焊条牌号是焊条行业统一的焊条代号。焊条牌号一般用1个大写拼音字母和3个数字表示，如J422、J507等。拼音字母表示焊条的大类，如“J”表示结构钢焊条(碳钢焊条和普通低合金钢焊条)，“A”表示奥氏体不锈钢焊条，“Z”表示铸铁焊条等。前两位数字表示各大类中若干小类，如结构钢焊条前两位数字表示焊缝金属抗拉强度等级，其等级有42、50、55、60、70、75、85等，分别表示其焊缝金属的抗拉强度大于或等于420 MPa、500 MPa、550 MPa、600 MPa、700 MPa、750 MPa和850 MPa，最后一个数字表示药皮类型和电流种类，见表3.5，其中1~5为酸性焊条，6和7为碱性焊条。

表 3.5　药皮类型和电源种类

编号	1	2	3	4	5	6	7	8
药皮类型	钛型	钛钙型	钛铁矿型	氧化铁型	纤维素型	低氢钾型	低氢钠型	石墨型
电源种类	直流或交流	交流、直流	交流、直流	交流、直流	交流、直流	交流、直流	直流	交流、直流

焊条还可按熔渣性质分为酸性焊条和碱性焊条两大类。

药皮熔渣中酸性氧化物（如 SiO_2、TiO_2、Fe_2O_3）比碱性氧化物（如 CaO、FeO、MnO、Na_2O）多的焊条为酸性焊条。此类焊条适合各种电源，操作性较好，电弧稳定，成本低，但焊缝塑性和韧性稍差，渗合金作用弱，故不宜焊接承受动载荷和要求高强度的重要结构件。

熔渣中碱性氧化物比酸性氧化物多的焊条为碱性焊条。此类焊条一般要求采用直流电源，焊缝塑性和韧性好，抗冲击能力强，但操作性差，电弧不够稳定，价格较高，故只适合焊接重要结构件。

(4)焊条的选用原则。

焊条种类繁多，每种焊条都有一定的特性和用途。通常根据焊件化学成分、力学性能、抗裂性、耐腐蚀性及高温性能等要求选择焊条种类，同时综合考虑焊接结构形状、受力情况、焊接设备条件和焊条售价来选定具体型号。一般原则如下：

①等强度原则。对于碳素结构钢和普通低合金钢结构件，一般都要求焊缝金属的抗拉强度等于或稍高于母材的焊条。但应注意，钢材是按屈服强度确定等级的，而结构钢焊条的等级是指焊缝金属抗拉强度的最低保证值。

②酸性焊条与碱性焊条的选用原则。同一强度等级的酸性焊条或碱性焊条的选定，主要应考虑焊接件的结构形状（简单或复杂）、钢板厚度、载荷性质（静载或动载）和钢材的抗裂性能。通常对于要求塑性好、冲击韧度高、抗裂能力强或低温性能好的结构，选用碱性焊条。如果结构件受力不复杂、母材质量较好，应尽量选用较经济的酸性焊条。

③两种钢焊接，按强度低的选焊条。如低碳钢与低合金结构钢的焊接，可按异种钢接头中强度较低的钢材来选用相应的焊条。

④铸钢焊接，一般应选碱性焊条。铸钢的含碳量一般都比较高，而且厚度较大，形状复杂，很容易产生焊接裂纹，一般应选用碱性焊条，并采取适当的工艺措施（如预热）进行焊接。

⑤特殊性能钢材的焊接，选专用焊条。焊接不锈钢或耐热钢等有特殊性能要求的钢材，应选用相应的专用焊条，以保证焊缝的主要化学成分和性能与母材相同。

3. 焊条电弧焊工艺

(1)焊接位置。

焊接位置是指焊缝在空间所处的位置，有平焊、横焊、立焊和仰焊 4 种位置，如图3.21所示。

平焊是最容易操作的焊接位置，熔滴金属由于重力作用向熔池自然过渡，熔池形状容

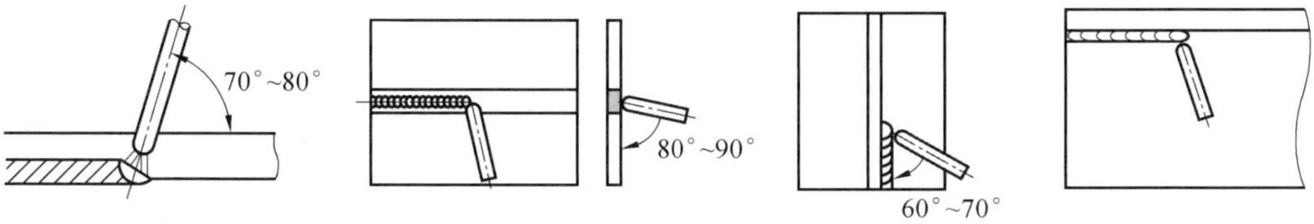

(a) 平焊　(b) 横焊　(c) 立焊　(d) 仰焊

图 3.21　焊接位置

易保持，允许使用较大的焊条直径和焊接电流，生产效率较高。但熔渣和液态金属容易混合在一起，同时熔渣会超前形成夹渣。

进行横焊和立焊时，液态金属和熔渣因重力作用下坠，因此容易分离，但当熔池温度过高则易形成焊瘤；焊接时易掌握焊透情况，但也容易出现咬边、焊缝表面不平整等缺陷。

仰焊操作难度较大，液态金属因重力作用容易下坠滴落，不易控制熔池形状和大小，焊缝成形困难，容易出现未焊透、弧坑凹陷现象。

(2) 焊接接头形式和坡口形状。

焊条电弧焊接头形式有对接接头、T 形接头（或十字接头）、角接接头和搭接接头 4 种，如图 3.22 所示。

对接接头是最常用的接头形式，用于连接在同一平面的金属板。对接接头的传力效率最高，应力集中较低，并易保证焊透和排除工艺缺陷，具有较好的综合性能，是重要零件和结构的首选接头。其缺点是焊前准备工作量大，组装费时，而且焊接变形较大。

T 形接头（或十字接头）是将相互垂直的工件用角焊缝连接起来的接头。这种接头种类较多，能承受各种方向的外力和力矩。此外，这类接头应避免采用单面角焊缝，因为接头根部有较深的缺口，其承载能力低。

角接接头多用于箱形结构，如仅在外角单面焊时承载能力差，采用双面焊缝从内部加强的角接接头，承载能力较大。

搭接接头是用焊缝将两个工件相互重叠连接而成的接头，这类接头材料消耗大，而且由于两个工件不在同一平面，受力时将产生附加力矩，而且金属消耗量也大，一般应避免采用。但因搭接接头不需开坡口，装配时尺寸要求不高，其横向收缩量也比较小，对某些受力不大的平面连接与空间构架，采用搭接接头可节省工时。

在对接接头、T 形接头（或十字接头）、角接接头和搭接接头中，为了保证焊透，常在焊前将待焊件边缘加工出各种形状的坡口，焊条电弧焊常用的几种焊缝坡口形式与尺寸如图 3.22 所示。

焊条电弧焊对板厚为 1 ~6 mm 的对接接头施焊时，一般可不开坡口（即 I 形坡口）直接焊成但当板厚增大时，为了保证焊透，接头处应根据工件厚度预先加工出各种形式的坡口。坡口角度和装配尺寸按标准选用。两个焊接件的厚度相同时，常用的坡口形式及角度可按图 3.22 选用。Y 形坡口和带钝边 U 形坡口用于单面焊，其焊接性较好；但焊后角变形较大，焊条消耗量也大些。双 Y 形坡口双面施焊，受热均匀，变形较小，焊条消耗量较少；但有时受结构形状限制。带钝边 U 形坡口根部较宽，允许焊条深入，容易焊透，而且坡口角度小，焊条消耗量较小；但因坡口形状复杂，一般只在重要的受动载的厚板结构

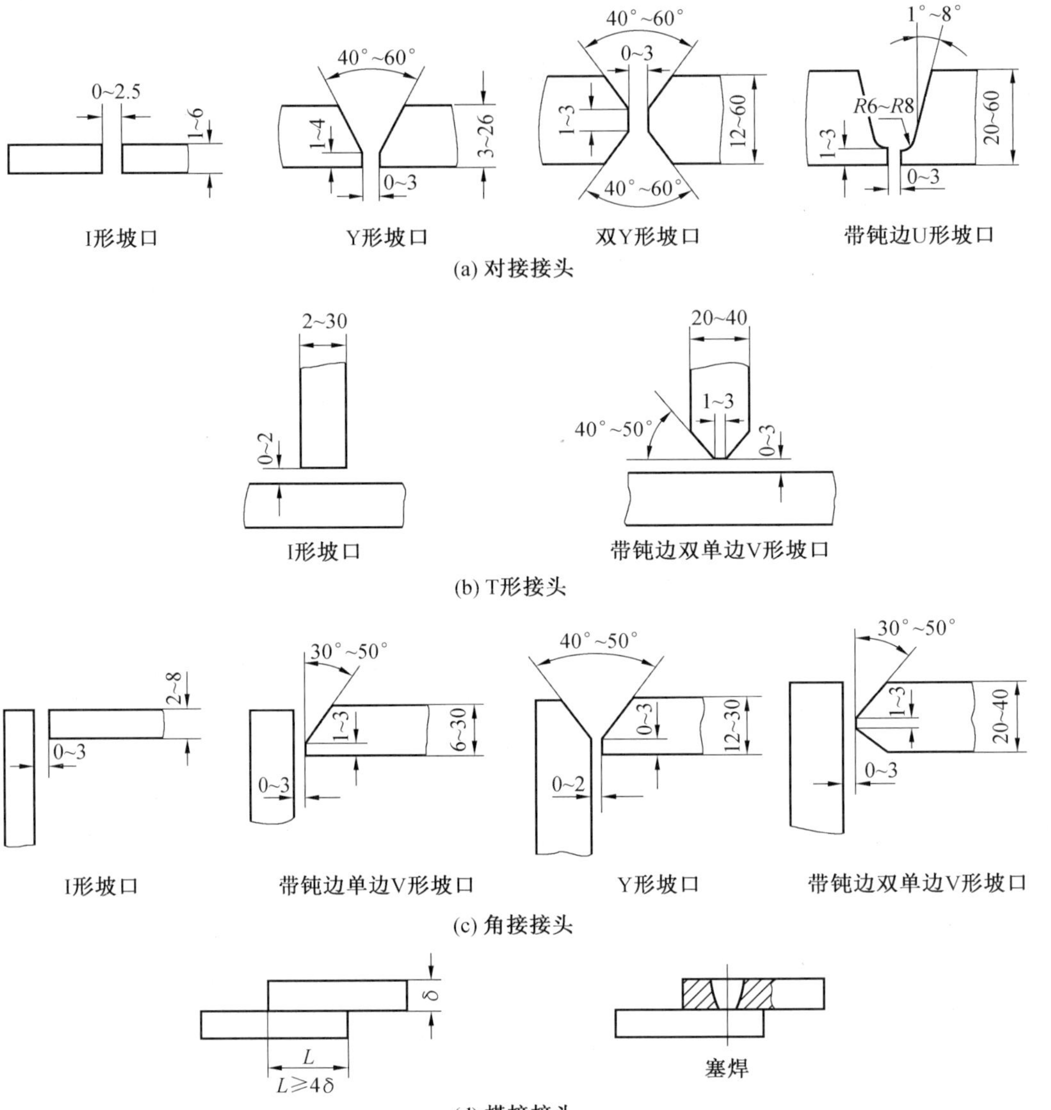

图 3.22　焊条电弧焊接头形式

中采用。带钝边双单边 V 形坡口主要用于 T 形接头和角接接头的焊接结构中。

(3)焊接规范的选择。

影响焊接质量和生产效率的各个工艺参数的总称称为焊接规范。焊条电弧焊的焊接规范包括焊条直径、焊接电流、电弧长度和焊接速度等。

①焊条直径主要根据工件厚度来选择。工件厚度小于 4 mm 时,焊条直径约等于工件厚度;工件厚度不小于 4 mm 时,焊条直径可在 3 ~ 6 mm 范围内选择。此外,还应考虑接头形式、焊接层次及焊缝空间位置等。如多层焊的第一层,应选直径较小的焊条,以保证根部焊透,以后可选用直径较大的焊条,以提高生产效率。平焊时,应选直径较大的焊条,可提高生产效率;而立焊、横焊或仰焊时,应选用直径较小的焊条,以保证焊接工艺顺

利进行。

②焊接电流的大小直接影响焊缝质量和生产效率。电流过小，易造成夹渣、未焊透等缺陷，且生产效率低，电流过大，又会造成焊缝咬边、烧穿等缺陷。焊接电流主要根据焊条直径大小来选择。同时还应考虑药皮类型、工件厚度、焊缝空间位置等因素。如对于厚度大的工件，T形接头焊接时热量散失较大，可适当增加焊接电流，对于立焊、横焊及仰焊，因熔池不易控制，应采用较小的焊接电流。

③电弧长度和焊接速度影响焊接质量和生产效率。电弧过长，会使电弧燃烧不稳定，减少熔深，增加飞溅，还会使空气中的氧和氮侵入焊接区，降低焊接质量。一般要求焊接时电弧长度始终保持一致，尽量用短弧焊接，大多为2～4 mm。焊接速度过快，易造成未焊透、夹渣等缺陷，过慢则热影响区加宽，变形也大。由于焊条电弧焊为手工操作，所以焊接时电弧长度和焊接速度均由焊工掌握，在技术文件中不作规定。

3.3.2　埋弧焊

1. 埋弧焊的焊接过程

埋弧焊是指电弧在焊剂层下燃烧进行的焊接方法，也称为熔剂层下电弧焊。焊接时，焊接机头上的送丝机构将焊丝送入电弧区并保持选定的弧长。电弧在颗粒状熔剂（焊剂）层下面燃烧，焊机带着焊丝均匀地沿坡口移动，或者焊机机头不动，工件匀速运动。在焊丝前方，焊剂从漏斗中不断流出撒在被焊部位。焊接时，部分焊剂熔化形成熔渣覆盖在焊缝表面，大部分焊剂不熔化，可重新回收使用。

图3.23为埋弧焊焊接过程示意图。开始焊接时，漏斗内的焊剂经软管下落到焊件接缝上，随后焊丝插入焊剂内，触及焊件，引燃电弧。电弧燃烧后，电弧热将焊丝端部及电弧附近的母材和溶剂熔化，熔化的金属形成熔池。焊剂熔化后，参与化学反应生成气体，并将电弧周围的熔渣排开，形成一个封闭的熔渣包，使熔化的金属与空气隔离，并能防止金属熔滴向外飞溅；另一部分与熔池金属发生冶金反应后形成熔渣，凝固后成为渣壳覆盖在焊缝表面。

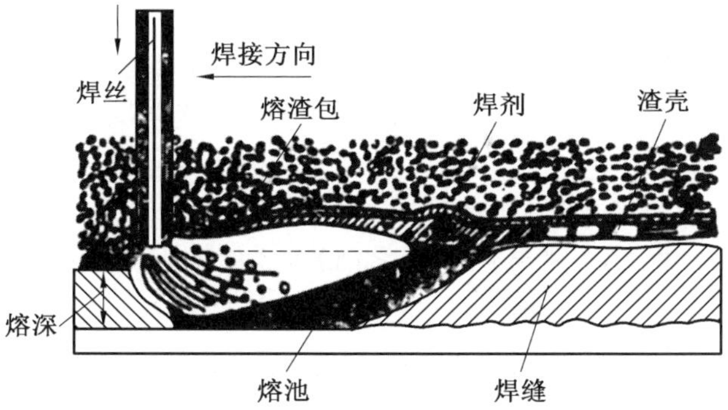

图3.23　埋弧焊焊接过程示意图

焊丝、漏斗同时沿焊缝移动，焊剂不断落在焊丝前面，使电弧始终在焊剂层下燃烧。随着新的熔池产生，先前产生的熔池结晶形成焊缝，液态熔渣凝固形成渣壳。该过程不断进行，直至焊接完成。

2. 埋弧焊的特点

(1)生产效率高。

埋弧焊的电流常在1 000 A以上,比焊条电弧焊高6~8倍,同时节省了更换焊条的时间,所以埋弧焊比焊条电弧焊提高生产效率5~10倍。

(2)焊接质量高。

埋弧焊焊剂供给充足,电弧区保护严密,熔池保持液态时间较长,冶金过程进行得较为完善,气体与杂质易于浮出。同时,焊接参数能自动控制调整,焊接质量高而且稳定,焊缝成形美观。

(3)节省金属材料。

埋弧焊热量集中,熔深大,20~25 mm的工件可不开坡口进行焊接,而且没有焊条头的浪费,飞溅很小,所以能节省大量金属材料。

(4)改善了劳动条件。

埋弧焊看不到弧光,焊接烟雾也很少,焊接时只要焊工调整、管理焊机就可自动进行焊接,劳动条件得到很大改善。

但应用埋弧焊时,设备费用较贵,工艺装备复杂,对接头加工与装配的要求严格,只适用于批量生产长的直线焊缝与圆筒形工件的纵、环焊缝。对于狭窄位置的焊缝及薄板的焊接,埋弧焊则受到一定限制。

埋弧焊在焊接生产中已得到广泛应用,常用来焊接长的直线焊缝和较大直径的环形焊缝。当工件厚度增加和批量生产时,其优点尤为显著。

3. 埋弧焊的焊丝与焊剂

埋弧焊时,焊丝的作用相当于焊芯,焊剂的作用相当于焊条药皮。在焊接过程中,焊剂能隔离空气,使焊缝金属免受空气侵害,同时对熔池金属起类似焊条药皮的一系列冶金作用。因此,焊丝和焊剂是决定焊缝金属化学成分和性能的主要因素,应合理选用。

埋弧焊焊剂按照制造方法可分为熔炼焊剂和陶质焊剂两大类。熔炼焊剂是将原材料配好后在炉中熔炼而成,呈玻璃状,颗粒强度大,化学成分均匀,不易吸收水分,适于大量生产。按化学成分又可分为高锰、中锰、低锰、无锰几种,适用于焊接不同的金属。

陶质焊剂是非熔炼焊剂。陶质焊剂是用矿石、铁合金及黏结剂按一定比例配制成颗粒状,经300~400 ℃干燥固结而成。这类焊剂易于向焊缝金属补充或添加合金元素。但颗粒强度较低,容易吸潮。

常用埋弧焊焊剂的适用范围及配用焊丝见表3.6。

表3.6 常用埋弧焊焊剂的适用范围及配用焊丝

牌号	焊剂类型	配用焊丝	使用范围
HJ130	无锰高硅低氟	H10Mn2	低碳钢及低合金结构钢,如Q345(即16Mn)等
HJ230	低锰高硅低氟	H08MnA、H10Mn2	低碳钢及低合金结构钢
HJ250	低锰中硅中氟	H08MnMoA、H08Mn2MoA	焊接15MnV、14MnMoV、18MnMoNb等
HJ260	低锰高硅中氟	Cr19Ni9	焊接不锈钢
HJ330	中锰高硅低氟	H08MnA、H08Mn2	重要低碳钢及低合金钢,如15g、20g、15Mng等

续表 3.6

牌号	焊剂类型	配用焊丝	使用范围
HJ350	中锰中硅中氟	H08MnMoA、H08MnSi	焊接含 MnMo、MnSi 的低合金高强度钢
HJ431	高锰高硅低氟	H08A、H08MnA	低碳钢及低合金结构钢

3.3.3 气体保护焊

1. 氩弧焊

氩弧焊是以惰性气体氩气作为保护气体的电弧焊，氩弧焊的焊接过程如图 3.24 所示。从焊炬喷嘴中喷出的氩气，在电弧区形成严密的保护气层，将电极（钨极或焊丝）和金属熔池与空气隔绝，可保护电极和熔池金属不受空气的有害作用。电弧在电极和工件之间燃烧，使自动送给焊丝或附加填充焊丝熔化形成液态金属进入熔池，熔池凝固后形成焊缝。

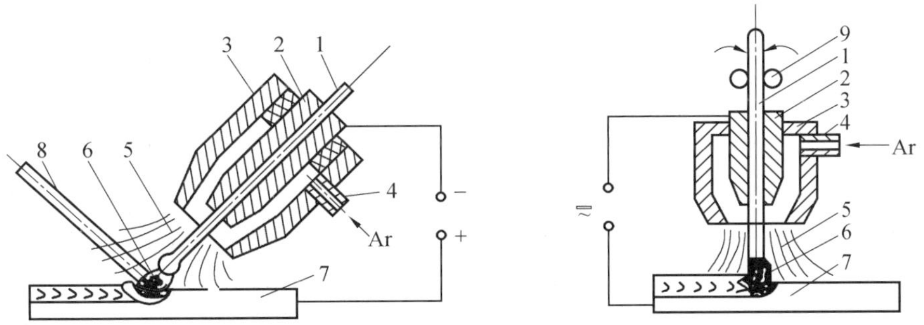

(a) 非熔化极氩弧焊　　(b) 熔化极氩弧焊

图 3.24　氩弧焊的焊接过程

1—焊丝或电极；2—导电嘴；3—喷嘴；4—进气管；5—氩气流；6—电弧；7—工件；8—填充焊丝；9—送丝滚轮

氩气是惰性气体，氩气不与金属起化学反应，被焊金属中的合金元素不会氧化烧蚀，且在高温下也不溶于液态金属，焊缝不易产生气孔，而且氩气对电弧和熔池的机械保护可靠，因此氩弧焊的质量比较高。氩弧焊按所用电极的不同，可分为非熔化极氩弧焊和熔化极氩弧焊两种。

(1) 非熔化极氩弧焊。

非熔化极氩弧焊是采用高熔点的纯钨或钨合金棒作为电极的惰性气体保护焊，又称为钨极氩弧焊或 TIG 焊，如图 3.24(a) 所示。由于钨的熔点高达 3 410 ℃，焊接时钨棒基本不熔化，只作为电极起导电与产生电弧的作用，填充金属需另外添加。在焊接过程中，氩气通过喷嘴进入电弧区将电极、焊件、焊丝端部与空气隔绝，焊丝不断从侧面送入，易于实现机械化和自动化焊接。但因电极所能通过的电流有限，所以只适合焊接厚度在 6 mm 以下的工件。

钨极氩弧焊焊接 3 mm 以下薄件时，常采用卷边（弯边）接头直接熔合。焊接较厚工件时,需要添加填充金属。焊接钢材时,多用直流电源正接,可利用钨合金熔点高、发射电子能力强、发热量少的特点,减少钨极的烧损。焊接铝、镁及其合金时,则希望用直流反接或交流电源,此时钨极发热量大且电极烧损严重,但因极间正离子撞击工件熔池表面,可使氧化膜破碎,有利于焊件金属熔合和保证焊接质量。

(2)熔化极氩弧焊。

熔化极氩弧焊是以连续送进的金属焊丝作为电极兼作填充金属的惰性气体保护焊,简称 MIG 焊,如图 3.24(b)所示。在焊接过程中,焊丝在送丝滚轮的输送下进入导电嘴,与焊件之间产生电弧,并不断熔化,形成很细小的熔滴,以喷射形式进入熔池,与熔化的母材一起形成焊缝。此时,可用较大电流焊接厚度在 25 mm 以下的工件。

焊接用的氩气一般用钢瓶装运。当氩气中含有氧、氮、二氧化碳或水分时,会降低氩气的保护作用,并造成夹渣、气孔等缺陷,因此要求氩气纯度应大于 99.7% 。由于氩气只起保护作用,焊接过程中没有冶金反应。所以焊接前必须把接头表面清理干净,否则杂质与氧化物会留在焊缝内,使焊缝质量显著下降。

氩弧焊主要有以下特点:

①焊缝质量较高。由于机械保护效果好,且不必配制相应的焊剂或熔剂,基本上是金属熔化和结晶的简单过程,焊缝金属纯净,因而能获得较高质量的焊缝。

②热影响区及变形小。因为电弧受气流的冷却和压缩,其热量集中,形成的熔池较小,焊接速度较快,故热影响区很窄,焊接变形与应力倾向小,特别适用于薄板件的焊接。

③可焊接的材料范围广。几乎所有的金属材料都可以进行弧焊,氩弧焊特别适合焊接化学性质活泼的金属和合金,通常多用于焊接铝、镁、钛、铜及其合金,低碳钢,低合金钢,不锈钢及耐热钢等。

④采用明弧焊接。便于操作,可实现全位置自动焊接,且焊接时电弧稳定,飞溅小,焊缝致密,表面没有熔渣,成形美观。

⑤成本高。弧焊设备较复杂,且氩气成本高,主要用于易氧化的有色金属和合金钢的焊接,如铝、镁、钛及其合金,不锈钢,耐热钢等,产生的紫外线是焊条电弧焊的 5 ~ 10 倍。

氩弧焊的主要工艺参数有电源种类、电流极性、钨极或焊丝直径、焊接电流、氩气流量及焊接速度等。

(3)脉冲氩弧焊。

钨极脉冲氩弧焊焊接时,电流的幅值按一定的频率周期性变换,脉冲电流波形示意图如图3.25所示。用脉冲电流焊成的连续焊缝,实质上是许多单个脉冲所形成的熔池连续重叠搭接而成。高值脉冲电流时形成熔池,基值电流时加热少,熔池凝固。

通过对脉冲波形、脉冲电流、基值电流、两电流持续时间的调节与控制,可以准确改变和控制焊接能量,从而控制焊缝的尺寸与焊接质量。

脉冲氩弧焊的特点是:

①焊缝是脉冲式的熔化凝固,易于控制,可避免烧穿工件,适合于焊接 0.1 ~5 mm 厚的钢材或管材,能实现单面焊双面成形,保证根部焊透。

②熔池脉冲式熔化凝固,易于克服因表面张力小或自重影响所造成的焊缝偏浆与塌

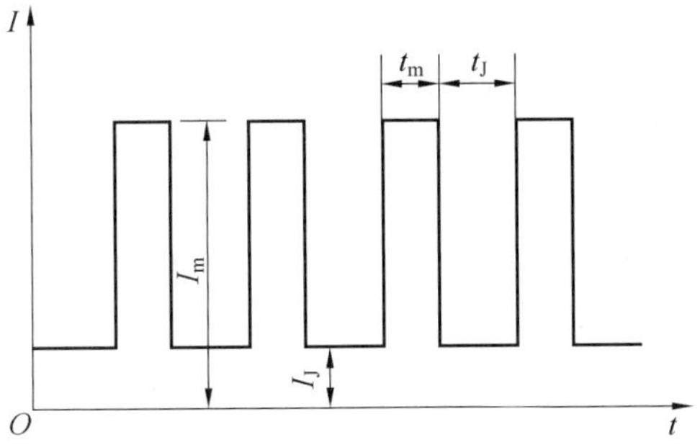

图 3.25　脉冲电流波形示意图

I_m—脉冲电流；I_J—基值电流；t_m—脉冲电流持续时间；t_J—基值电流持续时间

腰等缺陷，适合于各种空间位置焊接，易于实现全位置自动焊。

③容易调节焊接参数、能量和焊缝在高温条件下的停留时间，因而适合焊接易淬火钢材和高强钢，可减小裂缝倾向和焊接变形。

④质量稳定、接头力学性能比普通氩弧焊高。

2. 二氧化碳气体保护焊

(1)焊接过程。

二氧化碳气体保护焊，简称 CO_2焊，是利用 CO_2气体作为保护气体的电弧焊。它用焊丝作电极，靠焊丝和焊件之间产生的电弧熔化工件与焊丝，熔池凝固后成为焊缝。焊丝的送进靠送丝机构实现。

CO_2气体保护焊的焊接装置示意图如图 3.26 所示。焊丝由送丝机构送入送丝软管，再经导电嘴送出。CO_2气体从焊炬喷嘴中以一定流量喷出。电弧引燃后，焊丝端部及熔池被 CO_2气体所包围，故可防止空气对高温金属的侵害。

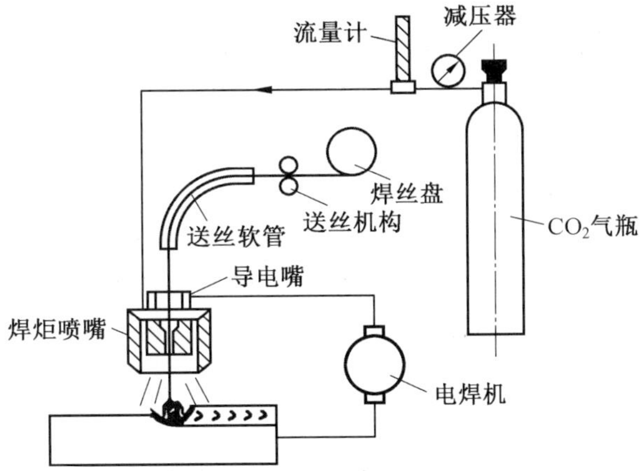

图 3.26　CO_2气体保护焊的焊接装置示意图

(2)CO_2气体保护焊的特点。

CO_2气体保护焊的优点如下：

①成本低。因采用廉价易得的 CO_2代替焊剂，焊接成本仅是埋弧焊和焊条电弧焊的

40%左右。

②生产效率高。由于焊丝送进是机械化或自动化进行，电流密度较大，电弧热量集中，故焊接速度较快。此外，焊后没有渣壳，节省了清渣时间，故其生产效率比焊条电弧焊高 1 ~3 倍。

③操作性能好。CO_2保护焊是明弧焊，焊接中可清楚地看到焊接过程，容易发现问题并及时调整处理。CO_2保护焊如同焊条电弧焊一样灵活，适合于各种位置的焊接。

④质量较好。由于电弧在气流压缩下燃烧，热量集中，因而焊接热影响区较小，变形和产生裂纹的倾向性小。

CO_2气体保护焊的缺点是，由于 CO_2的氧化作用，熔滴飞溅较为严重，因此焊缝成形不够光滑。另外，CO_2保护焊的抗风能力差，如果控制或操作不当，容易产生气孔。

此外，CO_2是氧化性气体，在电弧热作用下能分解为 CO 和[O]。[O]与熔池中的铁、碳及其他合金元素作用，易造成气孔和强烈的飞溅，使焊缝含氧量增加，并烧损。为保证焊接质量和焊缝的合金成分，故需采用锰、硅含量较高的焊接钢丝或含有相应合金元素的合金钢焊丝。例如，焊接低碳钢常选用 H08MnSiA 焊丝，焊接低合金结构钢则常选用 $H08Mn_2SiA$ 焊丝。

CO_2气体保护焊目前已被广泛用于造船、机车车辆、汽车、农业机械等工业部门，主要用于焊接 30 mm 以下厚度的低碳钢和部分低合金结构钢焊件，尤其适合于薄板的焊接。

3.3.4 电渣焊

电渣焊是利用电流通过熔流所产生的电阻热作为热源进行焊接的方法。电渣焊一般都是在垂直立焊位置进行焊接，电渣焊的焊接过程示意图如图 3.27 所示。两个工件的接头相距 25 ~35 mm，固态熔剂熔化后形成的渣池具有较大的电阻，当电流通过时产生大量电阻热，使渣池温度保持在 1 700 ~2 000 ℃。焊丝和工件被渣池加热熔化而形成金属熔池。工件待焊端面两侧各装有冷却铜滑块，这样可使液态熔渣及金属熔池不会外流。冷却水从滑块内部流过，迫使熔池冷却并凝固成为焊缝。在焊接过程中，焊丝不断地送进并被熔化。熔池和渣池逐渐上升，冷却滑块也同时配合上升，从而使立焊缝由下向上顺次形成。

由于渣池热量多、温度高，与熔渣接触的待焊端面被熔化一层，而且焊丝在焊接时还可左右摆动，因此很厚的工件也可用电渣焊一次焊成。例如单丝不摆动可焊接厚度为 40 ~60 mm的工件，单丝摆动可焊接厚度为 60 ~150 mm 的工件，三丝摆动可焊接厚度为 450 mm 的工件。

电渣焊与其他焊接方法相比有以下特点：

①可一次焊接很厚的工件。在重型机器的制造过程中，可采用铸-焊、锻-焊的复合结构拼小成大，以代替巨大的铸造和锻造整体结构，还可节省大量的金属材料和铸锻设备投资。

②生产效率高，成本低。焊接厚度在 40 mm 以上的工件，即使采用埋弧焊也必须开坡口进行多层焊。而电渣焊对任何厚度的工件都不需开坡口，只要使焊接端面之间保持

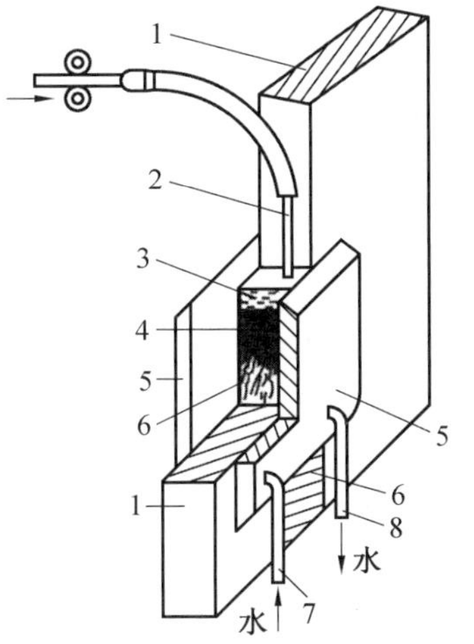

图 3.27　电渣焊的焊接过程示意图

1—工件;2—焊丝;3—渣池;4—熔池;5—冷却铜滑块;6—焊缝;7—冷却水进管;8—冷却水出管

25 ~ 35 mm 的间隙就可一次焊成。因此,生产效率高、消耗的焊接材料较少、成本低。

③焊缝金属比较纯净。电渣焊的熔池保护严密,保持液态的时间较长,因此冶金过程的进行比较完善,熔池中的气体和杂质有充分的时间浮出。冷却条件可使焊缝金属的结晶有序进行,有利于排除低熔点杂质。

④焊后冷却速度较慢,焊接应力较小,因而适合于焊接塑性稍差的中碳钢与合金结构钢工件。另一方面,焊缝和热影响区金属在高温区停留时间较长,热影响区比其他焊接方法都宽,晶粒粗大,易产生过热组织,因此一般要进行焊后热处理。如正火处理,以改善其性能。

进行电渣焊之前,应很好地清理焊接端面,并将侧面边缘加工到一定光滑程度,以利于冷却滑块贴附和滑行。在工件下边应加焊引入板和引弧板,在工件上端应加焊引出板。为了固定两个工件的相对位置,防止焊接收缩变形,在工件上常常焊上Π形“马”,如图 3.28 所示。

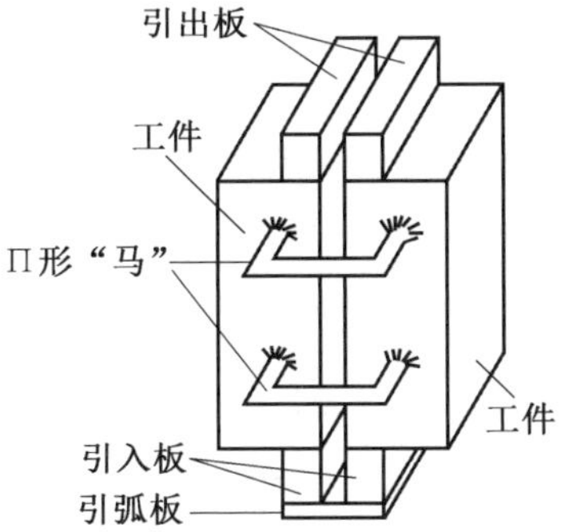

图 3.28　电渣焊工件装配图

焊接时,先在引入板上引弧,并陆续加入焊剂,电弧将焊剂熔化成液态熔渣。达一定深度后,焊丝插入渣池,电弧熄灭,电流通过熔渣即转入电渣过程。

焊接快结束时,应将渣池升到引出板中,在金属熔池高出工件上边缘一定尺寸后停焊,最后将引入板、引出板及Π形“马”等切掉。

电渣焊已在我国水轮机、水压机、轧钢机、重型机械等大型设备的制造中得到广泛应用。

3.3.5 电阻焊

电阻焊是利用电流通过焊件及其接触处所产生的电阻热,将焊件局部加热到塑性或熔化状态,然后在压力作用下形成焊接接头的焊接方法。

根据焦耳定律,电阻焊在焊接过程中产生的热量可表示为

$$Q = I^2 Rt \tag{3.1}$$

式中 Q——电阻焊时所产生的电阻热,J;

I——焊接电流,A;

R——工件的总电阻,包括工件本身的电阻和工件间的接触电阻,Ω;

t——通电时间,s。

由于工件的总电阻很小,为使工件在极短时间内(0.01 s 到几秒)迅速加热,必须采用很大的焊接电流(几千到几万安培)。

与其他焊接方法相比,电阻焊具有生产效率高、焊接变形小、劳动条件好、不需另加焊接材料、操作简便、易实现机械化等优点。但其设备较一般熔焊复杂、耗电量大、适用的接头形式与可焊工件厚度(或断面尺寸)受到限制。

电阻焊通常分为点焊、缝焊和对焊 3 种。

1. 点焊

点焊是利用柱状电极加压通电,在两块搭接工件接触面之间形成焊点的焊接方法,点焊示意图如图 3.29 所示。

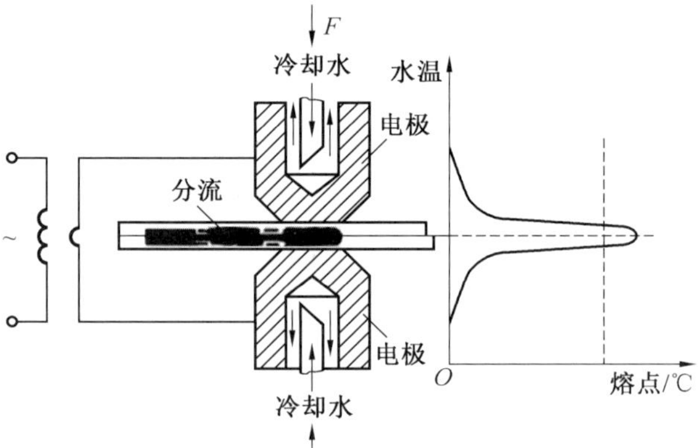

图 3.29 点焊示意图

点焊时,先加压使两个工件紧密接触,然后接通电流。由于两个工件接触处电阻较大,电流流过所产生的电阻热使该处温度迅速升高,局部金属可达熔点温度,被熔化形成

液态熔核。断电后,继续保持压力或加大压力,使熔核在压力作用下凝固结晶,形成组织致密的焊点。而电极与工件间的接触处,所产生的热量因被导热性好的铜(或铜合金)电极及冷却水传走,因此温度升高有限,不会出现焊合现象。

焊完一个点后,电极将移至另一点进行焊接。当焊接下一个点时,有一部分电流会流经已焊好的焊点,称为分流现象。分流将使焊接处电流减小,影响焊接质量。因此,两个相邻焊点之间应有一定距离。工件厚度越大,焊件导电性越好,则分流现象越严重,故点距应加大。点焊时不同材料及不同厚度工件上焊点间最小距离见表 3.7。

表 3.7　点焊时不同材料及不同厚度工件上焊点间最小距离　mm

工件厚度	点距		
	结构钢	耐热钢	铝合金
0.5	10	8	15
1	12	10	18
2	16	14	25
3	20	18	30

影响点焊质量的主要因素有焊接电流、通电时间、电极压力及工件表面清理情况等。根据焊接时间的长短和电流大小,常把点焊焊接规范分为硬规范和软规范。硬规范是指在较短时间内通以大电流的规范。它的生产效率高,焊件变形小,电极磨损慢,但要求设备功率大,规范应控制精确。适合焊接导热性能较好的金属;软规范是指在较长时间内通以较小电流的规范。它的生产效率低,但可选用功率小的设备焊接较厚的工件,更适合焊接有淬硬倾向的金属。

点焊电极压力应保证工件紧密接触顺利通电,同时依靠压力消除熔核凝固时可能产生的缩孔和缩松。工件厚度越大,材料高温强度越大(如耐热钢),电极压力也应越大。但压力过大时,将使焊件电阻减小,从电极散失的热量将增加,也使电极在工件表面的压痕加深。因此,应选择合适电极压力。

焊件的表面状态对焊接质量影响很大。如焊件表面存在氧化膜、泥垢等,将使焊件间电阻显著增大,甚至存在局部不导电而影响电流通过的情况。因此,点焊前必须对焊件进行酸洗、喷砂或打磨处理。

点焊焊件都采用搭接接头。图 3.30 为典型的点焊接头形式。

点焊主要适用于厚度在 4 mm 以下的薄板、冲压结构及线材的焊接,每次焊一个点或一次焊多个点。目前,点焊已被广泛用于制造汽车、车厢、飞机等薄壁结构,以及罩壳和轻工、生活用品等。

2. 缝焊

缝焊(图 3.31)是指焊件装配成搭接接头,并置于两滚轮电极之间,滚轮加压焊件并转动,断续送电,从而获得一条连续焊缝的电阻焊方法。

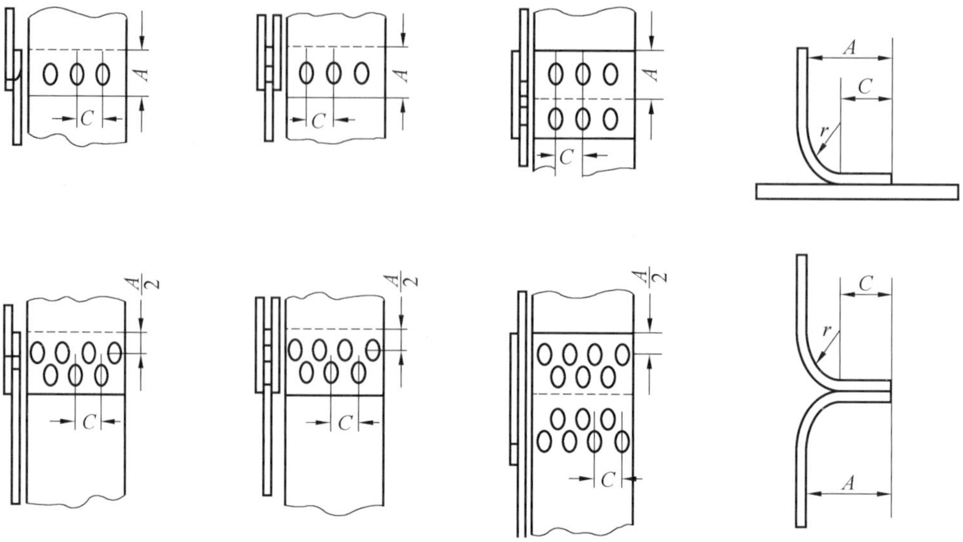

(a) 单剪搭接接头　(b) 双剪搭接接头　(c) 带垫片搭接接头　(d) 弯边搭接接头

图 3.30　典型的点焊接头形式

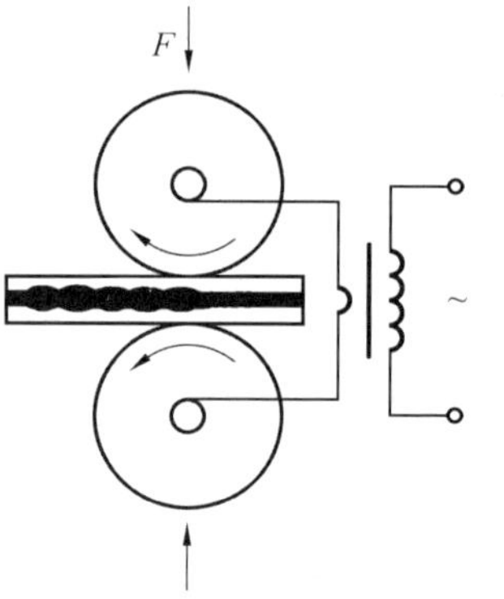

图 3.31　缝焊示意图

缝焊过程与点焊相似，只是用旋转的圆盘状滚动电极代替了柱状电极。焊接时，盘状电极压紧焊件并转动（也带动焊件向前移动），配合断续通电，即形成连续重叠的焊点，因此称为缝焊。

缝焊时，焊点相互重叠50%以上，密封性好，主要用于制造要求密封性的薄壁结构，如油箱、小型容器与管道等。但因缝焊过程分流现象严重，焊接相同厚度的工件时，焊接电流为点焊的1.5～2倍。因此要使用大功率焊机，用精确的电气设备控制间断通电的时间。缝焊只适用于厚度在3 mm下的薄板结构。

3. 对焊

对焊是焊件以对接的形式利用电阻热在整个接触面上被焊接起来的电阻焊，根据焊接过程不同又可分为电阻对焊和闪光对焊，如图3.32所示。

(1)电阻对焊。

电阻对焊(图3.32(a))是将两个工件夹在对焊机的电极钳口中,施加预压力使两个工件端面接触并被压紧,然后通电。当电流通过工件和接触端面时产生电阻热,将工件接触处迅速加热到塑性状态(碳钢加热到1 000 ~1 250 ℃),再对工件施加较大的顶锻力并同时断电,使接头在高温下产生一定的塑性变形而焊接起来。

电阻对焊操作简单,接头比较光滑。但焊前应认真加工和清理端面,否则易造成加热不匀,连接不牢的现象。此外,高温端面易发生氧化,质量不易保证。电阻对焊一般只用于焊接截面形状简单、直径(或边长)小于20 mm棒料、管料和强度要求不高的工件。

(2)闪光对焊。

闪光对焊(图3.32(b))是将两个工件端面稍加清理后夹在电极钳口内,接通电源并使两个工件轻微接触。因工件表面不平,首先只是某些点接触,强电流通过时这些接触点的金属即被迅速加热熔化,甚至蒸发,在蒸汽压力和电磁力作用下,液体金属发生爆破,以火花形式从接触处飞出而形成"闪光"。此时应继续送进工件,保持一段闪光时间,待焊件端面全部被加热熔化时,迅速对焊件施加顶锻力并切断电源,焊件在压力作用下产生塑性变形而焊在一起。

闪光对焊的工件不需要进行焊前清理。在闪光对焊的焊接过程中,工件端面的氧化物和杂质,一部分被闪光火花带出,另一部分在最后加压时随液态金属挤出,因此接头中夹渣少,质量好,力学性能好。闪光对焊的缺点是金属损耗量较大,闪光火花易玷污其他设备与环境,接头处焊后有毛刺需要加工清理。

闪光对焊常用于承受较大载荷零件或重要零件的焊接,如钻头、刀具、钢轨和大型管道等。

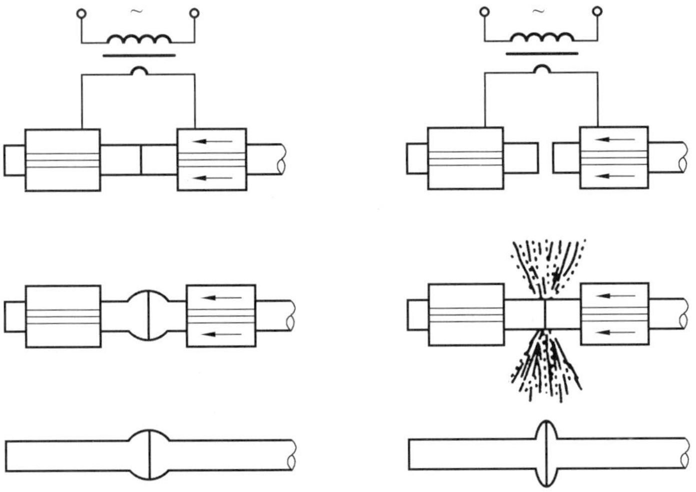

(a) 电阻对焊　　(b) 闪光对焊

图3.32　对焊示意图

不论哪种对焊,焊件端面应尽量相同。圆棒直径、方钢边长和管子壁厚之差均不应超过25%。图3.33为几种对焊接头形式。

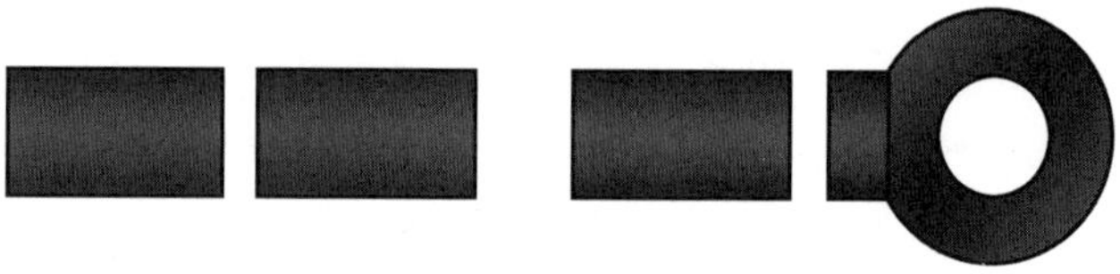

(a) 圆棒对焊

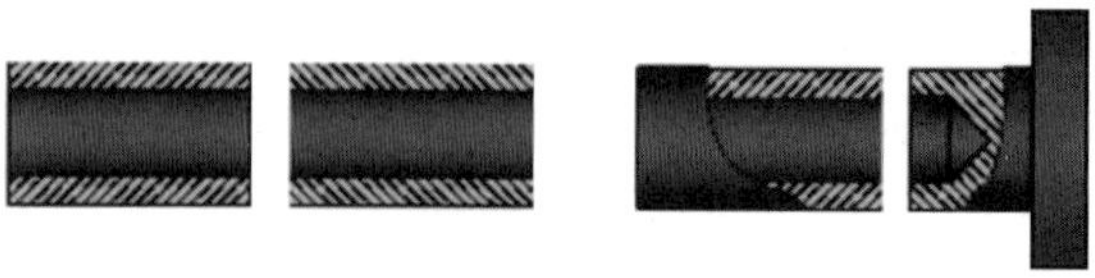

(b) 管件对焊

(c) 方钢对焊

图 3.33　几种对焊接头形式

3.3.6　摩擦焊

摩擦焊是利用焊件接触端面相对旋转运动中相互摩擦所产生的热量，使端部达到热塑性状态，然后迅速顶锻，完成焊接的一种压焊方法。图 3.34 为摩擦焊示意图。先将两个焊件夹在焊机上，施加一定压力使焊件紧密接触。然后焊件 1 做旋转运动，使焊件接触面相对摩擦产生热量，待工件端面被加热到高温塑性状态时，利用刹车装置使焊件 1 骤然停止旋转，并在焊件 2 的端面加大压力使两个焊件产生塑性变形而焊接起来。

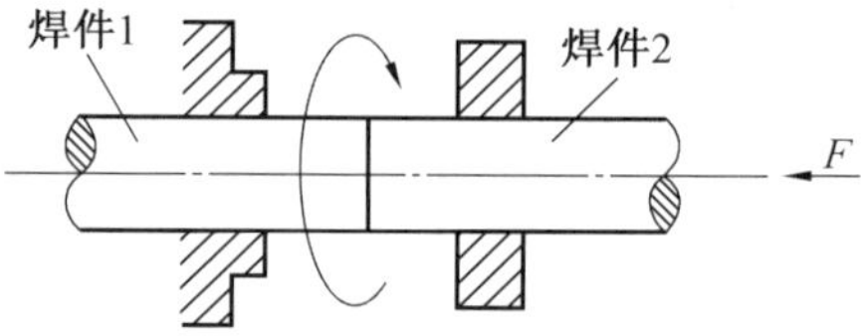

图 3.34　摩擦焊示意图

摩擦焊的特点是：

①在摩擦焊焊接过程中，焊件接触表面的氧化膜与杂质被清除，因此接头组织致密，不易产生气孔、夹渣等缺陷，接头质量好而且稳定。

②可焊接的金属范围较广，不仅可焊接同种金属，也可以焊接异种金属。

③焊接操作简单，不需焊接材料，容易实现自动控制，生产效率高。

④电能消耗少（只有闪光对焊的 1/10 ~ 1/15）。

⑤设备复杂，一次性投资大。

摩擦焊接头一般是等断面的，特殊情况下也可以是不等断面的。但需要至少有一个焊件为圆形或管状。图 3.35 为摩擦焊可用的接头形式。

摩擦焊已被广泛用于圆形工件、棒料及管类件的焊接。可焊实心焊件的直径为 2 ~ 100 mm，管类件外径最大可达几百毫米。

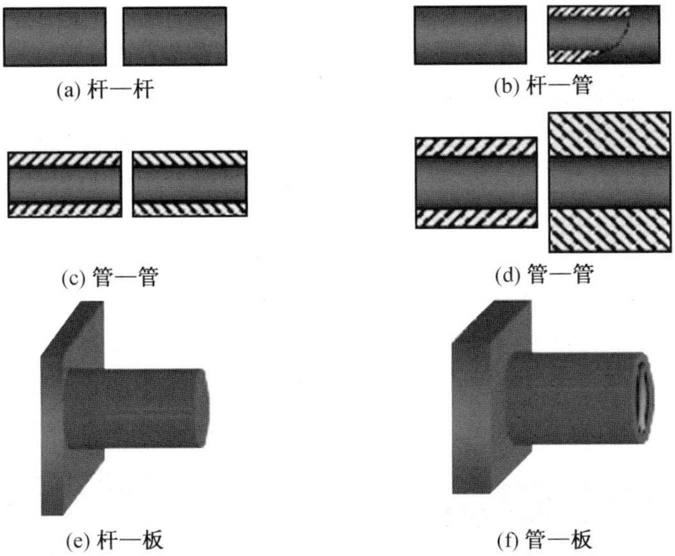

图 3.35　摩擦焊可用的接头形式

3.3.7　钎焊

钎焊是利用熔点比焊件低的钎料作为填充金属,加热后钎料熔化而将处于固态的焊件连接起来的方法。与熔化焊相比,钎焊时母材不熔化,仅钎料熔化;与压焊相比,钎焊时不对焊件施加压力。钎焊形成的焊缝称为钎缝,钎焊所用的填充金属称为钎料。

钎焊的过程是:将表面清理好的工件以搭接形式装配在一起,把钎料放在接头间隙附近或接头间隙之间。当工件与钎料被加热到稍高于钎料的熔点温度后,钎料熔化(此时工件不熔化),借助毛细管作用钎料被吸入并充满固态工件间隙,液态钎料与工件金属相互扩散溶解、冷凝后即形成钎焊接头。钎焊示意图如图 3.36 所示。

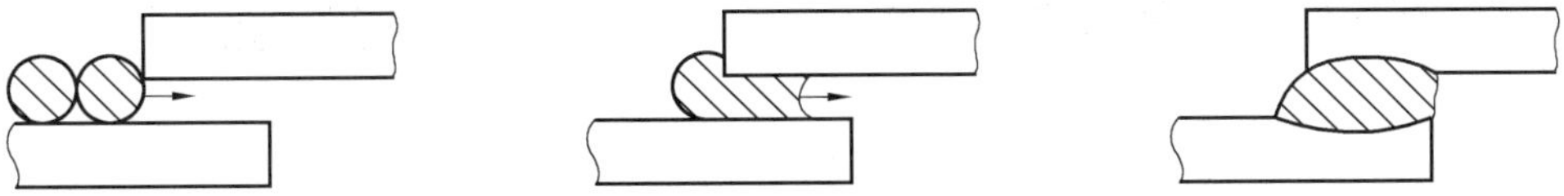

(a) 在工件接头处安置钎料并进行加热　(b) 熔化的钎料开始流入工件接头间隙内　(c) 钎料填满间隙后，与母材相互扩散、凝固形成钎焊接头

图 3.36　钎焊示意图

根据钎料熔点的不同,钎焊可分为硬钎焊与软钎焊两类。

1. 硬钎焊

钎料熔点在 450 ℃以上,接头强度在 200 MPa 以上,这类的钎料有铜基、银基和镍基钎料等。银基钎料钎焊的接头具有较高的强度、良好的导电性和耐蚀性,而且熔点较低,工艺性好。但银基钎料较贵,只用于要求高的焊件。镍铬合金料可用于钎焊耐热的高强度合金与不锈钢。工作温度可高达 900 ℃。但钎焊时的温度要求高于 1 000 ℃,工艺要求很严。硬钎焊主要用于受力较大的钢铁和铜合金结构件的焊接(如自行车架、带锯锯条等),以及工具、刀具的焊接。

2. 软钎焊

钎料熔点在450 ℃以下，接头强度较低，一般不超过70 MPa。这种钎焊只用于焊接受力不大、工作温度较低的工件。常用的钎料是锡铅合金，所以通称锡焊。这类钎料的熔点一般低于230 ℃，熔化后渗入接头间隙的能力较强，所以具有较好的焊接工艺性能。软钎焊被广泛用于焊接受力不大的常温下工作的仪表、导电元件，以及钢铁、铜及铜合金等制造的结构件。

钎焊结构件的接头形式都采用板料搭接和套件镶接。图3.37为常见的钎焊接头形式。这些接头都有较大的钎焊面，以弥补钎料强度低的不足，保证接头有一定的承载能力。接头之间应有良好的配合和适当的间隙；间隙太小，会影响钎料的渗入与湿润，达不到全部焊合。间隙太大，不仅浪费钎料，而且会降低钎焊接头强度。因此，一般钎焊接头间隙为0.05～0.2 mm。

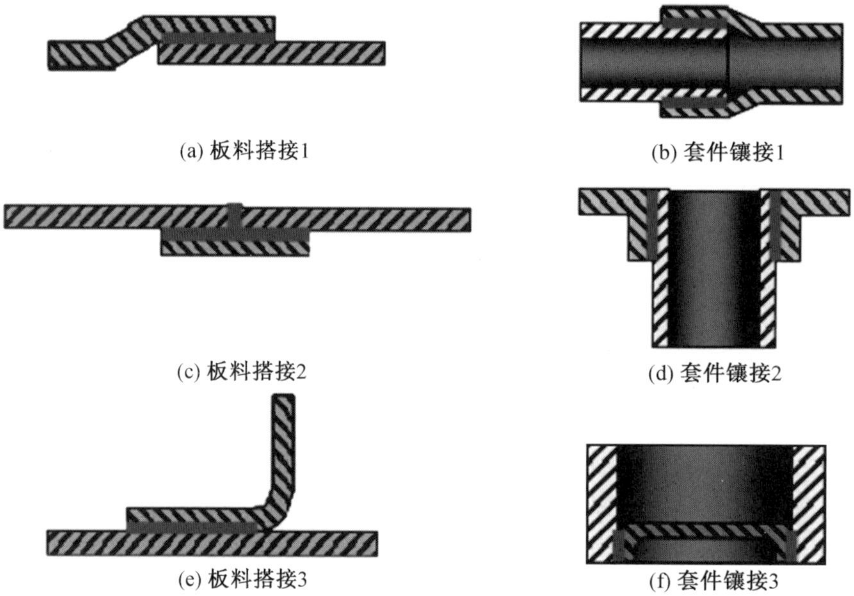

图3.37　常见的钎焊接头形式

在钎焊过程中，一般都需要使用熔剂，即钎剂。其作用是：清除被焊金属表面的氧化膜及其他杂质，改善钎料流入间隙的性能（即湿润性），保护钎料及焊件不被氧化，因此对钎焊质量影响很大。软钎焊时，常用的钎剂为松香或氯化锌溶液；硬钎焊钎剂的种类较多，主要有硼砂、硼酸、氟化物、氯化物等，应根据钎料种类选用。

钎焊的加热方法有烙铁加热、火焰加热、电阻加热、感应加热、炉内加热、盐浴加热等。可根据钎料种类、工件形状及尺寸、接头数量、质量要求与生产批量等综合考虑选择加热方法。其中烙铁加热温度低，一般只适用于软钎焊。

与一般熔化焊相比，钎焊的特点是：

①工件加热温度较低，组织和力学性能变化很小，变形也小。接头光滑平整，工件尺寸精确。

②可焊接性能差异很大的异种金属，对工件厚度的差别也没有严格限制。

③工件整体加热钎焊时，可同时钎焊多条（甚至上千条）接缝组成的复杂形状结构件，生产效率很高。

④设备简单，投资费用少。

但钎焊的接头强度较低，尤其是动载强度低，允许的工作温度不高，焊前清整要求严格，而且钎料价格较贵。因此，钎焊不适合于一般钢结构件和重载、动载零件的焊接。钎焊主要用于制造精密仪表、电气部件、异种金属结构件及某些复杂薄板结构，如夹层结构、蜂窝结构等，也常用于钎焊各类导线与硬质合金刀具。

3.3.8 激光焊接

激光焊接是将高能量密度的激光束聚焦到焊件接缝，使金属熔化形成焊接接头的一种高效、高精密焊接方法。

激光焊接示意图如图3.38所示。其基本原理是：利用激光器受激产生的激光束，通过聚焦系统可聚焦到十分微小的焦点（光斑）上，其能量密度大于105 W/cm^2。当调焦到焊件接缝时，光能转换为热能，使金属熔化形成焊接接头。

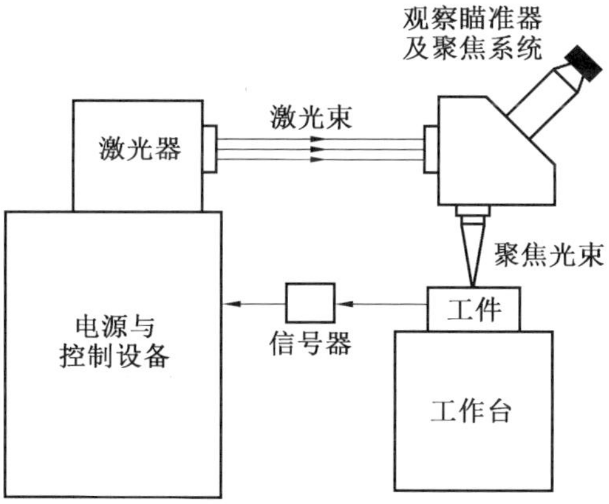

图3.38 激光焊接示意图

按激光器的工作方式，激光焊接可分为脉冲激光点焊和连续激光焊接两种。脉冲激光点焊的单个脉冲输出能量为10 J左右，脉冲持续时间一般不超过10 ms，主要用于厚度小于0.5 mm的金属箔材或直径小于0.6 mm的金属线材的焊接。连续激光焊接主要使用大功率CO_2气体激光器。在实验室内，其连续输出功率已达几十千瓦，能够成功地焊接不锈钢、硅钢、铝、镍、钛等金属及其合金。

激光焊接的特点是：

①激光辐射的能量释放极其迅速，点焊过程只有几毫秒。这不仅提高了生产效率，而且被焊材料不易氧化。因此，可以在大气中进行焊接，不需要气体保护或真空环境。

②激光焊接的能量密度很高，热量集中，作用时间很短。因此，焊接热影响区域极小，焊件不变形，特别适用于热敏感材料的焊接。

③激光束可用反射镜或偏转棱镜将其在任何方向上弯曲或聚焦，可以用光导纤维引到难以接近的部位。激光还可以通过透明材料壁进行聚焦，因此可以焊接一般焊法难以接近或无法安置的焊点。

④激光可对绝缘材料直接焊接,焊接异种金属材料也比较容易,甚至能把金属与非金属焊在一起。

激光焊接(主要是脉冲激光点焊)特别适合焊接微型、精密、排列非常密集和热敏感材料的焊件,已被广泛应用于微电子元件的焊接。如集成电路内外引线焊接,微型继电器、电容器、石英晶体的管壳封焊,以及仪表游丝的焊接等。但激光焊接设备的功率较小,可焊接的厚度受到一定限制,而且操作与维护的技术要求较高。

3.3.9 等离子弧焊接与切割

一般电弧焊中的电弧,不受外界约束,称为自由电弧,电弧区内的气体尚未完全电离,能量也未高度集中起来。如果采用一些方法使自由电弧的弧柱受到压缩(称为压缩效应),弧柱中的气体就完全电离,产生温度比自由电弧高得多的等离子弧。

等离子弧发生器示意图如图 3.39 所示。在钨极和工件之间施加一较高电压,经高频振荡使气体电离形成电弧。此电弧在通过具有细孔道的喷嘴时,弧柱被强迫缩小,此作用称为机械压缩效应。

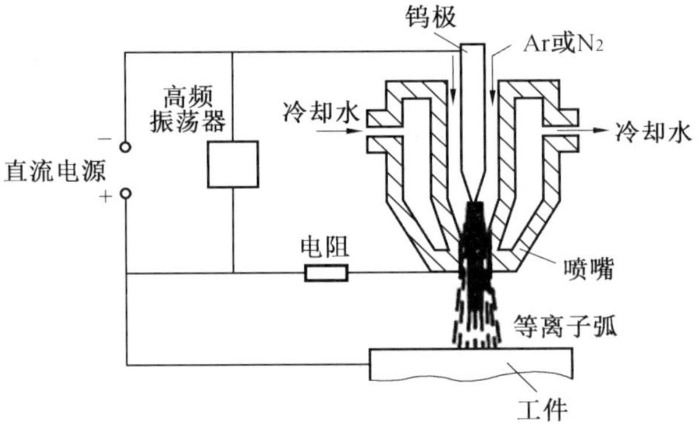

图 3.39 等离子弧发生器示意图

当通入一定压力和流量的氩气或氮气时,冷气流均匀地包围着电弧,使弧柱外围受到强烈冷却,迫使带电粒子流(离子和电子)往弧柱中心集中,弧柱被进一步压缩。这种压缩作用称为热压缩作用。

带电粒子流在弧柱中的运动,可看成电流在一束平行的“导线”内流过,其自身磁场所产生的电磁力使这些“导线”互相吸引靠近,弧柱又进一步被压缩。这种压缩作用称为电磁收缩效应。

电弧在上述 3 种效应的作用下,被压缩得很细,能量高度集中,弧柱内的气体完全电离为电子和离子,称为等离子弧,其温度高达 16 000 K 以上。

等离子弧用于切割时,称为等离子弧切割。等离子弧切割不仅切割效率比氧气切割高 1 ~3 倍,而且还可以切割不锈钢、铜、铝及其合金,难熔的金属和非金属材料。

等离子弧用于焊接时,称为等离子弧焊接。等离子弧焊接应使用专用的焊接设备和焊丝,焊炬的构造应能保证在等离子弧周围通以均匀的氩气流,以保护熔池和焊缝不受空气的有害作用。所以,等离子弧焊接实质上是一种具有压缩效应的钨极氩弧焊。等离子弧焊除具有氩弧焊的优点外，还有以下特点：

①等离子弧能量密度大，弧柱温度高，穿透能力强，因此焊接厚度为 10～12 mm 的钢材可不开坡口，一次焊透双面成形。等离子弧焊的焊接速度快，生产效率高，焊后的焊缝宽度和高度较均匀一致，焊缝表面光洁。

②当电流小到 0.1 A 时，电弧仍能稳定燃烧，并保持良好的挺直度和方向性，故等离子弧焊可焊接很薄的箔材。

等离子弧焊接已在生产中得到广泛应用，特别是在国防工业及尖端技术中用以焊接铜合金、合金钢、钨、钼、钴、钛等金属焊件。如钛合金导弹壳体、波纹管及膜盒、微型继电器、电容器的外壳封焊及飞机上一些薄壁容器等均采用等离子弧焊接。

等离子弧焊接设备比较复杂，气体消耗量大，只适合于在室内焊接。

3.3.10 真空电子束焊接

随着原子能、导弹和宇航技术的发展，大量应用了锆、钛、钽、钼、铌、铂、镍及其合金，对这些金属的焊接质量要求很高，一般的气体保护焊不能得到满意的结果。1956 年，真空电子束焊接方法研制成功，解决了上述稀有金属的焊接问题。

真空电子束焊接示意图如图 3.40 所示。电子枪、工件及夹具全部装在真空室内。电子枪由加热灯丝、阴极、阳极及聚集装置等组成。当阴极被灯丝加热到 2 600 K 时，能发出大量电子。这些电子在阴极与阳极（焊件）间的高压作用下，经电磁透镜聚集成电子流束，以极大速度（可达到 160 000 km/s）射向焊件表面，使电子的动能转变为热能，其能量密度（10^6～10^8 W/cm^2）比普通电弧大 1 000 倍，故使焊件金属迅速熔化，甚至气化。根据焊件的熔化程度，适当移动焊件，即能得到要求的焊接接头。

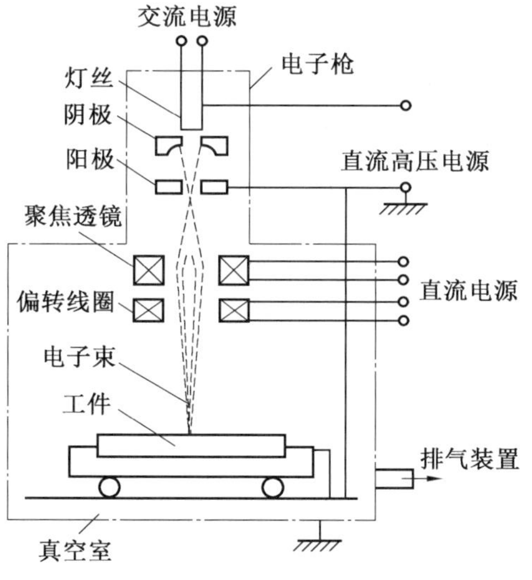

图 3.40 真空电子束焊接示意图

真空电子束焊接有以下特点：

①由于在真空中焊接，焊件金属无氧化、无氮化、无金属电极玷污，从而保证了焊缝金属的高纯度。焊缝表面平滑纯净，没有弧坑或其他表面缺陷。内部结合好，无气孔及

夹渣。

②热源能量密度大,熔深大,速度快,焊缝深而窄(焊缝宽深比可达到 1∶20),能单道焊厚件。焊接热影响区很小,基本上不产生焊接变形,从而防止难熔金属熔接时产生裂纹及泄漏。此外,可对精加工后的零件进行焊接。

③厚件也不必开坡口,焊接时一般不必另填金属。但接头要加工得平整、洁净。装配紧,不留间隙。

④电子束参数可在较宽范围内调节,而且焊接过程的控制灵活,适应性强。

目前,真空电子束焊接的应用范围正日益扩大,从微型电子线路组件、真空膜盒、钼箔蜂窝结构、原子能燃料元件到大型导弹壳体都已采用电子束焊接。此外,熔点、导热性、溶解度相差很大的异种金属结构件、真空中使用的器件和内部要求真空的密封器件等,用真空电子束焊接也能得到良好的焊接接头。

真空电子束焊接的缺点是设备复杂,造价高。使用与维护技术要求高,焊件尺寸受真空室限制,对焊件的清理与装配要求严格。因而,其应用也受到一定限制。

3.4 常用金属材料的焊接性

3.4.1 金属材料的焊接性

1. 焊接性的概念

金属材料的焊接性,是指被焊金属在采用一定的焊接方法、焊接材料、工艺参数及结构形式条件下,获得优质焊接接头的难易程度。即金属材料在一定的焊接工艺条件下,表现出易焊和难焊的差别。

金属材料的焊接性主要取决于其化学成分,但也与焊接方法、焊接材料及焊接工艺(包括预热和热处理等)有关。例如,化学活泼性极强的钛,焊接是比较困难的,曾被认为焊接性很差。但自氩弧焊的应用比较成熟以后,钛及其合金的焊接结构已在航空等工业部门广泛应用。随着新能源和新材料的发展,等离子弧焊接、真空电子束焊接、激光焊接等焊接方法相继出现,使钨、钼、钽、铌、锆等高熔点金属及其合金的焊接都已成为可能。

焊接性包括两个方面:一是工艺焊接性,主要是指在一定的焊接工艺条件下,焊接接头产生工艺缺陷的倾向,尤其是出现各种裂纹的可能性。二是使用焊接性,主要是指在一定的焊接工艺条件下,焊接接头在使用中的可靠性,包括焊接接头的力学性能及其他特殊性能,如耐热、耐蚀性能等。金属材料这两方面的焊接性可通过估算和试验方法来确定。

根据目前的焊接技术水平,工业上应用的绝大多数金属材料都是可焊接的,只是焊接时的难易程度不同而已。当采用新的材料制作焊接结构时,了解及评价新材料的焊接性,是产品设计、施工准备及正确制订焊接工艺的重要依据。

2. 钢材焊接性的估算方法

实际焊接结构所用的金属材料绝大多数是钢材,影响钢材焊接性的主要因素是化学成分。各种化学元素对焊缝组织性能、夹杂物的分布及焊接热影响区的淬硬程度等的影响不同,对产生裂纹倾向的影响也不同。在各种元素中,碳的影响最为明显,硫、磷对钢材的焊接性能影响也很大，在各种合金钢材中硫、磷含量都受到严格限制。

目前，碳钢及低合金结构钢焊接性的评定方法中采用较多的是碳当量法，即将钢中各种合金元素对钢焊接性的影响都折算成碳对焊接性的影响，再将各个折算值与含碳量相加所得到的一个数值称为碳当量，用w_{CE}表示。国际焊接学会推荐，碳钢及低合金结构钢的碳当量经验公式为

$$w_{CE}=w(C)+\frac{w(Mn)}{6}+\frac{w(Cr)+w(Mo)+w(V)}{5}+\frac{w(Ni)+w(Cu)}{15} \tag{3.2}$$

式中 $w(C)$、$w(Mn)$、$w(Cr)$、$w(Mo)$、$w(V)$、$w(Ni)$、$w(Cu)$——钢中相应元素的质量百分数，%。

根据经验：

w_{CE}<0.4%时，钢材塑性良好，淬硬倾向不明显，焊接性良好。在一般的焊接工艺条件下，焊件不会产生裂纹。但厚大工件或在低温下焊接时，应考虑预热。

w_{CE}=0.4%～0.6%时，钢材塑性下降，淬硬倾向明显，焊接性能相对较差。焊前工件需要适当预热，焊后应注意缓冷。要采取一定的焊接工艺措施才能防止裂纹。

w_{CE}>0.6%时，钢材塑性较低，淬硬倾向很强，焊接性不好。焊前工件必须预热到较高温度，焊接时要采取减小焊接应力和防止开裂的工艺措施，焊后要进行适当的热处理，才能保证焊接接头质量。

常用金属材料的焊接性见表3.8。

表3.8 常用金属材料的焊接性

金属材料	焊接方法												钎焊
	熔焊							压焊					
	焊条电弧焊	埋弧焊	CO_2气体保护焊	氩弧焊	电渣焊	气焊	电子束焊	点焊	对焊	超声波焊	摩擦焊	爆炸焊	
铸铁	A	C	C	B	B	A	B	D	D	D	D	D	C
铸钢	A	A	A	A	A	A	A	D	B	C	B	D	B
低碳钢	A	A	A	A	A	A	A	A	A	B	A	A	A
低合金钢	A	A	A	A	A	B	A	A	A	B	A	A	A
不锈钢	A	B	B	A	B	A	A	A	A	B	A	A	A
耐热合金	A	B	C	A	D	B	A	B	C	C	D	D	A
铜及其合金	A	C	C	A	D	B	B	C	A	A	A	A	A
铝及其合金	C	C	D	A	D	B	A	A	A	A	B	A	C
钛及其合金	D	D	D	A	D	D	A	B	C	A	D	A	B

注：A表示焊接性良好；B表示焊接性较好；C表示焊接性较差；D表示焊接性差。

利用碳当量法估算钢材焊接性是粗略的，因为钢材的焊接性还受结构刚度、焊后应力条件、环境温度等因素的影响。例如，当钢板厚度增加时，结构刚度增大，焊后残余应力也较大，焊缝中心部位处于三向拉应力状态，因此表现出焊接性下降。在实际工作中确定材

料焊接性时,除初步估算外,还应根据实际情况进行抗裂试验及焊接接头使用焊接性的试验,为制定合理的工艺规程提供依据。

3.4.2 碳钢的焊接

按含碳量的不同,碳钢可分为低碳钢、中碳钢和高碳钢,它们的焊接性有很大不同。

1. 低碳钢的焊接

低碳钢的 $w(\mathrm{C}) \leqslant 0.25\%$,其塑性好,一般没有淬硬倾向,对焊接过程不敏感,是焊接性最好的钢种。焊这类钢时,不需要采取特殊的工艺措施,通常在焊后也不需进行热处理(电渣焊除外)。

厚度大于 50 mm 的低碳钢结构,常用大电流多层焊,焊后应进行消除内应力退火。低温环境下焊接刚度较大的结构时,由于焊件各部分温差较大,变形又受到限制,焊接过程容易产生较大的内应力,有可能导致结构件开裂,因此应进行焊前预热。

低碳钢可以用各种焊接方法进行焊接。应用最广泛的是焊条电弧焊、埋弧焊、电渣焊、气体保护焊和电阻焊等。

采用熔焊法焊接结构钢时,焊接材料及工艺的选择主要应保证焊接接头与工件材料等强度。焊条电弧焊焊接一般低碳钢结构时,可选用 E4313(J421)、E4303(J422)、E4320(J424)焊条;焊接动载荷结构、复杂结构或厚板结构时,应选用 E4316(J426)、E4315(J427)或 E5015(J507)焊条。埋弧焊时,一般采用 H08A 或 H08MnA 焊丝配焊剂 431 进行焊接。

2. 中碳钢的焊接

随着碳含量的增加,淬硬倾向越加明显,焊接性逐渐变差。中碳钢的 $w(\mathrm{C}) = 0.25\% \sim 0.6\%$,碳含量较高,焊接性比低碳钢差。在实际生产中,主要应用于铸、锻毛坯的组合件及补焊工作。

中碳钢的焊接特点如下:

①热影响区易产生淬硬组织和冷裂纹。中碳钢属于淬火钢,热影响区金属被加热超过淬火温度区段时,受工件低温部分的迅速冷却作用,势必出现马氏体等淬硬组织。当焊件刚性较大或工艺不当时,就会在淬火区产生冷裂纹,即焊接接头焊后冷却到相变温度以下或冷却到室温后产生裂纹。

②焊缝金属产生热裂纹倾向较大。焊接中碳钢时,因工件基体材料的碳含量与硫、磷杂质含量远远高于焊芯,基体材料熔化后进入熔池,使焊缝金属的碳含量增加,塑性下降,加上硫、磷等杂质的存在,焊缝及熔合区在相变前就可能因内应力而产生裂纹。

因此,焊接中碳钢结构件,焊前必须进行预热,使焊接时工件各部分的温差小,以减小焊接应力,同时减慢热影响区的冷却速度,避免产生淬硬组织。一般情况下,35 钢和 45 钢的预热温度可选为 150 ~ 250 ℃。结构刚度较大或钢材碳含量更高时,预热温度应再提高些。

由于中碳钢主要用于制造各类机器零件,焊缝一般有一定的厚度,但长度不大。因此,焊接中碳钢多采用焊条电弧焊;厚件可考虑采用电渣焊,但焊后要进行相应的热处理。

焊接中碳钢焊件,应选用抗裂能力较强的低氢型焊条。要求焊缝与工件材料等强度时，可根据钢材强度选用 E5016(J506)、E5015 (J507)、E6016 - D1(J606)、E6015 - D1(J607)焊条。若不要求等强度时，可选用强度低些的 E4315(J427)型焊条，以提高焊缝的塑性。不论用哪种焊条焊接中碳钢件，均应选用细焊条、小电流、开坡口进行多层焊，以防止工件材料过多地熔入焊缝，同时减小焊接热影响区的宽度。

3. 高碳钢的焊接

高碳钢的 $w(C)>0.6\%$，由于碳含量更高，焊接性变得更差，对焊接工艺的要求更加严格。进行焊接时，应采用更高的预热温度、更严格的工艺措施。实际上，高碳钢的焊接一般只限采用焊条电弧焊进行修补工作。

3.4.3 合金结构钢的焊接

合金结构钢分为机械制造用合金结构钢和低合金结构钢两大类。用于机械制造的合金结构钢零件(包括调质钢、渗碳钢)，一般都采用轧制或锻造的坯料，焊接结构较少。如需焊接，因其焊接性与中碳钢相似，所以其焊接工艺措施与中碳钢基本相同。

低合金结构钢，又称低合金高强度钢，是在焊接结构中最常用的钢种，广泛用于制造压力容器、锅炉、桥梁、船舶、车辆和起重机等。按其屈服强度可分为 300 MPa、350 MPa、400 MPa、420 MPa、460 MPa 5 个级别。焊接特点如下：

①热影响区的淬硬倾向。低合金结构钢焊接时，热影响区可能产生淬硬组织，淬硬程度与钢材的化学成分和强度级别有关。钢中含碳及合金元素越多，钢材强度级别越高，则焊后热影响区的淬硬倾向越大。如 300 MPa 级的 09Mn2、09Mn2Si 等钢材的淬硬倾向很小，其焊接性与一般低碳钢基本一样。350 MPa 级的 Q345(即 16Mn)钢淬硬倾向也不大，但当实际碳含量接近允许上限或焊接参数不当时，过热区也完全可能出现马氏体等淬硬组织。强度级别较大的低合金钢，淬硬倾向增加，热影响区容易产生马氏体组织，硬度明显增加，塑性和韧度则下降。

②焊接接头的裂纹倾向。随着钢材强度级别的提高，产生冷裂纹的倾向也加剧。影响冷裂纹的因素主要有 3 个方面：一是焊缝及热影响区的含氢量，二是热影响区的淬硬程度，三是焊接接头的应力大小。对于热裂纹，由于我国低合金结构钢系统的碳含量低，且大部分含有一定的锰，对脱硫有利，因此产生热裂纹的倾向不大。

根据低合金结构钢的焊接特点，生产中可分别采取以下措施进行焊接：

①预热。对于强度级别较低的钢材，在常温下焊接时一般无须预热。在低温或在大刚度、大厚度结构件上进行小焊脚、短焊缝焊接时，需采取预热措施。对于强度级别高的低合金结构钢件，焊前一般均需预热。

②选择合理的焊接规范。为防止低合金结构钢出现淬硬组织，要适当增大焊接电流、减慢焊接速度或选用抗裂性强的低氢型焊条。

③必要时进行热处理。对锅炉、受压容器等重要结构件，当厚度大于 20 mm 时，焊后必须进行退火处理，以消除应力。焊接时，应调整焊接参数，以控制热影响区的冷却速度不要过快。焊后还应进行热处理以消除内应力。不能立即热处理时，可先进行消氢处理，即焊后立即将工件加热到 200 ~ 350 ℃，保温 2 ~ 6 h，以加速氢扩散逸出，防止产生因氢引起的冷裂纹。

3.4.4 铸铁的补焊

铸铁的碳含量高,组织不均匀,塑性很低,属于焊接性很差的材料,因此不应用铸铁设计和制造焊接结构件。但铸铁零件常出现铸造缺陷,铸铁零件在使用过程中有时会发生局部损坏或断裂,用焊接手段将其修复,经济效益是很大的。因此,铸铁的焊接主要是焊补工作。

铸铁的焊接特点:

①熔合区易产生白口组织。由于焊接时为局部加热,焊后铸铁件上的焊补区冷却速度远比铸造成形时快得多,因此很容易形成白口组织,其硬度很高,焊后很难进行机械加工。

②易产生裂纹。铸铁强度低,塑性差。当焊接应力较大时,就会在焊缝及热影响区内产生裂纹,甚至使焊缝整体断裂。此外,当采用非铸铁组织的焊条或焊丝冷焊铸铁件时,铸铁因碳及硫、磷杂质含量高,基体材料过多熔入焊缝中,易产生裂纹。

③易产生气孔。铸铁的碳含量高,焊接时易生成 CO 和 CO_2 气体,铸铁凝固中由液态转变为固态所经过的时间很短,熔池中的气体来不及逸出而形成气孔。

此外,铸铁的流动性好,立焊时熔池金属容易流失,所以一般只进行平焊。

根据铸铁的焊接特点,采用气焊、焊条电弧焊(个别大件可采用电渣焊)进行焊补较为适宜。按焊前是否预热,铸铁的补焊可分为热焊法和冷焊法两大类。

(1)热焊法。

焊前将工件整体或局部(缺陷及其周围)预热到 600 ~ 700 ℃,且焊接过程中保持温度不低于 400 ℃,一次焊完,焊补后缓慢冷却。热焊法能防止工件产生白口组织和裂纹,焊补质量较好,焊后可进行机械加工。但热焊法成本较高,生产效率低,焊工劳动条件差。一般用于焊补形状复杂、焊后需进行加工的重要铸件,如床头箱、汽缸体等。

用气焊进行铸铁热焊比较方便。气焊火焰还可以用于预热工件和焊后缓冷。填充金属应使用专制的铸铁棒,并配以 CJ201 气焊焊剂,以保证焊接质量。也可用铸铁焊条进行焊条电弧焊焊补,药皮成分主要是石墨、硅铁、碳酸钙等,以补充焊补处碳和硅的烧损,并造渣清除杂质。

(2)冷焊法。

焊补前工件不预热或只进行400 ℃以下的低温预热。焊补时主要依靠焊条来调整焊缝的化学成分以防止或减少白口组织和避免裂纹。冷焊法方便、灵活,生产效率高,成本低,劳动条件好,但焊接处切削加工性能较差。生产中多用于焊补要求不高的铸件及不允许高温预热引起变形的铸件。焊接时,应尽量采用小电流、短弧、窄焊缝、短焊道(每段不大于 50 mm),并在焊后及时锤击焊缝以松弛应力,防止焊后开裂。

冷焊法一般采用焊条电弧焊进行焊补。根据铸铁性能、焊后对切削加工的要求及铸件的重要性等来选定焊条,常用的焊条有钢芯或铸铁芯铸铁焊条,适用于一般非加工面的焊补。镍基铸铁焊条,适用于重要铸件的加工面的焊补;铜基铸铁焊条,用于焊后需要加工的灰铸铁件的焊补。

3.4.5 非铁金属及其合金的焊接

1. 铝及铝合金的焊接

工业生产中用于焊接的铝合金主要有工业纯铝、不能热处理强化的铝合金（如铝锰合金、铝镁合金）、热处理强化的铝合金（如铝铜合金、铝锌合金）和铸造铝合金。铝及铝合金是一类不易焊接的金属。铝及铝合金的焊接特点如下。

(1)易氧化产生未熔合和夹渣。

铝与氧的亲和力很大，极易氧化生成氧化铝（Al_2O_3）。氧化铝组织致密，熔点高达 2 050 ℃，覆盖在金属表面，能阻碍金属熔合，从而形成未熔合。此外，氧化铝的密度较大，易使焊缝形成夹渣缺陷。

(2)容易出现热裂纹。

铝的膨胀系数也较大，易产生焊接应力与变形。另外，铝合金属于典型的共晶型合金，易形成易熔共晶，在焊接应力的作用下易产生裂纹。

(3)易形成气孔。

液态铝能溶解大量氢，而固态铝却几乎不能溶解氢。熔池凝固时，氢不能及时全部析出，因此焊缝中易形成气孔。

(4)易产生焊缝塌陷。

铝在高温时强度和塑性很低，焊接中常由于不能支持熔池金属而形成焊缝塌陷，因此常需采用垫板进行焊接。

(5)要求能量密度大的焊接热源。

铝及铝合金的导热系数较大，焊接时热量散失快，焊接中要使用大功率或能量集中的热源。焊件厚度较大时应考虑预热。

目前，焊接铝及铝合金的常用方法有氩弧焊、气焊、点焊、缝焊和钎焊。其中氩弧焊是焊接铝及铝合金较好的方法，焊接时可不用溶剂。但要求氩气纯度大于 99.9%（体积分数）。气焊常用于要求不高的铝及铝合金工件的焊接。

无论采用哪种方法焊接铝合金，焊前必须彻底清理焊件的焊接部位及焊丝表面的氧化膜和油污。对使用溶剂清除氧化膜的，焊后必须把溶剂清理干净，以免对焊件造成新的腐蚀。焊后的焊渣会在空气和水分的参与下腐蚀焊件，因此必须清除留在焊缝及邻近区的焊渣。

2. 铜及铜合金的焊接

工业上常用的铜及铜合金主要有纯铜、无氧铜、黄铜和青铜等，铜及铜合金的焊接比低碳钢困难得多。铜及铜合金的焊接特点如下。

(1)难熔合。

铜的导热性很高（紫铜的导热性为低碳钢的 8 倍），焊接时热量极易散失。因此，焊前工件要预热，焊接中要选用较大的电流或火焰，否则容易造成焊不透的缺陷。

(2)易出现裂纹。

液态铜易氧化，生成的氧化亚铜（Cu_2O）与铜可组成低熔点共晶体，分布在晶界上形成薄弱环节。又因为铜的膨胀系数大，冷却时收缩率也大，容易产生较大的焊接应力。因此,焊接过程中极易出现裂纹。

(3)易产生气孔。

铜在液态时吸气性强,特别容易吸收氢气;凝固时,气体将从熔池中析出,来不及逸出去就会在工件中形成气孔。

(4)接头机械性能下降。

某些铜合金比纯铜更容易氧化,使焊接的困难增大。例如,黄铜(铜锌合金)中的锌沸点很低,极易烧蚀蒸发并生成氧化锌(ZnO)。锌的烧损不但改变了接头的化学成分、降低接头性能,而且所形成的氧化锌烟雾易引起焊工中毒。铝青铜中的铝,在焊接中易生成难熔的氧化铝,增加熔渣黏度,生成气孔和夹渣。

铜的电阻极小,不适于电阻焊。铜及铜合金可用氩弧焊、气焊、碳弧焊、钎焊等方法进行焊接。其中氩弧焊主要用于焊接紫铜和青铜件,气焊主要用于焊接黄铜件。焊接时采用特制的含硅、锰等脱氧元素的焊丝和焊剂,焊前预热焊件并严格清理焊丝和焊件表面。

3.5 粮油装备中的胶接

胶接是指利用胶黏剂实现材料连接的工艺方法。胶接既可以将两种同质材料连接起来,也可以将两种不同质材料连接起来。随着胶接理论的不断完善,胶接技术逐渐成熟,各种新型胶黏剂已成功地应用于胶接工艺中,胶接在机械、电子、交通运输、建筑、航空、航天工业等领域得到广泛的应用。

3.5.1 胶接的特点

胶接与传统的焊接、铆接、螺纹连接等工艺方法相比,具有以下特点:

①接头应力分布均匀,应力集中小,因此具有更好的抗疲劳能力。

②接头的密封性好,并具有耐磨性和绝缘等性能。

③适应性强,可实现金属与金属、金属与非金属及非金属之间的连接。

④工艺简单,操作容易。

胶接工艺存在的问题是:胶接表面处理较复杂,金属胶接强度不足,使用温度低,胶黏剂易老化并影响胶接强度,胶接质量还没有可靠和完整的检验手段等。

3.5.2 胶黏剂

胶黏剂是指产生黏合力使两种固体材料连接在一起,固化后具有足够强度的物质胶黏剂也称为黏结剂、黏合剂,简称胶。

1. 胶黏剂的组成

胶黏剂以黏性物质为基本成分,加入各种添加剂组成。

(1)基料。

基料是构成胶黏剂的主要成分,对胶接性能起主导作用,对胶黏剂的胶接强度、耐热性和抗老化能力影响很大,基料必须具有良好的黏附性和湿润性,以及一定的强度和韧性,对胶接件不产生化学腐蚀,并能溶解于一定的溶剂中。

常用基料包括树脂(如环氧树脂、酚醛树脂等)和合成橡胶(如氯丁橡胶、丁腈橡胶、丁苯橡胶等)。

(2)添加剂。

加入添加剂的作用是使胶黏剂及胶接接头具有良好的使用性能和工艺性能。常用的添加剂如下。

①固化剂。固化剂又称硬化剂,其主要作用是使脂从线型结构转变为网状体型结构,从而使胶黏剂固化。常用的固化剂有胺类或酸酐类等物质,在以橡胶为基料的胶黏剂中把固化剂称为硫化剂。

②填料。加入填料可以提高胶接接头的强度、表面硬度、耐热性、耐磨性、抗老化能力、热力学性能等,还可以使接头具有导电、导磁等特性。同时填料的加入可以降低成本。常用的填料有金属或金属氧化物粉末、非金属粉末、玻璃及石棉纤维等。

③增塑剂和增韧剂。增塑剂和增韧剂用以提高胶黏剂的塑性和韧性,降低脆性,改善其流动性、抗剥离性、耐寒性和抗震性等。

增塑剂不参与胶黏剂的固化反应,与基料仅为机械混合,常用高沸点液体酯类物质。增韧剂参与固化反应,反应后成为固化产物的组成部分而提高其韧性,如环氧树脂中加入聚硫橡胶等。

④稀释剂。稀释剂的主要作用是降低胶黏剂的黏度,以便于胶接施工及延长胶黏剂的使用寿命。稀释剂有两种,一种是活性稀释剂,既可降低黏度又可参与固化反应。另一种是非活性稀释剂,不参与固化反应,仅起稀释作用,涂胶后挥发掉,如乙醇、丙酮、甲苯等。

除上述添加剂外,还有促进剂、着色剂、防老剂、耐蚀剂、阻燃剂、发泡剂等。

胶黏剂中除基料不可缺少外,添加剂可根据需要选择添加。

2. 胶黏剂的分类

目前胶黏剂的种类很多,组分各异,还没有统一的分类方法。按国内和国际惯例大致有6种分类方法。现仅简单介绍按化学成分及用途分类的方法,这种分类方法便于选胶和配胶。根据此法可将胶黏剂分为橡胶(弹性体)型、树脂型、聚合物合金型、天然物型、无机型等,如图3.41所示。

橡胶型主要包括天然橡胶、合成橡胶和弹性体等制成的胶黏剂。树脂型又分为热固性胶黏剂和热塑性胶黏剂。聚合物合金型是指由两种或两种以上的树脂或橡胶制成的聚合物合金胶黏剂。

天然物型在此仅指如淀粉胶之类的植物胶类和以骨胶、鱼胶为代表的动物胶类。

无机物型是指硅酸盐、磷酸盐、硼酸盐、金属氧化物等制成的胶黏剂。

3. 胶黏剂的选用

合理选用胶黏剂是获得理想胶接质量的前提。胶黏剂的选用主要应考虑以下几方面因素。

(1)被黏物的种类和性质。

被胶接的材料称为被黏物,如金属、塑料、橡胶、陶瓷、木材、织物等,其种类繁多,性质各异,而每种胶黏剂能胶接的最佳材料又各有侧重,因此不同的被黏物必须根据其性质选

- 有机胶黏剂
  - 合成胶黏剂
    - 橡胶型——丁腈橡胶、氯丁橡胶、聚硫橡胶、有机硅橡胶
    - 树脂型
      - 热固性树脂——环氧胶、酚醛胶、脲醛胶
      - 热塑性树脂——聚氨酯胶、聚酰胺胶、纤维素胶、聚醋酸乙烯酯胶
    - 聚合物合金型——环氧-聚酰胺胶、环氧-酚醛胶、环氧-氯丁胶、环氧-丁腈胶、酚醛-丁腈胶
  - 天然胶黏剂
    - 动物胶黏剂
    - 植物胶黏剂
- 无机胶黏剂
  - 磷酸盐型胶黏剂、硅酸盐型胶黏剂
  - 硫酸盐型胶黏剂、硼酸盐型胶黏剂
- 特种胶黏剂
  - 耐高温胶黏剂、超低温胶黏剂、导电胶黏剂
  - 导磁胶黏剂、导热胶黏剂
  - 密封胶黏剂、光敏胶黏剂

图 3.41 胶黏剂的分类

择合适的胶黏剂,才能获得优良的胶接效果。常用材料适用的胶黏剂见表 3.9。

表 3.9 常用材料适用的胶黏剂

胶黏剂	胶接材料										
	钢铁、铝	热固性塑料	聚氯乙烯	ABS	聚碳酸酯	聚乙烯、聚丙烯	橡胶	玻璃、陶瓷	木材	皮革	混凝土
无机胶	C	—	—	—	—	—	—	A	—	—	—
聚氨酯	B	B	B	B	B	C	B	C	A	A	—
环氧-胺类	A	A	—	B	—	C	C	A	B	C	B
环氧-酸酐	A	A	—	—	B	—	—	A	B	C	B
环氧-丁腈	A	B	—	C	—	—	B	B	—	—	—
酚醛-缩醛	A	A	—	—	—	—	C	B	—	—	—
酚醛-氯丁	C	C	—	—	—	—	A	—	C	—	C
氯丁橡胶	C	C	B	C	—	—	A	C	B	A	—
聚酰亚胺	B	B	—	—	—	—	—	B	—	—	—

注:A 表示非常适合;B 表示适合;C 表示可以胶接。ABS 为丙烯腈-丁二烯-苯乙烯共聚物。

(2)胶黏剂的性能。

不同胶黏剂性能差异很大,在选择时应重点考虑胶接强度、耐热性、耐老化等性能。

(3)胶接的目的和用途。

胶接同时具有连接、密封、固定、定位修补、填充、嵌缝、防腐及其他特殊功能。选用胶黏剂,常以一种用途为主要考虑方面。用途不同,胶黏剂的选择也不同,如大面积胶接,固化速度不能太快,适用期应较长。

(4)被黏物受力情况。

受力较大的胶接件选用结构胶;受力较小的胶接件可选用通用胶;作用力频率小或受静载荷的胶接件,可选用刚性胶;作用力频率高或受冲击载荷的胶接件,应选用韧性胶;受力复杂的胶接件,则应选用综合力学性能好的胶黏剂,如环氧-丁腈胶。

(5)被黏物使用环境。

环境因素主要有温度、湿度、介质、辐射、真空度等。其中温度因素最为重要,要根据胶黏剂的使用温度范围来选择。如需耐高温,可选用有机胶、无机胶等;低温下工作的胶接件选用耐寒胶或超低温胶;在冷热循环条件下工作的胶接件,可选同时具有高低温性能的硅橡胶胶黏剂,如环-酚醛胶等。

3.5.3 胶接工艺

1. 胶接接头设计

胶接接头是指通过胶黏剂将被黏物连接成一个整体的过渡部位。胶接接头设计正确与否,是能不能形成良好胶接接头的重要因素。设计胶接接头形式时应考虑下列问题:

①胶层受力的类型尽量为切应力或大部分为切应力。因为胶黏剂承受拉伸和剪切的能力比受剥离和不均匀扯离的能力大,纯拉伸的情况又很少见,因而受剪切的接头易实现,如平板的搭接和斜接。

②尽可能增大胶接面积以提高接头承载能力。

③受力较大时,可采用复合连接,即胶接与机械连接同时使用,如胶接-铆接、胶结-螺纹连接等。

胶接接头形式有对接、角接、T 形接、平面接 4 种。

2. 表面处理

表面处理的目的是使被黏物获得清洁、干燥、均匀平整、具有活性的表面,以获得牢固可靠的胶接接头。表面处理的方法有一般处理、化学处理和物理处理 3 种。

(1)一般处理。

一般处理是先用水、棉纱清除污物,用丙酮、汽油、甲苯等有机溶剂去除油脂,用碱液除油;然后采用锉削、打磨、粗车、喷砂等方法除锈,粗化表面,以增加胶接面积;最后干燥后进行胶接。

(2)化学处理。

化学处理有酸蚀法、阳极氧化法和预涂偶联剂法等,化学处理可以使聚合物表面活化,对其他材料有除油、去污、粗化、活化作用。

(3)物理处理。

物理处理主要用于非极性的高分子材料,有放电处理、火焰处理和辐射处理等。

3. 胶黏剂的涂敷

胶黏剂可用多种方法涂敷。涂敷方法的选择取决于胶黏剂的形态(如液态、糊状、薄膜或热熔态等)。其他还应考虑被胶接部位的尺寸和形状、涂敷胶黏剂的面积,以及生产批量和效率。涂敷方法主要有喷涂、刷涂、浸渍、掸撒、挤压和涂抹。涂敷时,应尽量均匀一致,中间多,边缘少。

4. 晾置和装配

不同的胶黏剂有不同的晾置温度和时间。装配也称合拢,即将涂敷后并经适当晾置的被黏物紧密结合在一起。

5. 固化

装配后胶黏剂通过物理或化学作用,使其转变为固体的工艺过程称为固化。只有完全固化,才能获得最高胶接强度。

6. 检验

胶接件固化后,通常要对接头进行检验。检验项目包括:是否完全固化,有无脱开现象,有无裂纹、气孔、缺胶等缺陷,位置是否错动,以及密封性检查。检查方法有破坏性和非破坏性两种。

3.6 典型案例分析

压力容器是指内部压力高于0.1 MPa(大气压)的容器,常用于加工、储存、运输等场合。在食品行业中,压力容器被广泛应用于蒸煮、灭菌、加热、淀粉糖化等工艺中,如豆浆机、果酱机、灭菌锅等等。应用压力设备加工食品与传统的热加工技术相比,既可以达到有效杀菌和灭活酶的目的,又能良好地保持原有的营养成分。相比其他材料,不锈钢压力容器是一种理想的选择,因为不锈钢容器具有安全、卫生、耐腐蚀等特点。

下面以图3.42所示的压力容器为例阐述焊接结构的工艺设计,压力容器的基本信息如下:

结构名称:圆筒形压力容器。

材料:16MnR。

板厚:筒体厚为12 mm;封头厚为14 mm;人孔圈厚为20 mm;管接头厚为7 mm。

生产批量:小批量。

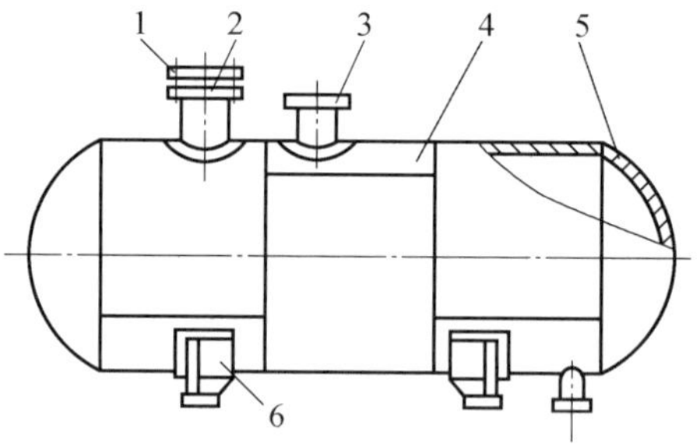

图3.42 圆筒形压力容器焊接结构

1—人孔盖;2—人孔圈;3—接管;4—筒体;5—封头;6—支座

1. 工作条件和性能要求

圆筒形压力容器是工业生产中最常用的焊接结构形式之一,它由筒体、封头及附件(如人孔圈、接管等)等主要部件组成。压力容器工作时内部承受很高的压力,并且往往还盛有有毒的介质,所以比一般的金属结构具有更高的性能要求。

压力容器的主要性能要求是足够的强度和刚度、一定的耐久性(一般压力容器使用年限为10年,高压容器使用年限为20年)、可靠的密封性。

2. 材料

压力容器一般可用低碳钢、普通低合金高强度钢、奥氏体不锈钢、铝及铝合金等材料制造。对材料的要求如下。

(1)材料的使用温度。

由于不同压力容器工作温度相差很大,应根据不同工作温度选择材料。

(2)材料的冲击韧度。

为了防止压力容器产生脆性断裂,对材料的缺口冲击韧度有一定要求。由于V形夏氏试样更能准确地反映材料缺口韧度,所以对低温容器(工作温度不大于-20 ℃)用钢,一律以夏氏冲击韧度为材料验收标准。

(3)材料的碳含量。

为了保证焊接质量,容器材料应有良好的焊接性,所以规定碳的质量分数不得超过0.24%。

本例容器选用16MnR材料。

3. 工艺流程

圆筒形压力容器制造工艺流程如图3.43所示。

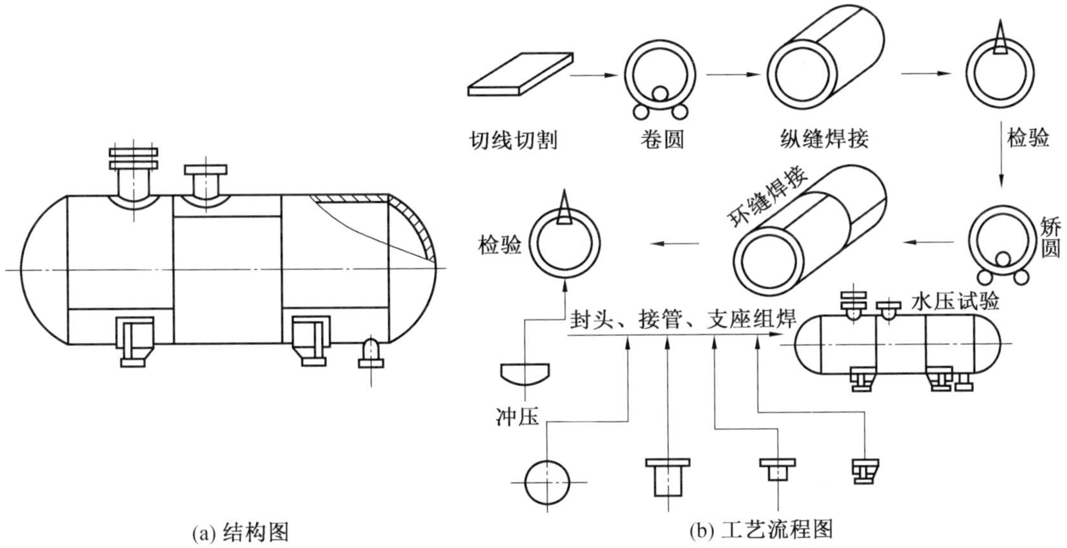

图3.43 圆筒形压力容器制造工艺流程

(1)封头的制造。

封头是容器的端盖,根据形状不同,可分为球形封头、椭圆形封头、碟形封头、锥形封头和平板封头等。封头一般由容器制造厂或封头专业加工厂制造。封头可直接用整板冲压成形,也可以拼焊后冲压成形。

(2)筒体节制造。

当筒体直径在800 mm以下时,可以用单张钢板卷制而成,这时筒体节上只有一条纵向焊缝；当筒体直径为 800 ~ 1600 mm 时，可用两个半圆合成，筒体节上有两条纵焊缝。

(3)容器总装。

容器总装包括筒节与筒节、筒节与封头，以及接管、法兰、人孔、支座等附件的装配。

(4)容器的焊接。

容器环缝可用埋弧焊等方法进行双面焊，其他附件与筒体的焊接一般用焊条电弧焊。

(5)验收。

压力容器按照《压力容器》(GB150.4—2011)标准进行验收。

4. 焊接工艺

根据各焊缝的不同情况，选用不同的焊接方法、焊接材料、焊接工艺和接头形式。圆筒形压力容器焊接工艺见表 3.10。

表 3.10 圆筒形压力容器焊接工艺

序号	焊缝名称	焊接方法与焊接工艺	焊接材料
1	筒体节纵缝	因容器质量要求较高，又是小批量生产，采用埋弧焊双面焊，先内后外，不开坡口；材料为 16MnR，应在室内焊接	焊丝：H08MnA 焊剂：SJ101
2	筒体节环缝	采用埋弧焊双面焊，不开坡口；焊接最后一道环缝时，采用焊条电弧焊在内部封底，再用埋弧焊焊接外环缝	焊丝：H08MnA 焊剂：SJ101
3	管接头焊缝	管壁厚为 7 mm，焊条电弧焊双面焊接，装配后角焊，不开坡口	焊条：J507
4	人孔纵缝	板厚为 20 mm，焊缝短，采用焊条电弧焊，立焊位置，V 形坡口	焊条：J507
5	人孔圈环缝	板厚为 20 mm，焊条电弧焊双面焊接，单面坡口	焊条：J507

第4章

粮油装备中的非金属材料成形

4.1 工程塑料的成形

4.1.1 塑料的组成及特点

塑料是以高聚物为主并加入各种添加剂的人造材料。塑料在一定温度和压力作用下具有可塑流动性,因而便于成形各种工程结构件,在现代工业中得到了广泛的应用,是最主要的工程材料之一。

塑料按使用情况可分为通用塑料、工程塑料及特种塑料。通用塑料价格便宜,产量大、成形性好,被广泛用于日用品、包装、农业等领域,如聚氯乙烯、聚丙烯、聚乙烯等。工程塑料能承受一定的外力作用,具有较高的强度、刚度及较好的尺寸稳定性,如聚甲醛、聚碳酸酯、聚酰胺、ABS 等。特种塑料具有耐热、自润滑等特异性能,可用于特殊要求,如有机硅塑料、聚酰亚胺等。

塑料的主要组成是合成树脂和添加剂。合成树脂是具有可塑性的高分子化合物的统称,它是塑料的基本组成物,决定了塑料的基本性能,塑料中合成树脂的质量分数一般为 30%~100%。树脂在塑料中还起黏结剂的作用,许多塑料的名称是以树脂来命名的,如聚苯乙烯塑料的树脂就是聚苯乙烯。添加剂的作用主要是改善塑料的某些性能或降低成本,常用的添加剂有填充剂、增塑剂、稳定剂、润滑剂、固化剂、着色剂等。

塑料最大的特点是具有可塑性和可调性。所谓可塑性是指通过简单的成形工艺,利用模具可以制造出所需要的各种不同形状的塑料制品。可调性是指在生产过程中可以通过变换工艺、改变配方,制造出不同性能的塑料。塑料的其他性能分述如下。

1. 物理性能

(1)密度。

塑料的密度在 0.85 ~2.2 g/cm^{3}之间,仅相当于钢密度的 1/4 ~1/8。

若在塑料中加入发泡剂后,泡沫塑料的密度仅为 0.02 ~0.2 g/cm^3。

(2)电性能。

塑料具有良好的电绝缘性。聚四氟乙烯、聚乙烯、聚丙烯、聚苯乙烯等塑料可作为高频绝缘材料,聚碳酸酯、聚氯乙烯、聚酰胺、聚甲基丙烯酸甲酯、酚醛、氨基塑料等可作为中频及低频绝缘材料。

(3)热性能。

塑料遇热、遇光易老化和分解,大多数塑料只能在 100 ℃以下使用,只有极少数塑料(如聚四氟乙烯、有机硅塑料等)可在 250 ℃左右长期使用。塑料的导热性差,是良好的绝热材料。塑料线膨胀系数大,一般为钢的 3 ~10 倍,因而塑料零件的尺寸不稳定,常因受热膨胀发生严重变形而引起开裂、松动、脱落。

2. 化学性能

塑料具有良好的耐腐蚀性能,大多数塑料能耐大气、水、酸、碱、油的腐蚀。因此,工程塑料能制作化工设备及在腐蚀介质中工作的零件。

3. 力学性能

(1)强度与刚度。

塑料的强度、刚度较差,其强度仅为 30 ~150 MPa,且受温度的影响较大,塑料的刚度仅为钢的 1/10。但由于塑料的密度小,故比强度比较高。

(2)蠕变与应力松弛。

塑料在外力作用及应力保持恒定的条件下,变形随时间的延长而慢慢增加,这种现象称为蠕变。例如架空的电线套管会慢慢变弯,这就是蠕变。蠕变会导致应力松弛,如塑料管接头经一定时间使用后,由于应力松弛导致管道泄漏。

(3)减摩性和耐磨性。

许多塑料的摩擦因数小,如聚四氟乙烯、尼龙、聚甲醛、聚碳酸酯等都具有小的摩擦因数,因此塑料具有良好的减摩性。同时塑料具有自润滑性,在无润滑或少润滑摩擦的条件下,其减摩性优于金属,工程上用这类塑料来制造轴承、轴套、衬套、丝杠螺母等摩擦磨损件。

此外,塑料还具有良好的减振性和消声性,用塑料制作的零件可减小机器工作时的振动和噪声。

4.1.2 塑料制品的成形

塑料制品的生产主要由成形、机械加工、修配和装配等过程组成,其中成形是塑料制品或成形材料生产最重要的基本工序。

按照塑料制品的成形加工阶段来分类,塑料的成形可分为一次成形、二次成形。一次成形是指将塑料原材料转变成具有一定形状和尺寸的制品或半成品的各种工艺方法,如注射成形、挤出成形、压制成形和浇注成形等。二次成形是指在改变一次成形所得的半成品的形状和尺寸的同时，又不破坏其整体性能的各种工艺方法，如吹塑成形、真空成形、热成形等。所有塑料制品的生产必须经过一次成形，是否经过二次成形则视产品的具体情况而定。

1. 塑料的一次成形

一次成形技术的共同特点有两个方面：一是成形对象均为塑料原材料，二是借助物料的流动或大的塑性变形实现从原材料到制品的转变。一般的一次成形技术都要经过物料的加热熔融、熔体流动造型、冷却凝固或交联固化等阶段。各种一次成形技术最重要的区别，就在于熔体流动造型所采用的方式不同，如注塑成形是将熔体在高压下注入已闭合的模腔，挤出成形时使熔体强制通过挤出机的口模等。

(1)注射成形。

注射成形又称注射模塑或注塑成形，是将加热熔化至黏流状态的塑料射入模具内，经冷却与固化后得到制品的方法。注射成形是塑料最重要的一种加工方法。注射成形制品品种繁多，如日用塑料制品、机械设备和电器的塑料配件等，注射成形制品占塑料制品总量的30%以上。

注射成形具有以下几个工艺特点：

①成形周期短，可生产形状复杂，尺寸精确，壁薄和带金属嵌件的大、中、小型零件(从几克到几千克、几十千克)。

②对成形各种塑料的适应性强，目前，除氟塑料之外，几乎所有的热塑性塑料都可以用此方法成形，某些热固性塑料(如酚醛塑料、氨基塑料等)也可以采用注射成形。

③生产效率高，易于实现自动化生产。

④注射成形制品的一致性较好，几乎不需要进一步加工。

⑤注射成形所需设备昂贵，模具结构比较复杂，制造成本高，所以注射成形特别适合大批量生产。

注射机是注射成形的主要设备，按外形可分为立式、卧式、直角式，按注射方式可分为往复螺杆式、柱塞式，以往复螺杆式用得最多。注射机除了液压传动系统和自动控制系统外，主要由料斗、料筒、加热器、喷嘴、模具和螺杆构成。将颗粒状或粉状塑料原料倒入料斗内，在重力和螺杆(或柱塞)推送下，原料进入料筒后，在料筒中被加热至流动状态，然后使熔融物料以高压、高速经喷嘴注射到设计好的闭合模具内，经一定时间完成冷却、定形、固化成形、开启模具、取出制品等步骤。图4.1为注射成形示意图。

注塑模是指成形时确定塑料制品形状、尺寸所用部件的组合，其结构形式主要由塑料品种、制品形状和注塑机类型等决定。注塑模的基本结构是一致的，即由浇注系统、成形零件、结构零件，以及加热、冷却系统构成。

注塑工艺过程包括加料、塑化、注射、模塑、冷却和脱模几个步骤，其中最主要的是塑化、注射和模塑3个阶段。

①塑化。从料斗进入料筒的塑料在料筒内受热达到流动状态并具有良好的塑性的过程称为塑化。注射成形工艺对塑化的要求是：塑料在进入模腔前应达到规定的成形温度并在规定的时间内提供足够数量的塑料熔体，塑料熔体各点的温度应均匀一致，不发生或极少发生热分解以保证生产的连续。

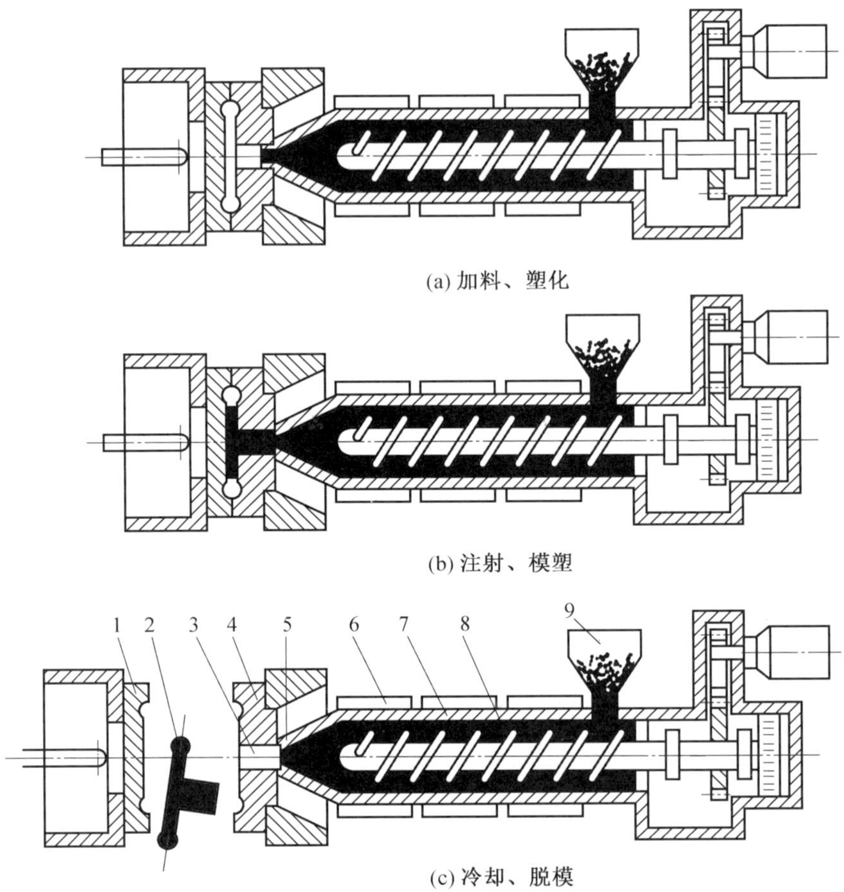

(a) 加料、塑化

(b) 注射、模塑

(c) 冷却、脱模

图 4.1　注射成形示意图

1、4—模具;2—制品;3—模腔;5—喷嘴;6—加热套;7—注射筒;8—螺杆;9—料斗

②注射。将塑化良好的熔体在螺杆(或柱塞)的推挤下注入模腔的过程称为注射,塑料熔体自料筒经喷嘴、主(分)流道、浇口进入模腔需克服一系列流动阻力,产生很大的压力损失(30% ~70% 的注射压力在此消耗掉)。为了使进入模腔的熔体形成形状完整而致密的制品,螺杆(或柱塞)需要继续保持加压状态。

③ 模塑。注入模腔的塑料熔体在充满模腔后经冷却定型为制品的过程称为模塑。不管何种形式的注塑机,塑料熔体进入模腔内的流动情况均可分为充模、压实、倒流和浇口冻结后的冷却 4 个阶段。

④冷却、脱模。塑料熔体自注入模腔内即开始冷却,浇口冻结后的冷却是从浇口的塑料完全冻结起到制品从模腔顶出时止。充满模腔的塑料熔体在受压的情况下,继续冷却固化,以便制品在脱模时具有足够的刚度而不至发生扭曲变形,在此阶段,随着料温逐渐下降,模腔内塑料体积收缩,压力下降。冷却结束后松开模具,顶出制品,完成脱模过程。

注塑制品的修饰及后处理是指制品脱模后,实施手工或机械加工、抛光、表面涂饰、退火及调湿处理等,以满足制品外观质量、尺寸精度和力学性能的要求。

(2)挤出成形。

挤出成形又称挤塑成形,是指已加热熔化至黏流状态的塑料受挤通过口模成形,得到等截面连续制品的方法。挤出成形主要用来生产塑料棒材、板材、管材、型材、薄膜、电线电缆、涂层制品等。目前,挤出制品占热塑性塑料制品的40% ~50%。挤出成形方法具有生产效率高、用途广、适应性强、设备成本低,以及浇口、浇道和毛边等废料损耗少等特点。

挤出成形的主要设备包括挤出机、机头和口模、定形冷却装置、牵引系统及切割设备等。目前,大量使用的挤出机是单螺杆挤出机和双螺杆挤出机,后者特别适用于硬聚氯乙烯粉料或其他多组分体系塑料的成形加工,但通用的是单螺杆挤出机。

常用的卧式单螺杆挤出机结构示意图如图4.2所示。挤出成形的工艺过程如下:塑料颗粒盛于料斗中,借助螺杆的作用将塑料从料筒的左端推向右端,并且愈压愈紧。通过加热器加热,以及螺杆旋转时塑料与料筒及螺杆之间产生的剪切摩擦热,使塑料呈熔融流动状态。加热器外侧用冷却器冷却。滤板的作用在于使塑料沿螺杆方向形成压力,并使塑料塑化均匀,同时使塑料由旋转流动变成平直流动,有时加上滤网用以增强效果。对流动性差的塑料可以不用滤网。口模是决定制品截面形状的模具。当螺杆转动时,连续地从口模挤出制品。从口模挤出的制品经定形冷却并由牵引机牵引与卷曲。牵引机的速度需与挤出速度匹配,最后按所需长度一段一段地进行切割。

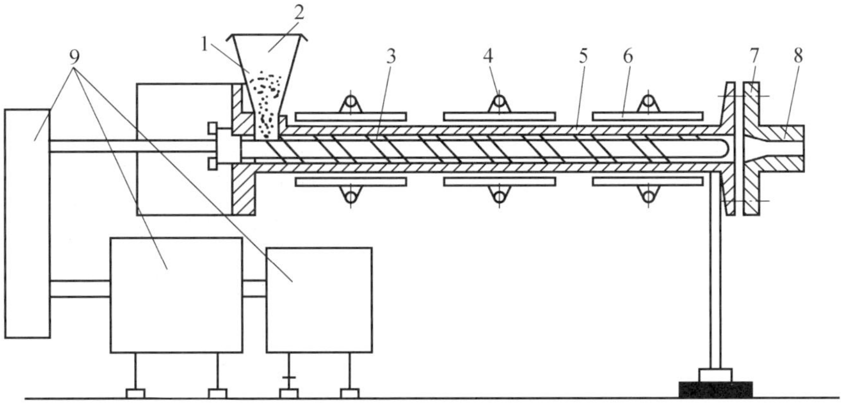

图4.2 常用的卧式单螺杆挤出机结构示意图

1—塑料颗粒;2—料斗;3—螺杆;4—冷却器;5—料筒;6—加热器;7—滤板;8—口模;9—动力部分

挤出成形工艺包括物料的干燥、成形、制品的成形与冷却、制品的牵引与卷取(或切割),有时还包括制品的后处理等。

①原料的干燥。原料中的水分会使制品出现气泡、表面晦暗,还会降低制品的物理和力学性能等,因此使用前应对原料进行干燥处理。通常水的质量分数应控制在0.5%以下。

②挤出成形。当挤出机加热到预定温度后即可加料。开始挤出的制品外观和质量都很差,应及时调整工艺条件,当制品质量达到要求后即可正常生产。

③制品的定形与冷却。定形与冷却往往是同时进行的,在挤出管材和各种型材时需要有定形工艺,挤出薄膜、单丝、线缆包覆物时,则不需此工艺。

④牵引(拉伸)和后处理。常用的牵引挤出管材设备有滚轮式和履带式两种。牵引时要求牵引速度和挤出速度相匹配,均匀稳定。一般应使牵引速度稍大于挤出速度,以消除物料从离模膨胀所引起的尺寸变化,并对制品进行适当拉伸。

(3)压制成形。

压制成形也称压塑成形,是将称量好的原料置于已加热的模具模腔内,通过模压机压紧模具加压,塑料在模腔内受热塑化(熔化)流动并在压力下充满模腔,同时发生化学反应而固化得到塑料制品的过程。压制成形主要用于热固性塑料的生产,如酚醛塑料、脲醛塑料、环氧树脂、有机硅等热固性树脂的成形。有些熔融温度极高、几乎没有流动性的热塑性材料,如聚四氟乙烯制品、聚氯乙烯(PVC)唱片等,也采用这种压制成形的方法进行预压成形。

根据材料的加工工艺特征,压制成形(图 4.3)有模压法和层压法两种。模压法是将粉末状、粒状、碎屑或纤维状塑料置于金属模具中加热加压,物料在加热条件下软化呈可塑状态,在压力作用下填充金属型腔各处,在继续加热的过程中树脂与固化剂产生交联反应而固化。经过一段时间,固化成具有一定形状的制品。物料完全固化后,开启模具将其取出,经修边、抛光等加工制成符合要求的制品。层压法是将纸张、棉布、玻璃布等片状材料在树脂中浸渍,然后一张一张叠放成所需的厚度,放在层压机上加热加压,经过一段时间后,树脂固化,相互黏结成形。

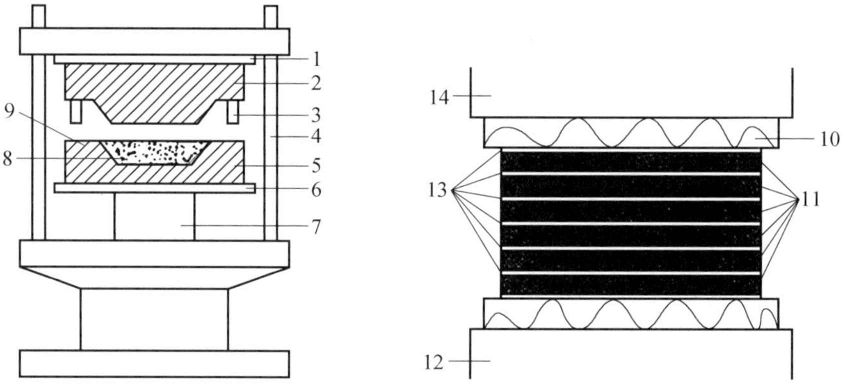

(a) 模压机及模具　　(b) 层压制品

图 4.3　压制成形示意图

1、14—上模板;2—上模;3—导合钉;4—支柱;5—下模;6、12—下模板;7—柱塞;8—物料;9—模腔;10—帆布石棉垫布;11—高聚物层;13—不锈钢或其他垫板

压制成形与注射成形相比,生产过程的控制,使用的设备(主要设备是液压机)和模具较简单、较易成形大型制品,工艺成熟,是最早出现的塑料成形方法。热固性塑料模压制品具有耐热性好、使用范围宽、变形小等特点,但其缺点是生产周期长、效率低,较难实现自动化,工人劳动强度大,不能成形复杂形状的制品,也不能模压厚壁制品。

2. 塑料的二次成形

塑料的二次成形是相对于一次成形而言的。有些塑料制品由于技术或经济等原因,不能或不适合采用一次成形获得最终制品,而需要采用注射、挤出等一次成形所制得的型材或坯件经过再次成形而制得最终产品。故二次成形技术就是以一次成形的产物为成形对象,经过再次成形以获得最终制品的各种技术。

二次成形除加工对象与一次成形不同外,其成形原理也有区别。一次成形是通过塑料的流动或塑性变形实现造型,成形过程总是伴随有聚合物的状态改变或相态改变,而二次成形过程始终是在低于聚合物流动温度或熔融温度的固态下进行,一般是通过黏弹性变形来实现塑料型材或坯件的再造型。常用的技术有中空吹塑、热成形等。

(1)吹塑成形。

吹塑成形也称中空成形,属于塑料的二次加工。吹塑成形是把熔融状态的塑料坯料置于模具内,用压缩空气将此坯料吹胀,使之紧贴着模壁的内侧成形而获得中空制品的成形方法。目前,广泛采用的是挤压吹塑法,所用模具多数采用对半分开的形式。吹塑成形过程如图4.4所示。先将挤出机挤出的适当大小的坯料置于分开的模具中,如图4.4(a)所示;然后闭合模具并通入压缩气体,这时还具有良好塑性的坯料被吹胀而紧贴于模壁,如图4.4(b)所示;待冷却后打开模具,即得中空制品,如图4.4(c)所示。

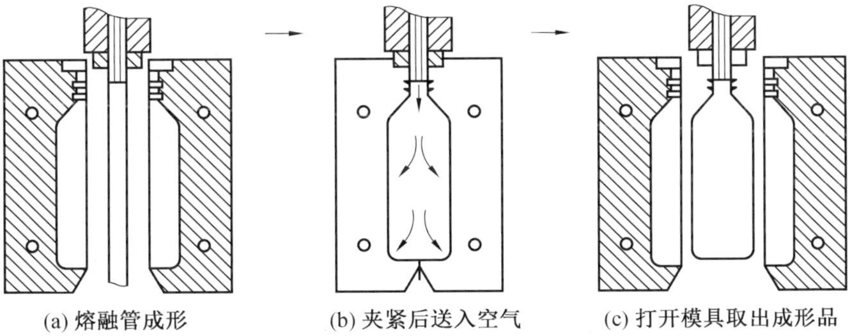

图4.4　吹塑成形过程

吹塑成形是制造空心、薄壁塑料制品的方法,广泛用于生产口径不大的瓶、壶、桶等容器及儿童玩具等。最常用的塑料是聚乙烯、聚氯乙烯、聚苯乙烯、聚碳酸酯等。

影响吹塑工艺和产品质量的因素主要有型坯的温度、壁厚、空气压力、吹胀比、模具温度和冷却时间等。

(2)真空成形。

真空成形是最常用的热成形方法。成形时将热塑性板材、片材夹持起来,固定在模具上,用辐射加热器加热至软化温度时,抽去板材和模具之间的空气,在大气压力下,板材拉伸变形,贴合到模腔表面,冷却后即得所需制品。真空成形法主要用于成形杯、盘、箱壳、盒、盖等薄壁敞口容器制品,如一次性饭盒、药品包装、纽扣、电池包装。较厚的板材还可以成形冰箱的内胆等大件制品。真空成形工艺过程如图4.5所示。

真空成形的特点是对模具材料的加工要求低,单件、小批量生产时可用硬木、高强度石膏(内含质量分数为10%～30%的水泥)和塑料制模,大量生产时多用铝合金制模。其缺点是制品厚度不太均匀,不能制造形状复杂的制品。

(3)热成形。

热成形是将塑料片材或板材加热至软化,再在外力(如气体、液体压力或机械压力

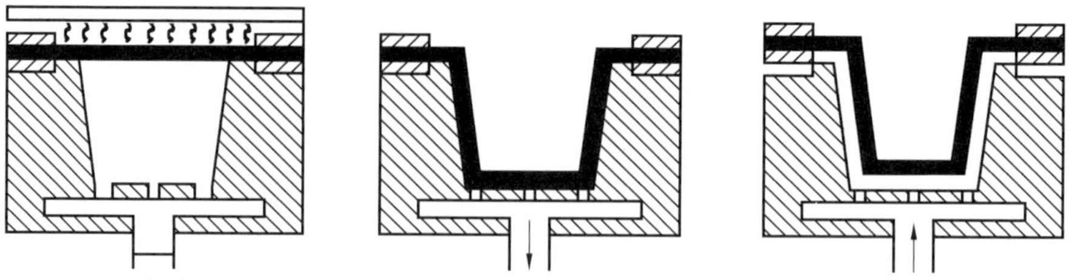

图 4.5　真空成形工艺过程

等)作用下使之紧贴模腔表面,最后冷却脱模,得到形状与模腔相同的制品的成形方法。热成形所用原材料是已经经过成形的塑料片材或板材,属于二次成形。故热成形要求板材、片材在加工条件下具有较好的延展性,适合采用成形方法的主要是热塑性塑料,如 ABS 等。热成形的特点是适应性强、设备投资少、模具制造简单,应用广泛。

4.1.3　塑料制品的结构要素与设计原则

塑料制品的结构要素包括尺寸精度、表面粗糙度、脱模斜度、制品壁厚、加强筋、圆角、孔、支承面、螺纹、嵌件、分型面、标志及花纹等。在设计时应在满足使用要求的基础上,一方面使模具结构尽量简单,另一方面要使制品的几何形状能适应成形工艺的要求。

1. 尺寸精度

(1)影响塑料制品尺寸精度的因素。

影响塑料制品尺寸精度的因素很多,表 4.1 列出了影响塑料制品尺寸精度的主要因素。

表 4.1　影响塑料制品尺寸精度的主要因素

影响因素	具体内容
和模具直接有关的因素	①模具的形式或基本结构 ②模具的加工制造误差 ③模具的磨损、变形、热膨胀
和塑料有关的因素	①不同种类塑料的标准收缩率的变化 ②不同批次塑料的成形收缩率、流动性、结晶化程度的差异 ③再生塑料的混合、着色剂等添加物的影响 ④塑料中的水分以及挥发和分解气体的影响
和成形工艺有关的因素	①由于成形条件变化造成的成形收缩率波动 ②成形操作变化的影响 ③脱模顶出时的塑料变形、弹性恢复
和成形后时效有关的因素	①周围温度、相对湿度不同造成的尺寸变化 ②塑料的塑性变形及因外力作用而产生的蠕变、弹性恢复 ③残余应力、残余变形引起的变化

从模具设计和制造的角度看,影响塑料制品尺寸精度的因素主要有以下 5 个方面:

①模具成形部件的制造误差 δ_z；

②模具成形部件的表面磨损 δ_c；

③由塑料收缩率波动所引起的塑料制品的尺寸误差 δ_s；

④模具活动成形部件的配合间隙变化引起的误差 δ_j；

⑤模具成形部件的安装误差 δ_a。

因此，因模具原因使塑料制品产生的误差 δ 为以上误差值的总和，即

$$\delta=\delta_z+\delta_c+\delta_s+\delta_j+\delta_a \tag{4.1}$$

由于累积误差大，在选择塑料制品的精度等级时应十分慎重，以免给模具制造和工艺操作带来不必要的困难。因为模具成形部件的制造精度总要高于制品的精度，所以制品规定的误差值 Δ 应大于或等于以上各项因素带来的累积误差，即

$$\Delta\geqslant\delta \tag{4.2}$$

(2)尺寸精度和公差的确定。

塑料制品的尺寸精度一般是根据使用要求确定的，还要考虑塑料的性能及成形工艺的特点。目前，我国尚没有塑料制品尺寸精度和公差的国家标准，原电子工业部根据国内的塑料工业水平，制定了塑料制品的尺寸精度等级选用表和尺寸公差标准，见表4.2和表4.3。

表4.2 塑料制品的尺寸精度等级选用表

类别	塑料品种	建议采用的精度等级		
		高精度	一般精度	低精度
1	聚苯乙烯、ABS、聚碳酸酯、聚砜、聚苯醚、酚醛塑料、氨基塑料、玻璃纤维增强塑料	3	4	5
2	聚酰胺6、聚酰胺66、聚酰胺610、聚酰胺1010、氯化聚醚、硬聚氯乙烯	4	5	6
3	聚甲醛、聚乙烯(高密度)、聚丙烯	5	6	7
4	软聚氯乙烯、聚乙烯(低密度)	6	7	8

表4.3 塑料制品的尺寸公差标准

公称尺寸/mm	精度等级							
	1	2	3	4	5	6	7	8
	公差数值/mm							
<3	0.04	0.06	0.08	0.12	0.16	0.24	0.32	0.48
3~6	0.05	0.07	0.08	0.14	0.18	0.28	0.36	0.56
6~10	0.06	0.08	0.10	0.16	0.20	0.32	0.40	0.61
10~14	0.07	0.09	0.12	0.18	0.22	0.36	0.44	0.72
14~18	0.08	0.10	0.12	0.20	0.24	0.40	0.48	0.80

续表 4.3

公称尺寸/mm	精度等级							
	1	2	3	4	5	6	7	8
	公差数值/mm							
18 ~ 24	0.09	0.11	0.14	0.22	0.28	0.44	0.56	0.88
24 ~ 30	0.10	0.12	0.16	0.24	0.32	0.48	0.64	0.96
30 ~ 40	0.11	0.13	0.18	0.26	0.36	0.52	0.72	1.04
40 ~ 50	0.12	0.14	0.20	0.28	0.40	0.56	0.80	1.20
50 ~ 65	0.13	0.16	0.22	0.32	0.46	0.64	0.92	1.40
65 ~ 80	0.14	0.19	0.26	0.38	0.52	0.76	1.04	1.60
80 ~ 100	0.16	0.22	0.30	0.44	0.60	0.88	1.20	1.80
100 ~ 120	0.18	0.25	0.34	0.50	0.68	1.00	1.36	3.00
120 ~ 140		0.28	0.38	0.56	0.76	1.12	1.52	2.20
140 ~ 160		0.31	0.42	0.62	0.84	1.24	1.68	2.40
160 ~ 180		0.34	0.46	0.68	0.92	1.36	1.84	2.70
180 ~ 200		0.37	0.50	0.74	1.00	1.50	2.00	3.00
200 ~ 225		0.41	0.56	0.82	1.10	1.64	2.20	3.30
225 ~ 250		0.45	0.62	0.90	1.20	1.80	2.40	3.60
250 ~ 280		0.50	0.68	1.00	1.30	2.00	2.60	4.00
280 ~ 315		0.55	0.74	1.10	1.40	2.22	2.80	4.40
315 ~ 355		0.60	0.82	1.20	1.60	2.40	3.20	4.80
355 ~ 400		0.65	0.90	1.30	1.80	2.60	3.60	5.20
400 ~ 450		0.70	1.00	1.40	2.00	2.80	4.00	5.60
450 ~ 500		0.80	1.10	1.60	2.20	3.20	4.40	6.40

2. 表面粗糙度

塑料制品的表面粗糙度，除了在成形时从工艺上尽可能避免冷疤、波纹等疵点外，主要由模具的表面粗糙度决定。一般模具的表面粗糙度比塑料制品的表面粗糙度要低一级，透明的塑料制品要求型腔和型芯的表面粗糙度相同。对于不透明的塑料制品，模具型芯的成形表面并不影响制品的外观，仅仅影响制品的脱模性能，因此在不影响使用要求的前提下，型芯的表面粗糙度级别可比型腔的表面粗糙度高 1 ~ 2 级。

需要注意的是，光洁如镜的制品表面很易划伤，制品与模具表面还易形成真空吸附面使脱模困难，并且在成形过程中产生的疵点、丝痕和波纹会在制品的光洁表面上暴露无遗。因此，可利用化学腐蚀的方法在模具型腔表面形成诸如凹槽纹、皮革纹、桔皮纹、木纹等装饰花纹，对塑料制品进行表面装饰。

3. 脱模斜度

为了使制品易于从模具内脱出，在设计时必须保证制品的内外壁具有足够的脱模斜度，各种塑料的脱模斜度见表4.4。

表4.4　各种塑料的脱模斜度

塑料种类	脱模斜度
聚乙烯、聚丙烯、软聚氯乙烯	30′~1°
硬聚氯乙烯、聚碳酸酯、聚砜，聚苯乙烯、有机玻璃	50′~2°
ABS、尼龙、聚甲醛、氯化聚醚、聚苯醚	40′~1°30′
热固性塑料	20′~1°

脱模斜度的选取原则如下：

①在满足制品尺寸公差要求的前提下，脱斜度可取大一些。

②塑料收缩率大时，应选用较大的脱模斜度。

③当制品壁较厚时，应选用较大的脱模斜度。

④制品较高、较大时，应选用较小的脱模斜度。

⑤高精度的制品，应选用较小的脱模斜度。

⑥如图4.6所示，取斜度的方向一般是内孔以小端为基准，斜度由扩大方向取得；外形以大端为基准，斜度由缩小方向取得。

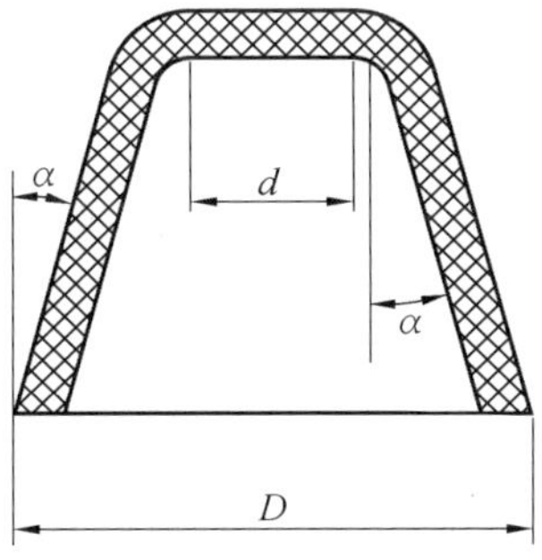

图4.6　脱模斜度的基准

4. 制品壁厚

根据成形工艺的要求，制品各部分壁厚应尽量均匀，避免因收缩不均匀而造成制品变形、缩孔、凹陷等缺陷。如果在结构上要求具有不同的壁厚时，不同壁厚的比例不应超过1∶3，且应采用缓慢过渡。

热塑性塑料制品的壁厚一般在1~4 mm之间。壁厚过大，易产生气泡（图4.7(a)）和凹陷，同时也不易冷却。若制品的强度不够时，可设置加强筋（图4.7(b)）。表4.5列出了热塑性塑料制品的最小壁厚及常用壁厚的推荐值。

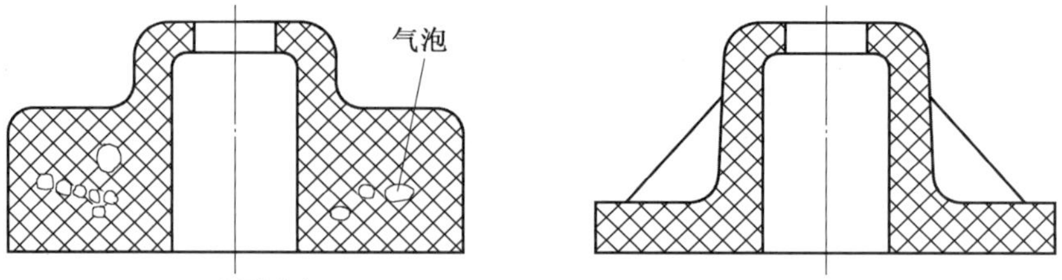

(a) 壁厚过大　　(b) 设置加强筋

图 4.7　采用加强筋改善壁厚

表 4.5　热塑性塑料制品的最小壁厚及常用壁厚的推荐值　mm

塑料名称	最小壁厚	常用壁厚		
		小型制品	中型制品	大型制品
尼龙	0.45	0.76	1.50	2.4～3.2
聚乙烯	0.60	1.25	1.60	2.4～3.2
聚苯乙烯	0.75	1.25	1.60	3.2～5.4
改性聚苯乙烯	0.75	1.25	1.60	3.2～5.4
有机玻璃	0.80	1.50	2.20	4.0～6.5
硬聚氯乙烯	1.20	1.60	1.80	3.2～5.8
聚丙烯	0.85	1.45	1.75	2.4～3.2
聚碳酸酯	0.95	1.80	2.30	3.0～4.5
醋酸纤维素	0.70	1.25	1.90	3.2～4.8
聚甲醛	0.80	1.40	1.60	3.2～5.4

热固性塑料制品的厚度一般在 1～6 mm 之间。壁厚过大时，既要增加塑压时间，塑料制品内部又不易压实；壁厚过小时，则刚度差、易变形。表 4.6 列出了热固性塑料制品最小壁厚的推荐值。

表 4.6　热固性塑料制品最小壁厚的推荐值　mm

制品高度	最小壁厚		
	酚醛塑料	氨基塑料	纤维素塑料
<40	0.7～1.5	0.9～1.0	1.5～1.7
40～60	2.0～2.5	1.3～1.5	2.5～3.5
>60	5.0～6.5	3.0～3.5	6.0～8.0

5. 加强筋

加强筋的作用是在不增加塑料制品壁厚的条件下提高制品的刚度和强度，在塑料制品中适当设置加强筋，可以防止制品翘曲或变形，如图 4.7(b)所示。

在布置加强筋时应避免或减少塑料局部集中，否则会产生缩孔、气泡。图4.8为容器底部加强筋布置情况。图4.8(a)所示壁厚非常不均匀，在加厚集中的地方容易出现缩孔和气泡，因此可用图4.8(b)所示的排列方式。

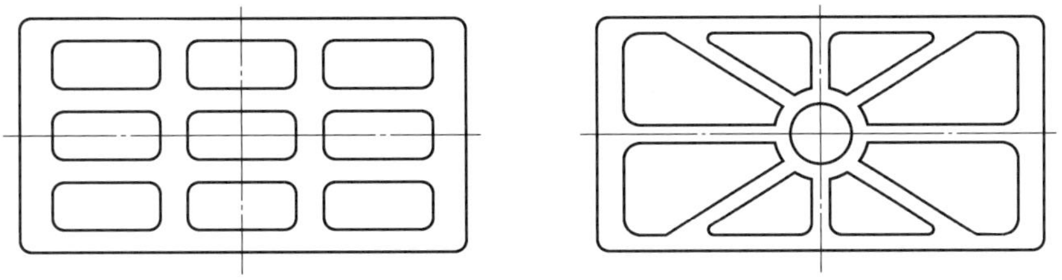

图4.8　容器底部加强筋布置情况

图4.9为典型加强筋的正确形状和尺寸比例，加强筋之间中心距应大于2A。

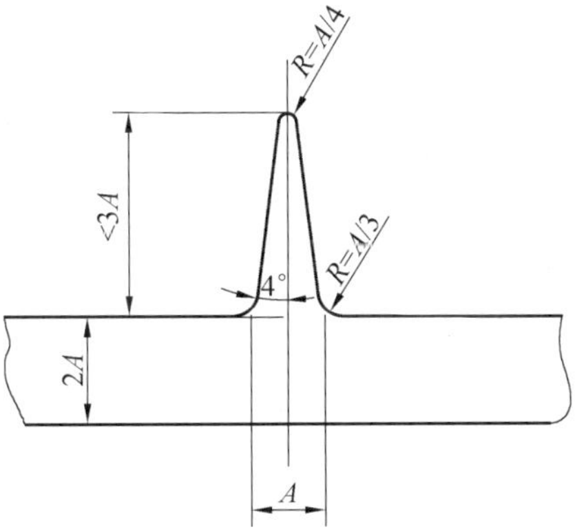

图4.9　典型加强筋的正确形状和尺寸比例

6. 圆角

为了避免应力集中，提高塑料制品的强度，改善熔体的流动情况和便于脱模，在塑料制品内外各表面的连接处均应采用圆弧过渡，如图4.10所示。

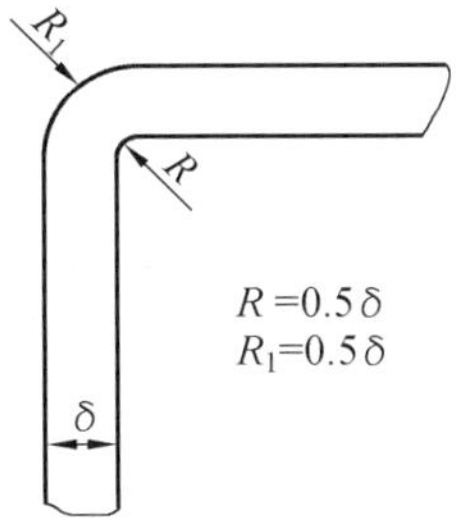

图4.10　圆角半径的大小

7. 孔

塑料制品上各种孔的位置应尽可能开设在不减弱塑料制品强度的部位。孔间距、孔边距不应太小，否则在装配时孔的周围易破裂。图4.11为孔间距与孔边距设置示意图，表4.7为不同孔径所对应的孔间(边)距值。

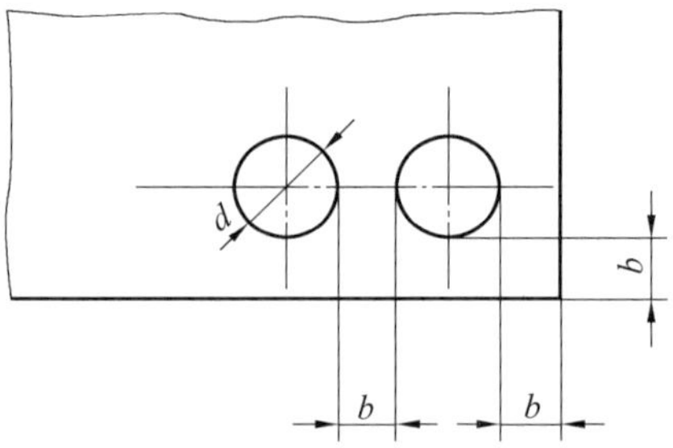

图 4.11　孔间距与孔边距设置示意图

表 4.7　不同孔径所对应的孔间(边)距值　　mm

孔径 d	<1.5	1.5～3	3～6	6～10	10～18	18～30
孔间距、孔边距 b	1～1.5	1.5～2	2～3	3～4	4～5	5～7

制品上的固定用孔和其他受力孔的四周可采用凸边加强筋,如图 4.12 所示。

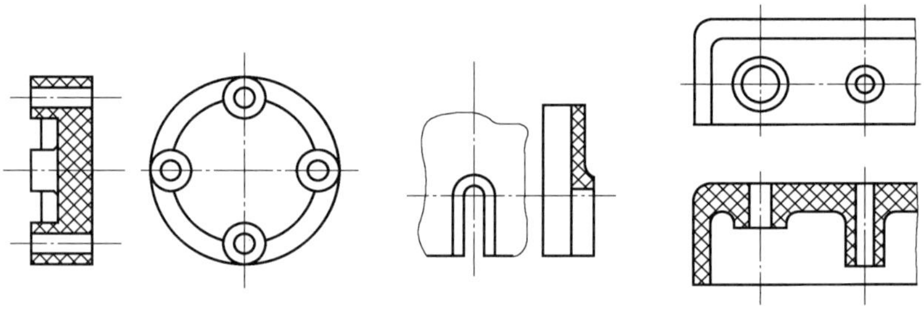

(a) 固定用孔　(b) 受力孔　(c) 受力孔

图 4.12　孔的加强筋

8. 支承面

如图 4.13(a)所示,以塑料制品的整个底面作支承面是不合理的,因为当塑料制品有稍许翘曲或变形时,就会使底面不平。生产上常用凸边(图 4.13(b))或凸出的三点或四点底脚(图 4.13(c))作支承面。

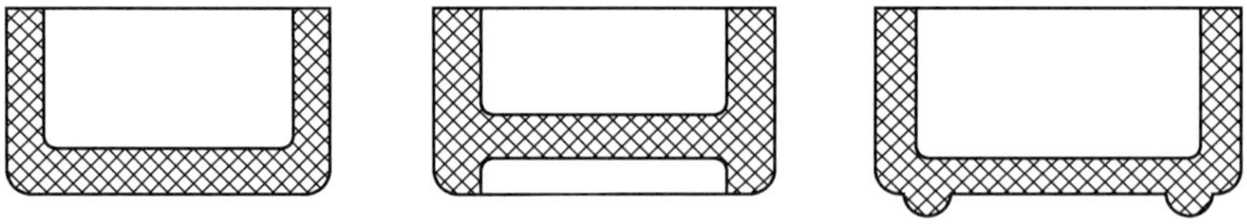

(a) 整个底面作支撑面　(b) 凸边　(c) 凸出的底脚

图 4.13　塑料制品支撑面的设置

9. 螺纹

在塑料制品上直接成形的螺纹不能达到高精度要求。在经常装卸和受力较大的地方不宜采用塑料螺纹,而应装入金属螺纹嵌件。塑料螺纹应选用较大的螺纹尺寸,直径较小时不要选用细牙螺纹,否则会影响使用强度。表 4.8 列出了塑料螺纹的选用范围。

表 4.8 塑料螺纹的选用范围

螺纹标称直径/mm	普通标准螺纹	1 级细牙螺纹	2 级细牙螺纹	3 级细牙螺纹	4 级细牙螺纹
<3	+	-	-	-	-
3 ~ 6	+	-	-	-	-
6 ~ 10	+	+	-	-	-
10 ~ 18	+	+	+	-	-
18 ~ 30	+	+	+	+	-
30 ~ 50	+	+	+	+	+

注:+为建议采用,-为不建议采用。

塑料螺纹的直径不宜过小,螺纹的大径不应小于 4 mm,小径不应小于 2 mm。如果模具上螺纹的螺距未考虑收缩值,那么塑料螺纹与金属螺纹的配合长度不能太长,一般不大于螺纹标称直径的 1.5 ~2 倍。

10. 嵌件

塑料制品中镶入嵌件的目的是提高制品的局部强度、硬度、耐磨性、导电性、导磁性,或是增加制品尺寸及形状的稳定性,或是为降低塑料的消耗等。嵌件的材料有金属、玻璃、木材和已成形的塑料等,其中金属嵌件应用最为普遍。

(1)金属嵌件的形式。

图 4.14 为几种常见的金属嵌件。其中,图 4.14(a)所示为圆筒形嵌件,以带螺纹孔的嵌件最为常见,它主要用于经常拆卸或受力较大的场合或导电部位的螺纹连接;图 4.14(b)所示为圆柱形嵌件,如光杆、丝杠等;图 4.14(c)所示为片状嵌件,它常用作塑料制品内的导体和焊片;图 4.14(d)所示为细杆状贯穿嵌体,它常用于汽车转向盘塑料制品中,加入金属细杆可以提高转向盘的强度和硬度。

为了使嵌件牢固地固定在塑料制品中,防止嵌件受力时在制品内转动或脱出,嵌件表面必须设计有适当的凸凹部分。

图 4.15(a)所示为最常见的菱形滚花;图 4.15(b)所示为杆形嵌件;图 4.15(c)所示为六角形嵌件;图 4.15(d)所示为用孔眼、切口或局部折弯来固定片状嵌件。薄壁管状嵌件也可用边缘折弯法固定,如图 4.15(e)所示;针状嵌件可采用砸扁其中一段或折弯的方法来固定,如图 4.15(f)所示。

(2)金属嵌件设计的基本原则。

①嵌件应尽可能采用圆形或对称形状。

②嵌件周围的壁厚应足够大。由于金属嵌件与塑料制品的收缩量不同,壁厚过小会使嵌件四周产生内应力而造成制品开裂。

③金属嵌件嵌入部分的周边应有倒角,以减少周围塑料冷却时产生的应力集中。

④嵌件必须可靠定位。

⑤嵌件自由伸出长度不宜超过其定位部分直径的 2 倍。

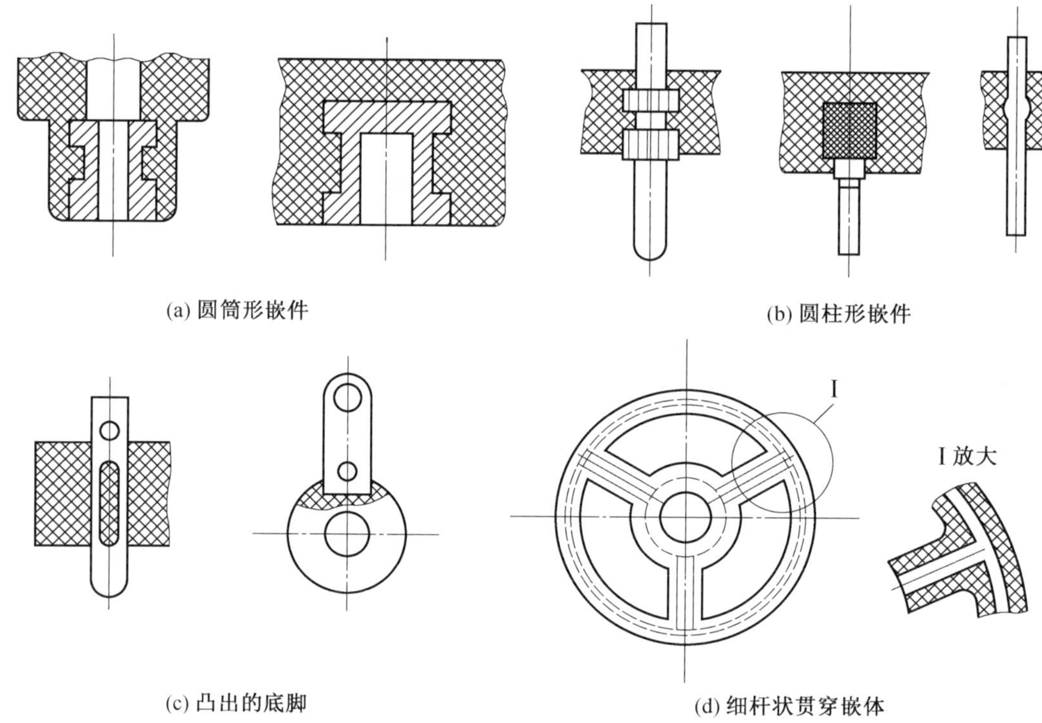

(a) 圆筒形嵌件　(b) 圆柱形嵌件

(c) 凸出的底脚　(d) 细杆状贯穿嵌体

图 4.14　几种常见的金属嵌件

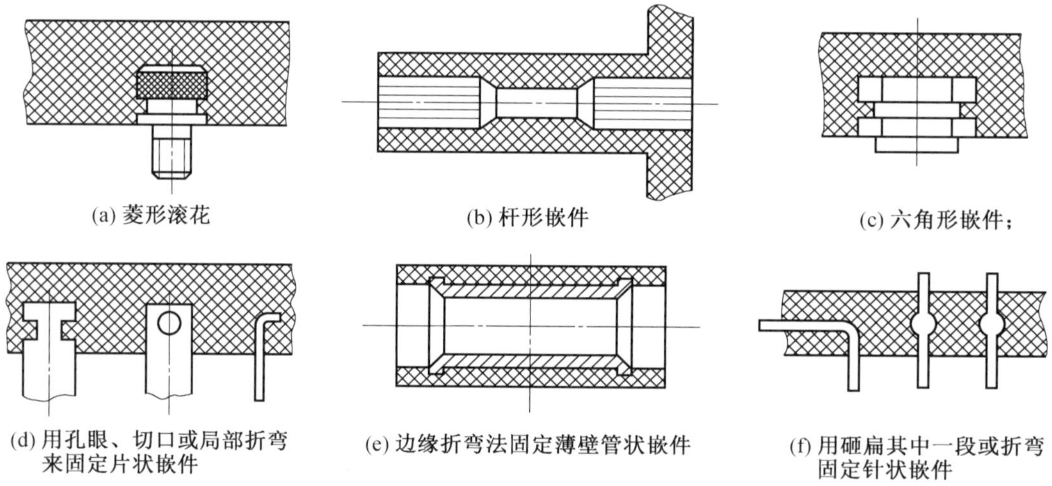

(a) 菱形滚花　(b) 杆形嵌件　(c) 六角形嵌件；

(d) 用孔眼、切口或局部折弯来固定片状嵌件　(e) 边缘折弯法固定薄壁管状嵌件　(f) 用砸扁其中一段或折弯固定针状嵌件

图 4.15　金属嵌件在制品内的固定方式

11. 分型面

模具上用以取出塑料制品及浇注系统凝料的可分离的接触表面称为分型面。在塑料制品设计时，要考虑分型面的形状和位置。

(1) 分型面的形状。

分型面的形状应尽可能简单，以便于制品脱模和模具的制造。分型面可以是与开模

方向垂直的平面(图 4.16(a))、斜面(图 4.16(b))、阶梯面(图 4.16(c))或曲面(图4.16(d))。

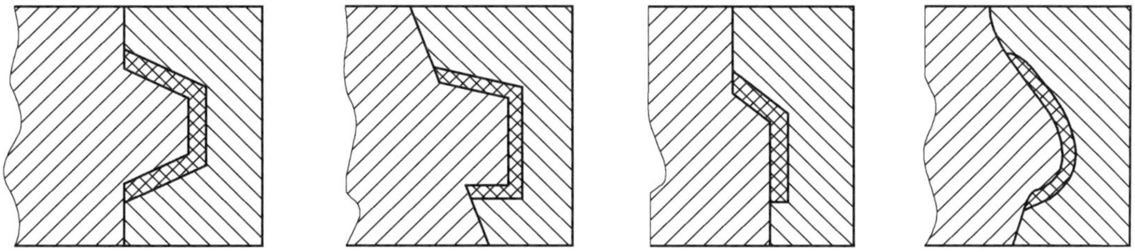

(a) 与开模方向垂直的平面　(b) 斜面　(c) 阶梯面　(d) 曲面

图 4.16 分型面的各种形状

(2)分型面位置的选择原则。

①分型面应设在塑料制品最大截面处。

②分型面应避免在光滑的外表面或带圆弧的转角处。

③分型面应尽量选在能使塑料制品留在动模内的地方。

④对于同轴度要求高的塑料制品,在选择分型面时,可把要求同轴的部分放在分型面的同一侧。

12. 标志及花纹

根据装潢或某种要求,塑料制品上常须直接制出文字、符号或花纹。因为模具上的凹形标志及花纹易于加工,所以塑料制品上多采用凸型文字、符号或花纹。如果塑料制品上不允许有凸起,或在文字符号上须涂色时,可将凸起的标志设在凹坑内。

4.1.4 工程塑料成形新技术

1. 反应注射成形

反应注射成形是指注射过程中伴有化学反应的一些热固性塑料和弹性体加工的新方法。其工艺过程是:利用精密计量泵把液状的两种物质从各自的容器送至液体混合头内,在一定的温度和压力下,借助混合头内的螺旋翼的旋转而混合并相互作用发生化学反应,然后被注射入型腔内,待固化后即可脱模。

这是一种用液体原料直接成形塑件的节省能量的工艺。由于使用的液态原料相对分子质量很低,黏度很低,因而成形温度、成形压力及锁模力等都比较低。这种成形工艺的主要特点是:节省能量,可成形大型制品,单件质量可大于50 kg,能成形结构复杂的制品,表面无熔接缝,模具结构简化,生产成本低,成形相同制品,模具质量比一般注射模具轻30%。

2. 粉末回转成形

粉末回转成形以塑料粉末作为原料。成形时,先在由拼合或带盖容器形成的封闭式中空模具中,放入所需量的塑料粉末材料,然后在对模具从外部加热的同时进行公转和自转的两轴回转。这时模具内的粉末材料熔融,并均匀地附着在模腔表面,而当附着的粉末材料达到规定的厚度时,从模具外进行冷却,并进行脱模取出制品。

粉末回转成形通常用煤气加热,有直火式、热风式等加热方式。冷却方式大多采用喷水式。这种成形工艺的主要特点是:可用不同种类塑料一次进行多层成形或不同颜色塑料的多层成形,可成形双层结构的塑件,塑件壁厚可在一定范围内进行调节,模具简单,制模成本低。但是它的成形周期较长,不适合成形精度要求高的制品。

3. 高速注射成形

高速注射成形方法的熔体填充速度较传统的快 10 ~ 100 倍,使熔体在模腔内产生高剪切的流动,黏度下降,充模速度快,塑料表面硬化减慢,因而可提高薄壁制品的成形厚度极限,抑制过度的成形压力,同时由于模内低压流动,制品的内应力降低。对于薄壁精密制品,可以利用注塑时螺杆前移引起熔体吸收能量,在螺杆移动停止后通过熔体膨胀高速充满型腔来实现。

4. 无保压注射成形

无保压注射成形技术是指将塑料熔体以高速、高压充填入模腔,然后关闭设于喷嘴的针阀,以模腔内的塑料熔体自动弥补制品各部分的收缩,这样可以大大降低制品的翘曲变形。但是这种方法需要事先估计保压的收缩补充部分,因此在注射中需要有较高的模腔压力值,需要的锁模力也高。

5. 其他的智能控制技术

精密注射成形过程中对加工条件实行持续性监测和精确控制非常重要。随着计算机技术的发展,智能化的注射成形已得到广泛应用。其中有统计过程控制(SPC)技术、比例积分微分控制(PID)技术、模糊逻辑控制(FCC)方法、中枢网络控制(NNC)方法和基于逆向加工模型的中枢网络尺寸控制等。

4.2 橡胶制品的成形

4.2.1 橡胶的组成及特点

按橡胶来源不同,可分为天然橡胶与合成橡胶两类。天然橡胶是橡胶树的液状乳汁经采集和适当加工而成,天然橡胶的主要化学成分是聚异戊二烯,合成橡胶的主要成分是合成高分子物质,其品种较多,丁苯橡胶和顺丁橡胶是较常用的合成橡胶。

按橡胶用途不同,可分为通用橡胶和特种橡胶,通用橡胶的用量一般较大,主要用于制作轮胎、输送带、胶管、胶板等,主要品种有丁苯橡胶、氯丁橡胶、乙丙橡胶等。特种橡胶主要用于制作高温、低温、酸、碱、油和辐射介质条件下的橡胶制品,主要有丁腈橡胶、硅橡胶、氟橡胶等。

橡胶的主要成分是生胶,加入各种配合剂(如硫化剂、增塑剂、防老化剂和填充剂等)和骨架材料制成。生胶是未加配合剂、骨架材料的天然胶或合成胶。配合剂是为了改善成形工艺性能和使用性能而添加,如硫化剂和硫化促进剂、增塑剂、防老化剂等。骨架材料是为了提高橡胶制品的承载能力,限制变形而加入的材料,如各种纤维、织品、金属丝或金属编织品均可作为骨架材料。

橡胶具有极高的弹性、可挠性和伸长率,良好的耐磨性、电绝缘性、耐蚀性、隔音、吸振,以及与其他物质的黏结性等。

4.2.2 橡胶制品的成形工艺

模塑成形的橡胶制品品种最多,应用最广。橡胶制品的生产工艺流程主要包括塑炼、混炼和成形3个阶段。

1. 生胶的塑炼

生胶的塑炼是指在一定条件下对生胶进行机械加工,使其由强韧性状态转变为柔软、具有可塑性的状态的工艺加工过程。经过塑炼,橡胶的弹性降低,可塑性增加,黏度降低,黏着性能提高并且获得适当的流动性,从而满足混炼、压延、压出、模压成形等工艺过程的要求。

塑炼的方法主要是机械塑炼法,即通过开放式炼胶机、密闭式炼胶机、螺杆式塑炼机(也称压出机)的机械破坏作用,使橡胶分子链断裂,以降低生胶的弹性,获得一定的可塑性。有时还辅以化学塑炼,即在机械塑炼时加入塑解剂,促使橡胶大分子降解,增加塑炼效果。

(1)用开放式炼胶机塑炼。

开放式炼胶机(简称开炼机),由一对做相向旋转的辊筒,借助物料与辊筒的摩擦力,将物料拉入辊隙,在剪切、挤压力及辊筒加热的混合作用下,使各组分得到良好的分散和充分的塑化。开炼机的基本构造如图4.17所示。

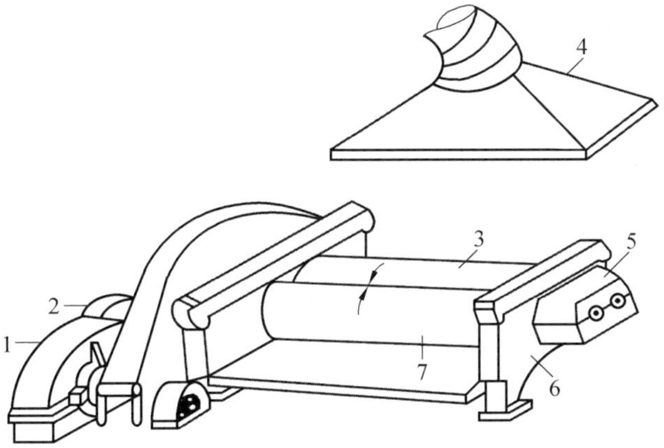

图4.17 开炼机的基本构造

1—减速箱;2—电动机;3—后辊;4—排风罩;5—速比齿轮罩;6—机架;7—前辊

生胶在开炼机上塑炼时,由于受到胶料和辊筒表面之间的摩擦力的作用,胶料被带入两辊的间隙之中,因为两个辊筒的速度不同而产生的速度梯度作用,使胶料受到强烈的摩擦剪切。在强烈的摩擦剪切作用下,橡胶的分子链断裂,在周围氧气或塑解剂的作用下生成相对分子质量较小的稳定分子,可塑性得到提高。

开炼机塑炼的工艺控制因素主要有辊温和塑炼时间、辊距和速比、化学塑解剂、装胶量等。

(2)用密闭式炼胶机塑炼。

密闭式炼胶机(也称密炼机)是生胶塑炼和混炼的主要设备之一。密炼机塑炼与开炼机比较,具有工作密封性好、工作条件和胶料质量大为改善、混炼周期短、生产效率高、安全性能好等优点。但密炼机是在密闭条件下工作,散热条件差,工作温度比开炼机高出许多,即使在冷却条件下,工作温度也为 120 ~ 140 ℃,甚至可达到 160 ℃。生胶在密炼机中受到高温和强烈的机械剪切作用,产生剧烈氧化,短时间内即可获得所需的可塑度。这种方法生产能力大,粉尘污染小,劳动强度低,能量消耗少,适用于耗胶量大、胶种变化少的生产部门。

密炼机的基本构造如图 4.18 所示。密炼机的主要部件是两个转子和一个塑炼室。转子的横截面呈梨形,并以旋转的方式沿着轴向排列,两个转子的转动方向是相反的,转速也略有差别。转子转动时,被塑炼的生胶不仅绕着转子而且沿着轴向移动。两个转子的顶尖之间和顶尖与密炼室内壁之间的距离都很小,转子在这些地方扫过时都会对物料施加强大的剪切力。密炼室的顶部设有压缩空气或液压油操纵的活塞,以压紧物料,使其更有利于塑炼。密炼室的外部和转子的内部都开有加热和冷却介质的循环通道,以便对密炼室和转子进行加热和冷却。密炼室上部有一个加料斗,工作时由上顶栓将加料口关闭。密炼室下面都有一个出料口,工作时用下顶栓关闭。

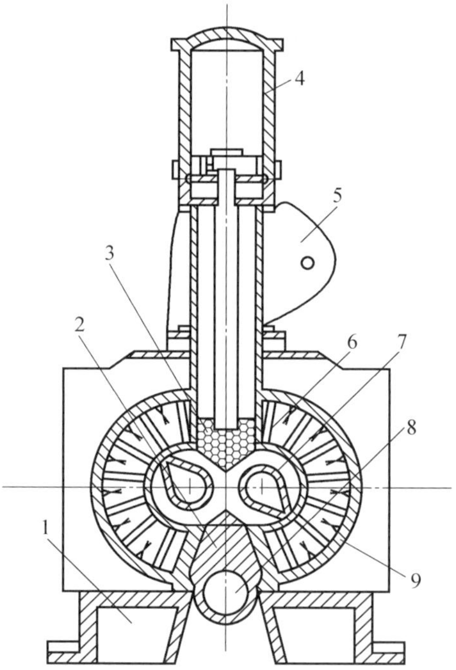

图 4.18 密炼机的基本构造

1—底座;2—下顶栓;3—上顶栓;4—上顶栓气缸;5—加料斗;
6—密炼室;7—转子;8—冷却水喷淋头;9—下顶栓气缸

用密炼机塑炼时,将生胶加入密炼室,在一定温度和压力下塑炼一定时间,直至达到所要求的可塑度为止。塑炼过程中主要的控制因素有塑炼温度和时间、化学塑解剂、转子速度、装胶量及上顶栓压力等。

(3)用螺杆式塑炼机塑炼。

螺杆式塑炼机塑炼的特点是可在高温下连续塑炼。螺杆式塑炼机的工作原理与塑料挤出机类似,因为负荷较大,所以有较大的驱动功率,螺杆长径比也较小。螺距由大到小,以保证吃料、送料、初步加热和塑炼的需要。螺杆塑炼机适合于机械化、自动化生产。

但由于生胶塑炼质量较差、可塑性不够稳定等问题,其使用受到一定的限制,远不如开炼机、密炼机应用广泛。

2. 胶体的混炼

胶体的混炼就是将各种添加剂混入生胶中,制成质量均匀的混炼胶的过程。对混炼质量的要求有两个方面:一是保证制品具有良好的物理、力学性能,二是胶料本身要具有良好的加工工艺性能。也就是说,要求胶料中的添加剂应达到保证制品物理、力学性能的最低分散程度,同时还应使胶料具有后续加工所需要的最低可塑度。

混炼加工仍然可使用开炼机、密炼机,也可采用压出机(橡胶挤出机)。生产中使用最多的还是密炼机。开炼机在小型橡胶工厂中仍占有一定的比例。

(1)在开炼机上混炼。

在开炼机上混炼加工与塑炼加工类似,可采用一段混炼和两段混炼的方法。加料时,一般加料顺序为生胶→固体软化剂→促进剂、活化剂、防老剂→补强填充剂→液体软化剂→硫磺及超促进剂。加料顺序不当,会影响添加剂分散的均匀性,有时甚至会造成胶料烧焦、脱辊、过炼等现象,使操作难以进行,胶料性能降低。

混炼时,辊筒的间距一般为4~8 mm。辊距不能过小,辊距太小时胶料不能及时通过辊隙,会使混炼效果降低。混炼时辊温一般在50~60 ℃之间,合成橡胶辊温适当要低些,一般在40 ℃以下。混炼时间一般为20~30 min,合成橡胶混炼时间较长。用于混炼的开炼机辊筒速比一般为1∶(1.1~1.2)。

(2)在密炼机上混炼。

密炼机混炼可以采用一段混炼和分段混炼两种方法。一段混炼法适用于天然橡胶或掺用合成橡胶的质量分数不超过50%的胶料。一段混炼操作中常采用分批逐步加料的方法。通常的加料顺序为:生胶→固体软化剂→防老剂、促进剂、活性剂→补强填充剂→液体软化剂→从密炼机中排出胶料到压片机上再加入硫磺和超促进剂。分段混炼即胶料的混炼分几次进行。在两次混炼之间,胶料必须经过压片冷却和停放,然后才能进行下一次混炼,通常经过两次混炼即可制得合格的胶料。第一次混炼像一段混炼一样,只是不加入硫磺和活性大的促进剂。制得一段混炼胶后,将胶料由密炼机排出到压片机上,出片、冷却、停放8 h以上,再进行第二阶段混炼加工。混炼均匀后排料到压片机上,加入硫化剂,翻炼均匀后下片。分段混炼法每次混炼时间短,混炼温度较低,添加剂分散更均匀,胶料质量更高。密炼机混炼温度一般为120~130 ℃。

无论是开炼机混炼还是密炼机混炼,经出片或造粒的胶料均应立即进行强制冷却以防出现烧焦或冷后喷霜。通常的冷却方法是将胶片浸入液体隔离剂(如陶土悬浮液)中,也可将隔离剂喷洒在胶片或粒料上然后用冷风吹干。液体隔离剂既起冷却作用,又能防止胶料互相黏结。混炼好的胶料冷却后还需停放8 h以上,让添加剂继续扩散,均匀分散,使橡胶与炭黑进一步结合,提高炭黑的补强效果,同时也能使胶料松弛混炼时受到的机械应力,减小内应力作用和胶料收缩率。

3. 橡胶的成形

橡胶的成形是指以生胶和各种配合剂混合制得的胶料为原料,通过各种成形方法,经加热、加压(硫化处理)获得橡胶制品的工艺过程。

橡胶成形的主要方法有模压成形、注射成形、压注成形和挤出成形等,其中模压成形应用最广。

(1)橡胶的模压成形。

胶料的模压成形,就是将准备好的橡胶半成品置入模具中,在加热、加压的条件下,使胶料呈现塑性流动充满模腔,经过一定的持续加温时间后完成硫化,再经脱模和修边后得到制品的成形方法。这种方法的主要设备是平板硫化机和橡胶压制模具。模压成形的设备成本较低,制品的致密性好,适宜制作各种橡胶制品、橡胶与金属或织物的复合制品。

①模压成形前的准备工作。橡胶模压成形工艺流程图如图 4.19 所示。生胶经过塑炼、混炼工艺操作后再经过 24 h 停放,然后被送去制备胶料半成品。胶料半成品的准备常使用压延机、开炼机、压出机等。胶料可在压延机或开炼机上被压制成所要求尺寸的胶片,然后用圆盘刀或冲床裁成半成品。也可用螺杆压出机压出一定规格的胶管,再横切成一定质量的胶圈,用于较小规格的密封圈、垫片、油封等的生产。胶料半成品的大小和形状应根据模腔而定。半成品的质量应超出成品净重的 5% ~10%,这样不但可以保证胶料充满型腔,而且可以在成形中排除模腔内的气体和保持足够的压力。

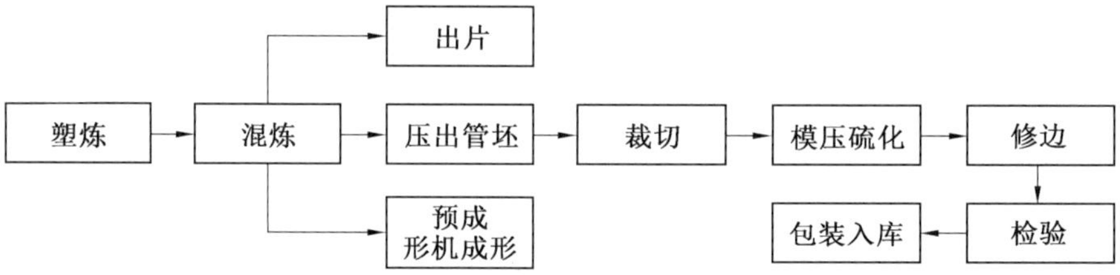

图 4.19 橡胶模压成形工艺流程图

②橡胶制品的模压成形。橡胶制品的模压成形过程包括加料、闭模、硫化、脱模及模具的清理等操作步骤,其中最重要的是硫化过程。硫化过程的实质是橡胶线型分子链之间形成化学交联,随着交联度的增大,橡胶的抗拉强度、硬度也会增大。抗拉强度是随着交联程度的上升而逐渐上升,当达到一定值后,如果继续交联,抗拉强度会急剧下降。断后伸长率随着交联度的提高而降低,并逐渐趋于很小的值。在一定交联范围内,硫化胶的弹性增大,当交联度过大时,由于橡胶分子的活动受到影响,弹性反而降低。所有这些说明,要想获得最佳的综合平衡性能,必须控制交联程度(即硫化程度)。控制硫化过程的主要因素是硫化温度、时间和压力。

(2)橡胶的注射成形。

橡胶的注射成形与塑料的注射成形相似,是一种将胶料直接从机筒注入模具硫化的生产方法。橡胶注射成形工艺主要包括喂料塑化、注射保压、硫化、出模几个过程。国产六模胶注射机示意图如图 4.20 所示。

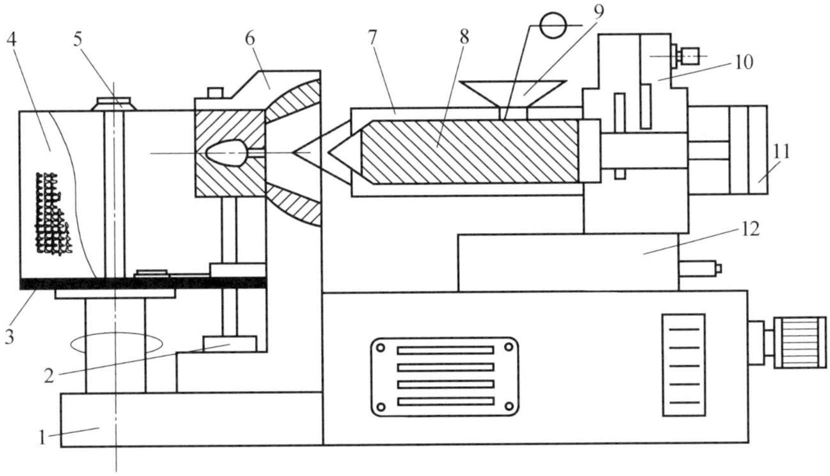

图4.20 国产六模胶注射机示意图

1—机座;2—液压锁模缸;3—转盘;4—模具;5—转轴;6—合模机构;7—注射筒;8—螺杆;9—带状胶料;10—螺杆驱动装置;11—注胶油缸;12—注射座

①喂料塑化。先将预先混炼好的胶料(通常加工成带状或粒状)以料斗喂入机筒,在螺杆的作用下,胶料沿螺槽被推向机筒前端,在螺杆前端建立压力,迫使螺杆后退。而胶料在沿螺槽前进时,受到激烈的搅拌和变形,加上机筒外部的加热温度很快升高,可塑性增加。由于螺杆受到来自注射油缸的背压作用,且螺杆本身具有一定的压缩比,胶料受到强大的挤压作用而排出残留的空气,从而变得十分致密。

②注射保压。当螺杆后退到一定的位置,螺杆前端储存了足以注射的胶量时,注射座带动注射机构前移,机筒前端的喷嘴与模具浇口接触,在注射油缸的推动下,螺杆前移进行注射。胶料经喷嘴进入型腔,模具型腔充满胶料后注射完毕。继续保压一段时间,以保证胶料的密实,均匀。

③硫化出模。在保压过程中,胶料在高温下渐渐转入硫化阶段。这时注射座后移,螺杆又开始旋转进料,开始新一轮塑化。此时转盘转动一个工位,将已注满胶料的模具移出夹紧机构,继续硫化直至出模。同时,另一副模具转入夹紧结构,准备进行另一次注射。如此循环生产。

同塑料注射机一样,橡胶注射机也具有注射装置、合模装置、液压和控制系统,注射模具的结构也十分相似。但橡胶注射与塑料注射也有很大的不同,橡胶注射时首先考虑的不是加温流动,而是防止胶料温度过高,发生烧焦的问题。橡胶注射成形的重要工艺参数有料筒温度、注射温度、模具温度、注射压力、螺杆转数和背压等。

料筒温度的控制在橡胶注射成形中十分重要。胶料在料筒内受热而塑化,变得具有流动性。胶料的黏度下降,流动性增大时,注射过程才易进行。因此,在一定的温度范围内提高料筒的温度,可以使注射温度提高,缩短注射时间和硫化时间,提高硫化胶的硬度或抗拉强度。但过高的温度会使胶料的硫化速度加快并出现烧焦现象,这时胶料黏度会大大增加,并堵塞注射喷嘴,迫使注射中断。所以,应该在安全性许可的前提下,尽可能提高料筒温度。

注射温度是指胶料通过注射机喷嘴后的温度，这时胶料温度的热源主要有两个，一是料筒加热传递的温度，另一个则是胶料通过窄小喷嘴时的剪切摩擦热。所以，提高螺杆转速、背压、注射压力及增加喷嘴直径都可提高注射温度。另外，不同的橡胶，通过喷嘴后的温升情况不同。

模具温度也就是硫化温度。模具温度高，硫化时间就短。在模压成形时，由于胶料加入模具时处于较低的温度，且胶料是热的不良导体，模温高使得制品外部过硫，而内部欠硫，从而使模具温度的提高受到限制。

注射压力是指注射时螺杆或柱塞施于胶料单位面积上的力。注射压力大，有利于克服胶料熔体的流动阻力，使胶料充满模腔。还使胶料通过喷嘴时的速度提高，剪切摩擦所生的热量也大，这对充模和加快硫化都有好处。采用螺杆式注射机，注射压力一般取 80 ~ 110 MPa。

另外，螺杆的转速和背压对胶料的塑化及其在料筒前端建立压力有一定影响。随着螺杆转速的提高，胶料受到的剪切力、摩擦力增大，所产生的热量也越大，塑化效果也越好。当螺杆转速超过一定范围，由于螺杆的推进，胶料在料筒内受热塑化时间变短，塑化效果反而下降。所以，螺杆转速一般不超过 100 r/min。背压越大，螺杆旋转时消耗的功率大，剪切摩擦热就越大。背压一般设定为 22 MPa 以内。

在成形过程中除上述工艺控制因素之外，还应合理掌握硫化时间，以得到高质量的硫化橡胶制品，完成硫化以后开启模具、取出制品，经过修边工序修整注射时产生的飞边和毛边。最后经过产品质检合格后即可包装、入库、出厂。

4.3 陶瓷材料的成形

4.3.1 陶瓷材料的特点

陶瓷是指用天然或人工合成的粉状化合物经过成形和高温烧结而制成的多相固体材料。陶瓷是一类无机非金属材料，它具有高强度、高硬度、耐磨损、耐高温、耐氧化等优点。根据陶瓷的化学组成、显微结构及性能的不同，可将其分为普通陶瓷和特种陶瓷两大类。普通陶瓷是黏土、长石和硅石等天然原料经粉碎、成形及烧结而成，主要用于日用、建筑和卫生用品及电器、耐酸器皿、过滤器皿等。特种陶瓷是以人工化合物为原料（如氧化物、氮化物、碳化物、硼化物及氟化物等）制成的陶瓷，具有特殊的性质和功能，它主要用在高温、机械、电子、宇航、医学工程等方面，成为近代尖端科学技术的重要组成部分。

陶瓷由晶体、玻璃体和气孔组成，陶瓷制品的生产主要包括配料、成形、烧结 3 个阶段。烧结是通过加热使粉体产生颗粒黏结，经过物质迁移使粉体产生高强度并导致致密化和再结晶的过程。陶瓷经成形、烧结后还可以根据需要进行磨削加工和抛光，甚至切削加工。通过研磨和抛光，陶瓷表面可达镜面光洁水平。下面重点介绍陶瓷制品的成形方法。

4.3.2 陶瓷材料的成形工艺

1. 干压成形

干压成形是将粉料装入钢模内,通过冲头对粉末施加压力,压制成具有一定形状和尺寸压坯的成形方法。卸模后将坯体从凹模中脱出。

由于压制过程中粉末颗粒之间、粉末与冲头、模壁之间存在摩擦,使压力损失而造成压坯的密度分布不均匀,故常采用双向压制并在粉末中加入少量有机润滑剂(如油酸),有时加入少量黏结剂(如聚乙烯醇)以增强粉料的黏结力。该方法一般适用于形状简单、尺寸较小的制品。

干压成形一般是在油压机上进行的。其加压方式可以是单面加压,也可以采用双面加压,干压成形过程示意图如图4.21所示。从图4.21中加压方式对坯体密度的影响可以看出,在两种情况下密度分布是不同的。

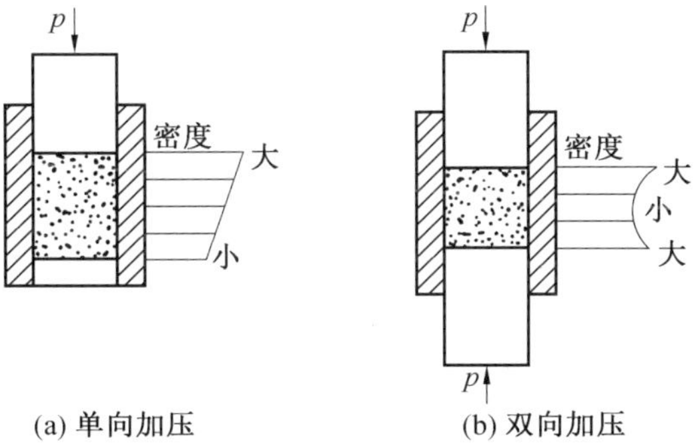

图4.21 干压成形过程示意图

干压成形的优点是工艺简单、操作方便、周期短、效率高,便于自动化生产。此外,干压成形还具有坯体密度大、尺寸精确、收缩小、强度高等特点。但干压成形对大型体生产有困难,模具磨损大、加工复杂、成本高,另外压力分布和坯体密度不均匀,会在烧结中产生收缩不均、分层开裂等现象。干压成形也难以制造出形状复杂的零件。

2. 可塑法成形

在可塑法成形时,在坯料中加入一定量的水或塑化剂,使坯料成为具有良好塑性的料团,然后利用外力的作用使可塑坯料发生塑性变形而制成坯体。可塑法成形主要包括挤压法、刀压法、滚压法、车坯法、轧膜法、注浆法等。

(1)挤压法成形。

挤压法成形主要用来制造壁厚为0.2 mm左右的各种管状产品(如高温炉管、热电偶套管、电容器瓷管等)和截面形状规则的瓷棒或轴(如圆形、方形、椭圆形、六角形瓷棒等)。随着粉料质量和泥料可塑性的提高,它也可用来挤制长为100~200 mm、厚度为0.2~0.3 mm的片状坯坯模,半干后再冲制成不同形状的片状制品,或者用来挤制每平方厘米100~200个孔的蜂窝状或筛格式穿孔陶瓷制品。

挤压法成形过程示意图如图4.22所示。将真空炼制的泥料放入挤制机内,该机一头可以通过活塞对泥料施加压力,另一头装有挤嘴(即成形模具)。通过更换挤嘴能挤出各种形状的坯体，也可直接将挤嘴安装在真空炼泥挤压机上，制成真空炼泥挤压机，其制品性能更好。挤出的坯体待晾干后可切割成所需长度的成品。

挤压法成形生产效率高、产量大、操作简便。但挤嘴结构复杂，加工精度要求较高。

(2)刀压法成形和滚压法成形。

刀压法成形(图4.23)也称旋压法成形，是利用型刀和石膏模型进行成形的一种方法。成形时取定量的可塑泥料，投进旋转的石膏模中，然后将型刀渐渐压入泥料。由于型刀与旋转着的模型之间存在相对运动，随着模型的旋转及型刀的挤压和刮削作用，将坯泥沿石膏模型的工作面上展开形成坯件。刀口的工作弧线形状与模型工作面的形状构成了坯体的厚度。这种方法又可分为凹模法和凸模法。凹模法成形时石膏模内凹，模内壁决定坯体的外形，型刀决定坯体的内部形状。凸模法成形时的外形，型刀决定坯体的内部形状。凸模法成形时石膏模凸起，坯体内表面形状由模型决定，外表面形状由型刀旋压决定。

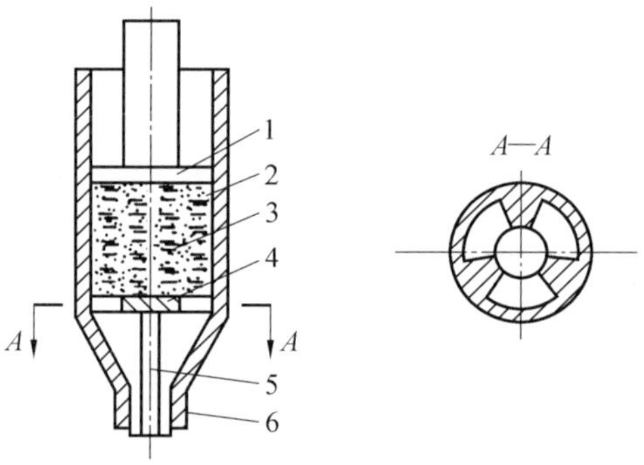

图4.22 挤压法成形过程示意图

1—活塞;2—挤压筒;3—瓷料;4—型环;5—型芯;6—挤嘴

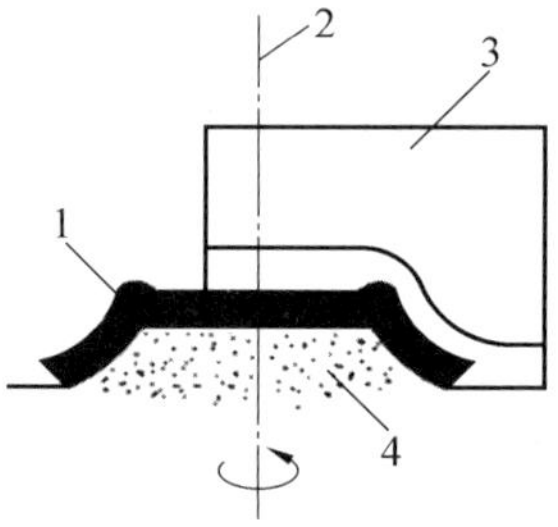

图4.23 刀压法成形示意图

1—坯料;2—旋转轴;3—样板刀;4—石膏模型

滚压法成形是由刀压法成形演变而来的，它与刀压法成形的不同之处是将扁平的型刀改为回转型的滚压头。成形时，滚压头和盛放泥料的模型分别绕自己的轴线以一定速度同方向旋转。滚压头一面旋转一面逐渐压入泥料，泥料受“滚”与“压”的作用而成形制品。与刀压法成形相似，滚压法成形可分为凸模滚压成形和凹模滚压成形两种。

(3)车坯法成形。

车坯法成形是利用挤压出的圆柱形泥团作为坯料，在卧式或立式车床上加工成形。

车床的结构与金属切削加工的普通车床相似。根据泥团所含水分的多少，又分为干车成形和湿车成形两种：前者泥料水的质量分数为6% ~11%，后者泥料水的质量分数为16% ~18%。尺寸精度要求较高的产品多采用干车成形，但干车成形时粉尘多，生产效率低，刀具损耗大。湿车成形的优缺点正好与干车成形相反。

车坯法成形适合加工形状较为复杂的圆形制品，特别是大型的圆形制品。

(4)轧模法成形。

轧模法成形是将准备好的坯料拌以一定量的有机黏结剂(一般用聚乙烯醇)，并混合均匀后置入轧模机的两轧辊之间进行加工。通过调整轧辊间距，经过多次辊轧，最终达到所要求的厚度。轧好的坯片需经冲切工序制成所需的坯件。

由于在辊轧过程中，坯料只在厚度和前进方向受到碾压，在宽度方向受力较小，因此坯料和黏结剂不可避免地会出现定向排列。干燥和烧结时，横向收缩大，易产生变形和开裂，坯体性能也呈各向异性。轧模法成形适合生产厚度在1 mm以下的薄片状产品，但对厚度小于0.08 mm的超薄片，难以用此法轧制且质量也不易控制。

3. 注浆法成形

注浆法成形是在石膏模中进行的。石膏模多孔且吸水性强，能很快吸收陶瓷浆料的水分，达到成形的目的。

注浆法成形过程可以分为吸浆成坯和巩固脱模两个阶段。吸浆成坯阶段由于石膏模的吸水作用，先在靠近模型的工作面上形成一薄泥层，随后泥层逐渐增厚达到所要求的坯体厚度。成形的动力是模型的毛细管力。此时不能马上脱模，需继续放置，即进入巩固脱模阶段，模型继续吸水及坯体表面水分蒸发并伴有干燥收缩。当水分含量降低到某一数值时，坯体内水分减少的速度会急剧变小，此时由于坯体收缩并有了一定的强度，脱模就比较容易。注浆法成形有3种基本方法：空心注浆法、实心注浆法及热压注浆法。为了强化注浆过程，生产中还使用压力注浆、离心注浆和真空注浆等。

(1)空心注浆法。

空心注浆法所用的石膏模是空心的(即无模芯)，泥浆注满模腔经过一定时间后，石膏模腔内部黏附一定厚度的坯体，将多余的泥浆倒出，坯体形状便在模内形成。坯体的厚薄取决于吸浆时间、模型的湿度和温度及浆料的性质。

空心注浆法适用于小型薄壁的产品。空心注浆法的工艺过程如图4.24所示。

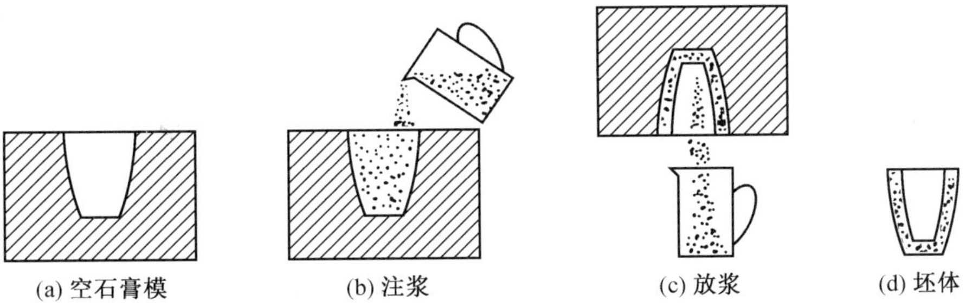

图4.24 空心注浆法的工艺过程

(2)实心注浆法。

实心注浆法所用石膏模具由外模和模芯组成,泥浆注入外模与模芯之间,坯体的表面由外模腔决定,内部形状则由模芯决定。这样,泥浆注满后,模型从两个方向吸收泥浆的水分,往往造成靠近模壁处坯体致密,而坯体中心较疏松,这与泥浆性能和浇注操作有关,所以应精心制作泥浆和严格操作工艺。

实心注浆法对制品的适应性较强,得到的制品致密,强度也高,但因坯件含水量较大,其干燥收缩较大,生产时要消耗较多的石膏模,占用场地也较大。实心注浆法的工艺过程如图 4.25 所示。

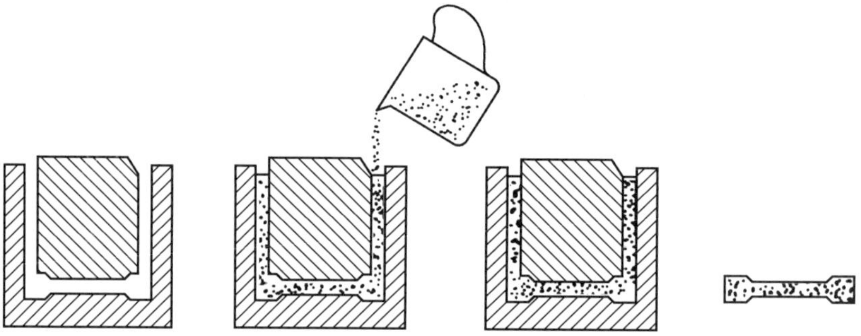

图 4.25　实心注浆法的工艺过程

(3)热压注浆法。

利用蜡类材料热熔冷固的特点,把粉料与熔化的蜡料黏结剂迅速搅和成具有流动性的料浆,在热压力铸造机中用压缩空气把热熔料浆注入金属模,冷却凝固后成形。这种成形操作简单,模具损失小,可成形复杂制品,但坯体密度较低,生产周期较长。

4.3.3　陶瓷材料成形新技术

由于目前特种陶瓷的粉末制备、成形、烧结、加工等一系列工艺过程复杂,成本高,且烧结后极难做到像金属材料那样通过冷加工、热加工、淬火等对其显微组织进行改进,所以很大程度上影响了它的推广和应用。因此,目前的研究主要集中在粉末的低价制备、成形技术、烧结技术、加工技术方面。在粉末制备上,进一步发展了纳米粉末(10 ~ 100 nm)制备技术。纳米粉末带来的小尺寸特性,可降低烧结温度,提高材料韧度和强度及其他特殊性能。

目前,在陶瓷成形技术发展中研究较为深入且获得成功应用的是等静压成形工艺。等静压成形工艺是利用液体介质的不可压缩性和传递压力的均匀性的一种成形方法。在成形过程中,处于高压容器中的坯料所受到的压力如同处于同一深度的静水中所受到的压力情况一样。成形时将预压好的坯料包封在弹性的橡胶模具或塑料模具内,然后置于高压容器中施以高压液体(如水、甘油或刹车油等,压力一般大于 100 MPa)来成形坯体。由于是处在高压液体中,坯体各个方向上受压均匀,故致密度高且成分均匀,烧结过程中的收缩和变形小。

等静压成形工艺的特点是可以成形一般方法难以生产的形状复杂件、大件及细长件，可以不增加操作难度而较方便地提高成形压力，成形质量高，模具制作方便、寿命长、成本亦较低。

4.4 复合材料的成形

复合材料是指两种或多种成分不同、性质不同、有时形状也不同的相容性材料以物理方式进行合理复合而制得的一类新材料。复合材料由两类物质组成：一类为基体材料，形成几何形状并起黏结作用，如树脂、陶瓷、金属等；另一类为增强材料，起提高强度或韧化作用，如纤维、颗粒、晶须等。

按基体的不同，复合材料可分为金属基复合材料、树脂基复合材料和陶瓷基复合材料等。在同一基体的基础上，还可按增强材料的不同进行分类，如金属基复合材料又可分为纤维增强金属基复合材料、颗粒增强金属基复合材料等。

复合材料成形工艺与其他材料成形工艺相比，其特点是材料的形成与制品的成形同时完成。复合材料的生产过程通常是复合材料制品的生产过程。

4.4.1 金属基复合材料的成形

制备金属基复合材料的关键在于，获得基体金属与增强材料之间良好的浸润和合适的界面结合。制造步骤主要包括增强材料的预备处理或预成形、材料复合、复合材料的二次成形和加工。下面介绍几种常用方法。

1. 液态金属浸润法

液态金属浸润法的实质是使基体金属呈熔融状态时与增强材料浸润结合，然后凝固成形，常用工艺有以下几种。

(1)常压铸造法。

将经过预处理的纤维制成整体或局部形状的零件预制坯，预热后放入浇注模，浇入液态金属，靠重力使金属渗入纤维预制坯并凝固。此方法可采用常规铸模设备，降低制造成本，适应于较大规模的生产。但复合材料制品易存在宏观和微观缺陷。

(2)液体金属搅拌法。

将基体金属放入坩埚中熔化，插入旋转叶片，搅拌液态金属，并逐步加入弥散增强材料，直至在熔体中均匀分布为止。然后进行脱气处理，注入模中凝固成形。可以采用熔模铸造直接生产零件，也可先制成铸坯，再经二次成形加工，生产板、管和各种型材。该方法设备较为简单，生产成本低，主要用于陶瓷颗粒增强金属基复合材料的制造。

(3)真空加压铸造法。

真空加压铸造法是在真空或惰性气体的密封容器中加热纤维预制坯和熔化金属，随后将铸模的引流管插入熔融金属中，并通入惰性气体对液态金属面施以一定压力，强制液态金属渗入预制坯，冷却凝固后制成复合材料或制品。真空加压铸造装置示意图如

图4.26所示。该方法可防止纤维和基体金属在加热过程中氧化，有利于纤维表面净化，改善其浸润性，从而显著减少复合材料和制品中的缺陷，适合生产小型零件，但生产效率较低。

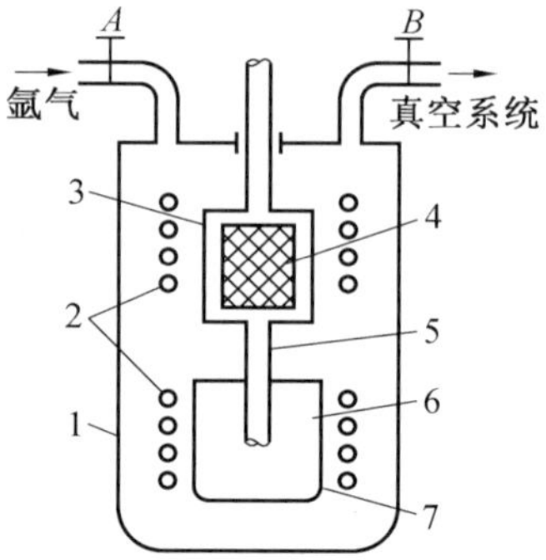

图4.26 真空加压铸造装置示意图

1—密封容器；2—加热器；3—铸模；4—纤维预制品；5—引流管；6—液态金属；7—坩埚

（4）挤压铸造法。

先将增强材料放入配有黏结剂和纤维表面改性溶质的溶液中，充分搅拌，然后压滤、干燥、烧结成具有一定强度的预制坯（图4.27）。随后将预热后的预制坯放入固定在液压机上经预热的模具中，注入液态金属，加压使金属渗透制坯，并在高压下凝固成形为复合材料制品，如图4.28所示。该成形方法可生产材质优良、机械加工余量小的制品，成本低，生产效率较高。

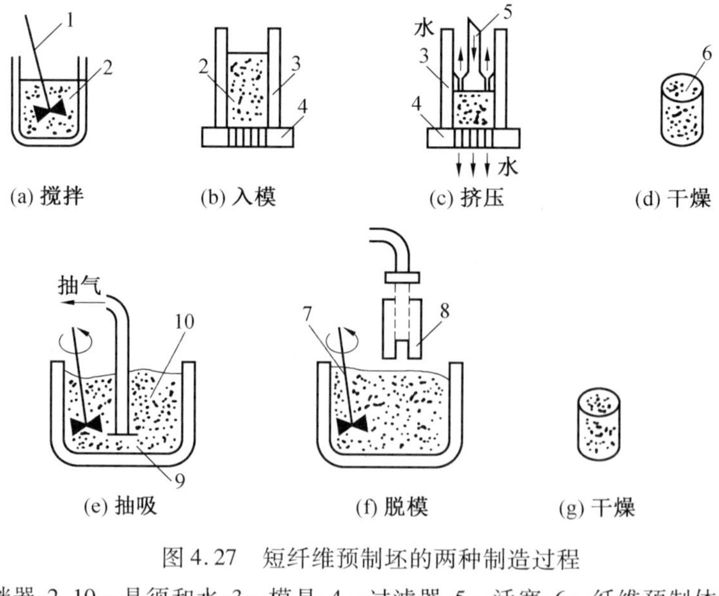

图4.27 短纤维预制坯的两种制造过程

1—搅拌器；2、10—晶须和水；3—模具；4—过滤器；5—活塞；6—纤维预制体；7—黏结剂；8—预制坯；9—过滤器

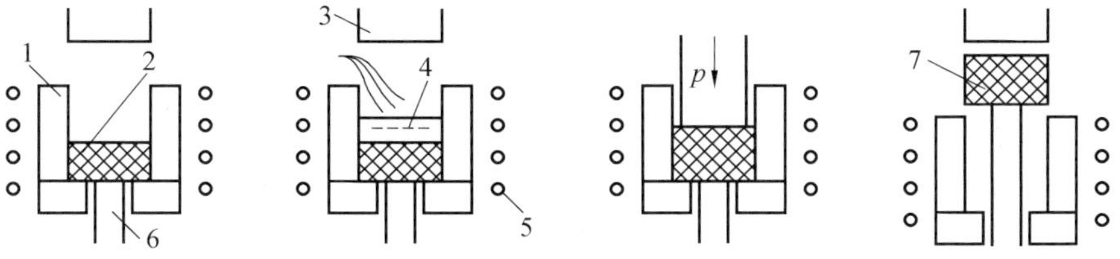

图 4.28　挤压铸造复合材料示意图

1—模具;2—预制坯;3—压头;4—液态金属;5—加热器;6—顶杆;7—复合材料

2. 扩散黏结法

扩散黏结法是在较长时间、较高温度和压力下,使固态金属基体与增强材料的接触界面通过原子间相互扩散而黏结。制造时先把增强纤维用不同的方法,如等离子喷涂法、液态金属浸渍法、化学涂覆法等制成预制坯,处理、清洗后,按一定形状、尺寸和排列形成叠层封装,加热压制,压制过程可以在真空、惰性气体或大气环境中进行,常用的压制方法有以下 3 种。

(1)热压法。

热压法是将预制带式复合丝按要求铺在金属箔上,交替叠层,再放入金属模具中或封入真空不锈钢内,加热、加压一定时间后取出冷却,去除封套。

(2)热等静压法。

热等静压法是将预制坯装入金属或非金属制备的包套中,抽真空并封焊包套,再将包套装入高压容器内,注入高压惰性气体(氮气或氩气)并加热。气体受热膨胀后均匀地对受压件施以高压,扩散黏结成复合材料。此方法可制造形状较为复杂的零件,但所需设备昂贵。

(3)热轧法。

热轧法是经预处理的纤维、复合丝同铝箔交替排成坯料,用不锈钢薄板包裹或夹在两层不锈钢之间加热和多次反复轧制,制成板材或带材。

3. 粉末冶金法

粉末冶金法是根据制品要求采用不同的金属粉末与陶瓷颗粒、晶须或短纤维,均匀混合后放入模具中,经高温、高压成形。该方法可直接制成零件,也可制坯进行二次成形。制得的金属基复合材料致密度高,增强材料在金属基复合材料中的分布均匀。

4. 喷雾共淀积法

喷雾共淀积法是用于生产陶瓷颗粒增强金属基复合材料的一种新工艺,熔融金属从炉子底部的浇注孔流出,经喷雾器被高速惰性气体流雾化,同时由气体携带陶瓷颗粒加入雾化流中使其混合、沉降,在金属液滴尚未完全凝固前喷射在基板或特定模具上,并凝固成颗粒增强金属基复合材料。此方法生产的材料致密度高,陶瓷颗粒分布均匀,生产效率高,可直接生产不同规格的空心管、板、锻坯和挤压锭等。

4.4.2 树脂基复合材料的成形

要获得良好的树脂基复合材料制品,必须根据原材料的工艺特点,制品尺寸和形状,使用要求等条件,正确选择成形方法和工艺参数。树脂基复合材料成形方法有手糊成形、喷射成形、热压罐成形、对模模压成形、缠绕成形、拉挤成形及压注成形等。下面介绍几种常用方法。

1. 手糊成形

手糊成形是聚合物基复合材料生产中最早使用和最简单的一种成形方法。其工艺过程是先在经清理并涂有脱模剂的模具上均匀刷一层树脂,再将纤维增强织物按要求裁剪成一定形状和尺寸,直接铺设到模具上,并使其平整,多次重复以上步骤逐层铺贴,直至所需厚度为止。涂刷结束后让其在室温下(或在专用设备中加热、加压)固化成形。

手糊成形的特点是不需专用设备,工艺简单,操作方便,生产成本低,其制品的形状和尺寸不受限制,适用性广。但由于靠手工操作,生产效率低,产品质量不稳定,因此一般适用于要求不高的大型制件,如船体、储罐、大口径管道、汽车壳体、风机叶片及仿形加工用靠模等。

2. 喷射成形

喷射成形是利用压缩空气将经过特殊处理而雾化的树脂与切短的纤维同时通过喷射机的喷枪喷射到模具上,经过辊压、排除气泡等步骤后再继续喷射,直至完成坯件制件(图4.29),然后从回转台上取下进行固化的一种成形方法。

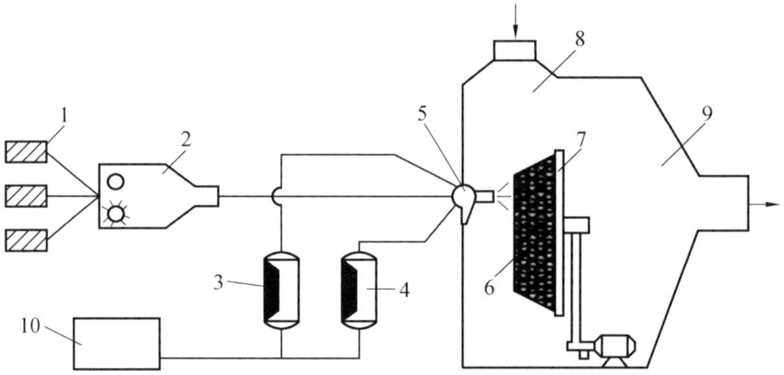

图4.29 喷射成形示意图

1—纤维;2—纤维切断器;3—甲组分树脂罐;4—乙组分树脂罐;5—喷枪;6—被喷物;7—旋转台;8—隔离室;9—抽风罩;10—压缩空气

喷射成形生产效率高,制品无接缝,其形状和尺寸大小受限制小,适用于异形制品的成形,但场地污染大,制件承载能力不高。主要适用于制造船体、汽车车身、浴盒等大型部件。

3. 热压罐成形

热压罐成形(图4.30)是制造结构复合材料制品的一种通用方法。主要用于成形高性能复合材料制品。首先，将预浸材料按一定排列顺序置于涂有脱模剂的模具上，铺放分离布和带孔的脱模薄膜，在脱模薄膜的上面铺放吸胶透气毡，再包覆耐高温的真空袋，并用密封条密封周边。然后，连续从真空袋内抽出空气并加热，使预浸材料的层间达到一定程度的真空度，达到要求温度后，向热压罐内充以压缩空气，给制品加压。热压罐成形工艺的主要设备是能承受所需温度和压力，并具有必要成形空间的热压罐，以及加温、加压系统，抽真空系统和控制系统等。由于无法直接观察到基体树脂的流变和固化行为，只能通过测定树脂在固化过程中的黏度、介电常数或反应热的变化，来确定加温和加压程序的实施。因而，该方法也被认为是一种具有"技巧性"的方法。

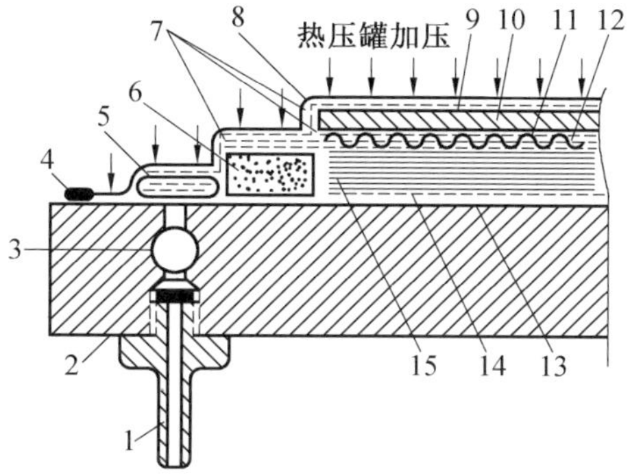

图4.30 热压罐成形示意图

1—接真空源；2—平板模具；3—模具排气导管；4—密封胶条；5—排气材料；6—柔性挡块；7—透气层；8—真空袋；9—均压板；10—排气层；11—吸胶透气毡；12—分离布；13—脱模层；14—隔离层；15—制品

4. 对模模压成形

对模模压成形是将模压料约束在两个模具型面之间形成制品形状，并加压使之固化。成形的产品质量高，尺寸精度高，自动化程度高，复现性好，成形速度快，适合大量生产，产品质量基本不受操作人员技能的影响。

根据所使用模压料形式和状态不同，对模模压成形又可分为增强模压料模压、毡与预成形坯料模压、树脂注入模压、泡沫蓄积模压等方法。在工业生产中占主导地位的是增强模压料模压和树脂注入模压。

增强模压料模压包括块状模压料、片状模压料，以及近年来开发的厚片状模料(TMC)、高纤维含量模压料等模压工艺。图4.31为厚片模压料制造流程。它是将树脂夹持在两个反向旋转的辊子之间，再将切断的纤维送到树脂糊中，通过反向旋辊将二者合并通过两个辊子面沉积到两个塑料薄膜之间，经过传送装置后便可得到确定厚度的模压料。

树脂注入模压是将增强材料铺放在模具中，再将模具闭合，而后将树脂注入模具中，使树脂完全浸渍于密封在模具中的增强材料并固化。为了有效地浸渍增强材料，应先从模内抽真空，之后在适当的压力下注入树脂，再用模内加热装置或固化加热至固化温度。这种成形方法与热压罐和其他压制成形工艺相比，只需较小的成形压力和轻型模具，因此可以制备大型和几何形状比较复杂的制品。

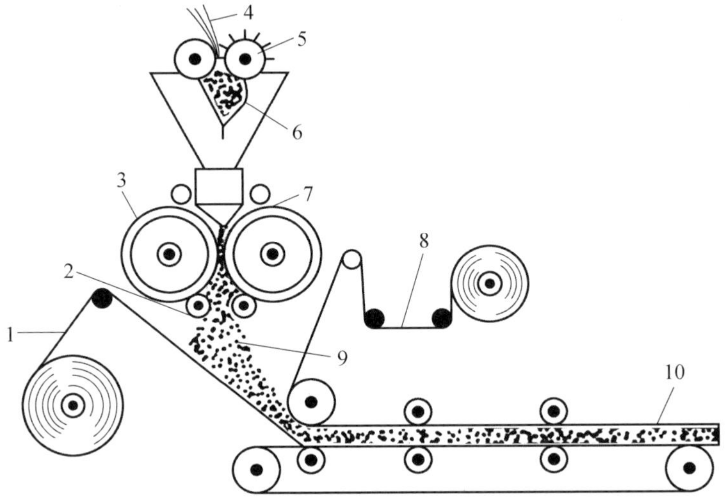

图 4.31　厚片模压料制造流程

1、8—聚乙烯薄膜;2—擦除辊;3—浸渍辊;4—玻璃纤维;5—切刀;6—短玻璃纤维;7—树脂糊;9—TMC 复合物;10—TMC 成品

5. 缠绕成形

缠绕成形是制造具有回转体形状的复合材料制品的基本成形方法。缠绕成形是将浸渍树脂的纤维,按照要求的方向有规律、均匀地布满芯模表面,然后送入固化炉固化,脱去芯模即可得到所需制品,该方法的基本设备是缠绕机、固化炉和芯模。

缠绕成形可按设计要求确定缠绕方向、层数和数量,获得等强度结构,机械化、自动化程度高,产品质量好,但对于非回转体制品,缠绕规律及缠绕设备比较复杂,目前正处于研究阶段。缠绕成形示意图如图 4.32 所示。

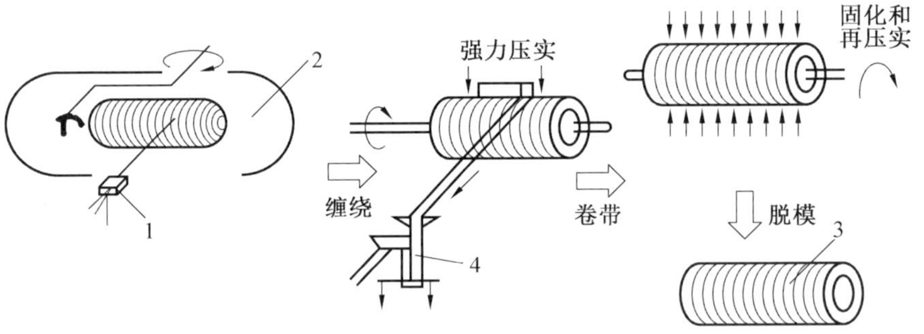

图 4.32　缠绕成形示意图

1—进给小车;2—芯模;3—制品;4—张力器

6. 拉挤成形

拉挤成形是高效率生产连续、恒定截面复合型材的一种自动化工艺技术。其工艺特点是:连续纤维浸渍树脂后,通过具有一定截面形状的模具成形并固化。

拉挤成形工艺原理如图 4.33 所示，主要工艺包括纤维输送、纤维浸渍、成形与固化、夹持与拉拔、切割。

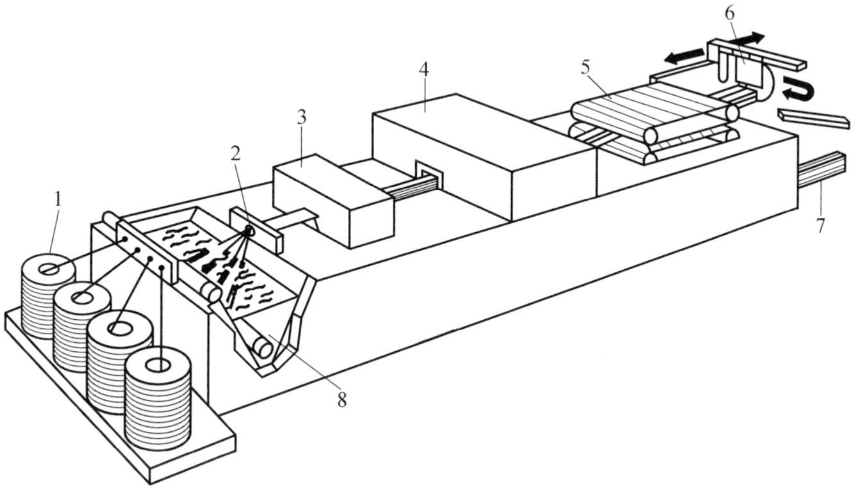

图 4.33 拉挤成形工艺原理

1—纤维;2—挤胶器;3—预成形;4—热模;5—拉拔;6—切割;7—制品;8—树脂槽

拉挤成形制品包括各种杆棒、平板、空心管或型材，其应用极为广泛，如绝缘梯子架、电绝缘杆、电缆管等电器材料，抽油杆、栏杆、管道、高速公路路标杆、支架，桁架梁等耐腐蚀结构，钓鱼竿、弓箭、撑杆跳的撑杆、高尔夫球杆、滑雪板、帐篷杆等运动器材，汽车行李架、扶手栏杆、建材、温室棚架等。

7. 压注成形

压注成形(图 4.34)是通过压力将树脂注入密闭的模腔，浸润其中的纤维织物坯件然后固化成形的方法。其工艺过程是先将织物坯件置入模腔内，再将另一半模具闭合，用液压泵将树脂注入模腔内使之浸透增强织物，然后固化。该成形方法的工艺环节少，制品尺寸精度高，外观质量好，一般不需要再加工，但工艺难度大，生产周期长。

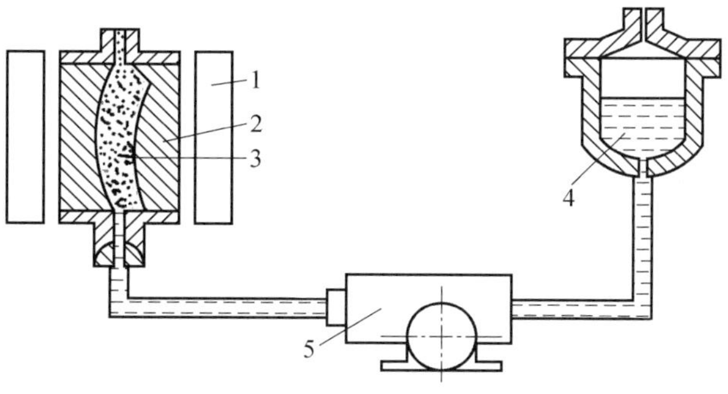

图 4.34 压注成形示意图

1—加热套;2—模具;3—制件;4—树脂釜;5—泵

4.4.3 陶瓷基复合材料的成形

1. 粉末冶金法

粉末冶金法也称压制烧结法或混合压制法，该方法被广泛应用于制备特种陶瓷及某些玻璃陶瓷。陶瓷基复合材料的基体采用陶瓷粉末，将陶瓷粉末、增强材料（颗粒或纤维等）和加入的黏结剂混合均匀后冷压制成所需形状，然后进行烧结或直接热压烧结制成陶瓷基复合材料。前者称冷压烧结法，后者称热压烧结法。在热压烧结法中，压力和高温同时作用，可以加速致密化速率，获得无气孔和细晶粒的、力学性能大大提高的制品。但用粉末冶金法进行成形加工的难点是基体与增强材料不易混合，同时晶须和纤维在混合或压制过程中，尤其是在冷压情况下容易折断。

2. 浆料法

为了克服粉末冶金法中各材料组元，尤其是增强材料为晶须时混合不均匀的现象，生产中往往采用浆料法（也称湿态法）。此种方法与粉末冶金法的不同在于混合体采用浆料形式。在混合浆中各材料组元应保持散凝状，即在浆料中呈弥散分布，这可通过调整水溶液的 pH 来实现，对浆料进行超声波振动搅拌可进一步改善弥散性。弥散的浆料可直接浇注成形或通过热压或冷压后烧结成形。浆料压制烧结工艺流程如图 4.35 所示。

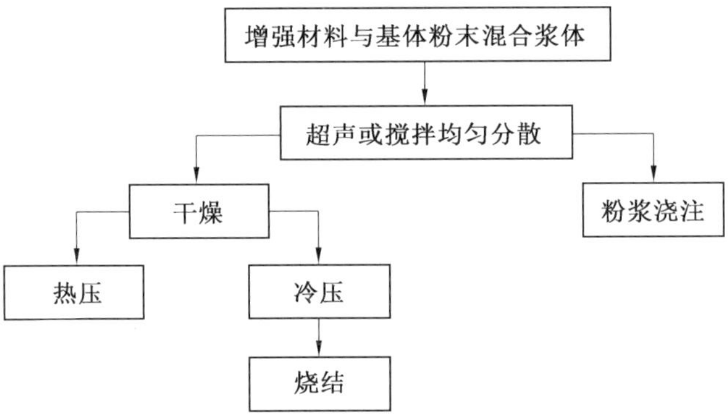

图 4.35 浆料压制烧结工艺流程

3. 浆料浸渍热压成形法

目前，浆料浸渍热压成形法在制造纤维增强陶瓷基（或玻璃陶瓷基）复合材料中应用较多。浆料浸渍热压成形工艺示意图如图 4.36 所示。纤维束或纤维预制件在滚筒的旋转牵引下，于浆料罐中浸渍浆料，浆料由基体粉末、水或乙醇及有机黏结剂混合而成。浸渍后的纤维束或预成形体被缠绕在滚筒上，然后压制切断成单层薄片，将切断的薄层预浸片按单向、十字交叉法或一定角度的堆垛次序排列成层板，然后放入加热炉中烧去黏结剂，最后热压使之固化。若基体为玻璃陶瓷，要达到完全晶化还需要热处理。

浆料浸渍热压法的优点是加热温度较晶体陶瓷低，不损伤增强体，层板的堆垛次序可任意排列，纤维分布均匀，气孔率低，获得的强度高。此外，这种工艺较简单，不需成形模具，能生产大型零件。其缺点是所制零件的形状不能太复杂，基体材料必须是低熔点或低软化点陶瓷。

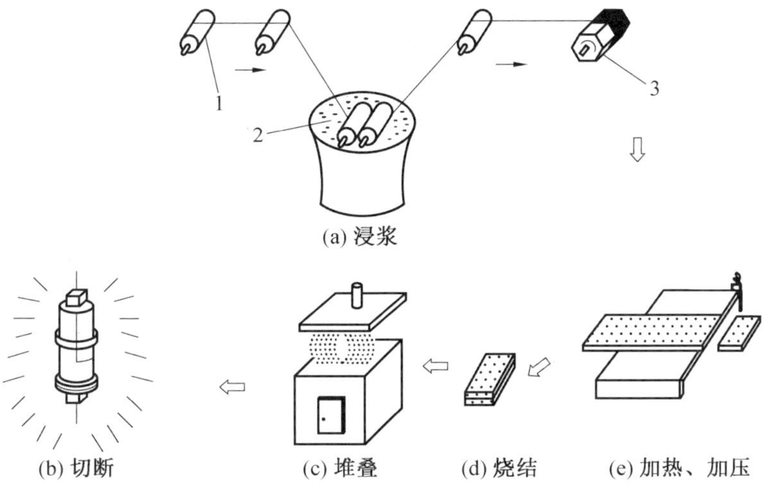

图4.36　浆料浸渍热压成形工艺示意图

1—供料滚筒;2—浆料;3—卷丝滚筒

4. 化学气相渗透法

化学气相渗透法又称CVI法,其工艺流程示意图如图4.37所示。先在纤维预制体的骨架上开通气孔,然后在预成形体内施加一个温度梯度,同时还施加一个反向的气体压力梯度,迫使反应气体强行通过。在低温区,由于温度低而不发生反应,当反应气体到达温度较高的区域后发生反应并沉积下来,在纤维上和纤维之间形成基体。整个预成形体的成形是由上而下进行的。

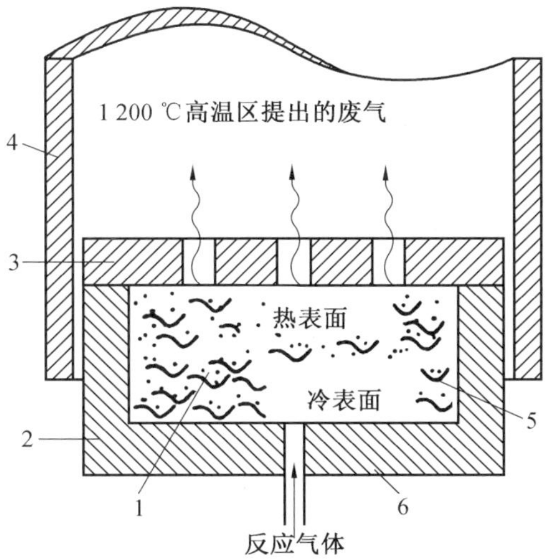

图4.37　化学气相渗透法工艺流程示意图

1—已浸渍的材料;2—石墨模具;3—多孔盖;4—加热元件;5—纤维预制体;6—水冷的表面

CVI法的优点是可制备硅化物、碳化物、氮化物、硼化物和氧化物等多种陶瓷基复合材料,并可获得优良的高温力学性能。由于此方法的制备温度较低,也不需要外加压力,因此材料内部残余应力小,纤维几乎不受损伤。CVI法的另一优点是成分均匀,并可制得多相、均匀和厚壁的制品。CVI 法的主要缺点是生产周期长、效率低、成本高,由于设备和模具等方面的限制,不适于制作形状复杂的制品。

4.4.4 复合材料的成形新技术

复合材料工艺的发展是复合材料发展最重要的基础和条件,只有复合材料工艺的完善才能保证复合材料性能的实现。复合材料工艺发展在继承和吸取各种传统工艺精华的同时,充分利用了当代高新技术的成果。如玻璃钢管的传统生产方法是单件定长缠绕,改进为连续缠管后,不但生产效率提高,质量稳定,而且可以生产不同管壁结构的管材。为了适应节省能源的世界性趋势,现已研制出反应注射模塑和增强反应注射模塑新工艺。将从液态单体合成为高分子聚合物,再从聚合物固化反应为复合材料的过程改为在模具中一次同时完成,既减少了工艺过程的中间步骤和能耗,又缩短了模塑周期。这是高分子材料和近代高新科学技术成果应用于复合材料工艺的范例。

针对陶瓷基复合材料的烧结工艺存在着耗时长(一般需 21 h)的缺点,目前人们采用了等离子体烧结或微波加热烧结工艺。等离子体烧结工艺可将烧结时间缩短到几分钟。微波加热烧结工艺的速度要比传统陶瓷烧结工艺快 100 多倍,加热的温度也更高。如碳化硼(B_4C),若采用微波加热烧结工艺,在 2 000 ℃以上的温度只要加热 6 min 即可。微波加热烧结工艺还能使陶瓷材料的颗粒变得更加细微,结构也更加紧密。

针对颗粒增强金属基复合材料而言,采用喷射沉积成形技术制备颗粒增强金属基复合材料,是近年来发展的一个重要方向。但现行国内外喷射成形颗粒增强金属基复合材料的制备,大多是在喷射沉积成形过程中,将一定量的增强颗粒喷入雾化锥中,与金属熔滴强制混合后,在沉积器上共同沉积获得复合材料坯件。这类方法的最大缺点是增强颗粒分布不均匀,利用率低,材料制备成本高。采用熔铸原位反应喷射沉积成形金属基复合材料制备技术,将增强相的生成置于熔化室合金熔体中完成(而不是现行的通常在雾化室中进行),然后进行后续的雾化喷射沉积成形。这种技术的突出优点是:颗粒在熔体内部原位反应生成,不存在颗粒损失问题,材料制备成本降低,颗粒在基体中分布均匀,可沿用现行喷射沉积成形制备金属的各项工艺参数,设备无须任何变动。

为了提高多组元复合功能陶瓷粉体制备技术水平,科研工作者发展了化学共沉淀法、溶胶凝胶法、水热法、喷雾热分解法等多种多样的液相法。液相法的共同优点是各种原料能够在分子级水平上达到充分混合,煅烧温度低,适当控制工艺可以获得高质量的粉体。但它们各自具有一些缺点,如化学共沉淀法不易选取合适的沉淀剂,工艺复杂、效率低。溶胶凝胶法一般以昂贵的金属醇盐为原料,对人体有害,且某些原料不容易获得,脱水过程中凝胶体容易发生结块现象,影响粉体性能。水热法对设备要求高,由于晶体生长的优先取向,粉体形貌不易控制。喷雾热分解法中由于生成的产物是动力学稳定相而非热力学稳定相,不易控制粉体的相组成。基于上述原因,目前液相法还难以适应工业化生产。

4.5 拓展阅读

我国高方平筛的发展历程

高方平筛是面粉加工中的重要设备，主要用于面粉加工过程中的面粉筛选和分级。早期的高方平筛是手动操作的，随着工业技术的发展，小麦制粉车间逐步由简单的机械磨坊发展为自动化、连续化生产的面粉加工厂。我国高方平筛的发展大致可分为4个阶段。

第一阶段：20世纪50年代开始，我国仿制国外的四仓木质筛箱高方平筛，并使用这种木质筛箱进行面粉工业生产。木质筛箱的优点是韧性好、不易断裂，对于当时的面粉生产来说，其强度能够满足需求。然而，由于当时制作筛箱的木材烘干不合格导致使用时易变形，同时当时工业化水平较低，很多地方还在手工制作，因此设备精度差，使用寿命较短。

第二阶段：随着对高方平筛的研究，高方平筛生产厂家开始采用铸铁、角钢等金属部件对筛箱薄弱部位进行加强，高方平筛框架逐渐形成金属和木质材料混合使用的结构。经改进后，高方平筛使用寿命明显增加，但其仍然存在不少缺点，如筛格之间密封性较差，局部受力较大的金属部件容易断裂等。

第三阶段：20世纪80年代，高方平筛筛箱及传动机架均改为钢材焊接结构，筛格只设置内通道，外通道由筛箱与筛格形成的空腔代替。筛格形式更为简单，且经过不断改进，设备的使用寿命及密封性都有很大改善。

第四阶段：进入21世纪后随着工业的发展，国内各大设备制造企业生产的高方平筛产品在用料及结构上更加趋于合理，使用寿命、密封性能等方面基本能够满足大型面粉厂的生产需求。如中粮张家口公司生产的高方平筛因使用寿命长、密封性好、操作方便等优点已被中国粮油学会评价为“整机技术达到国际领先水平”。随着智能化水平的提高，自动测温系统、自动运行监测系统等智能化控制也逐渐在高方平筛上得到应用。

随着现代工业的发展，国内各大设备制造企业生产的高方平筛产品在用料及结构上更加趋于合理，高方平筛的轻量化设计也迫在眉睫。高方平筛轻量化结构设计是为了在保持筛理量的基础上，实现减重降耗。其主要思想是在保证设备运行强度的基础上，通过优化筛体结构使用轻量化材料达到减重降耗的目的。其中，低密度高分子复合材料具有密度小、耐磨性高、安全环保等优点，因此在筛格上应用具有很大的优势。首先，密度小能够减少设备运转能耗，达到节能减排的目的。其次耐磨性强可以保护筛理食品免受损坏和污染。此外，防水、耐老化性能好，可以在一些需要定期清洗筛格的化工行业得到广泛的应用。最后，铸造性能良好，筛格可以进行整体铸造，以确保没有所谓的“死角”，筛理效果更佳。

图4.38为NovaStar高方筛，这款高方筛可用于筛分面粉和粗粒小麦粉，还可筛理和分选小麦、黑麦、玉米和杜兰麦中的粗粉、玉米糁和粉状物料。图4.39为河南新乡某公司生产的高方筛，它主要用于研磨后物料的筛理和分级，还可以用于化工、医药、塑料、制酒等行业粉状物料的筛理和分级。

图 4.38　NovaStar 高方筛

图 4.39　河南新乡某公司生产的高方筛

第5章

粮油装备成形技术的新进展

5.1 粉末冶金成形

粉末冶金是制取金属粉末或用金属粉末（或金属粉末与非金属粉末的混合物）作为原料，经过成形和烧结，制造金属材料、复合材料及各种类型制品的工艺技术。粉末冶金工艺制造的材料和制品，或者具有优异的组织结构和性能，或者表现出显著的经济效益。由于粉末冶金的生产工艺与陶瓷的生产工艺在形式上类似，这种工艺方法又称为金属陶瓷法。

现代粉末冶金成形工艺的发展日趋多样化。例如，在成形方法方面出现了同时实现粉末压制和烧结的热压及热等静压法、粉末轧制法、粉末锻造法等。在后处理方法方面出现了多孔烧结制品的浸渍处理、熔渗处理、精整或少量切削加工处理、热处理等。粉末冶金技术已被广泛应用于交通、机械、电子、航空航天、兵器、生物、新能源、信息和核工业等领域，成为新材料科学中最具发展活力的分支之一。

5.1.1 粉末冶金基础

1. 粉末的化学成分及性能

尺寸小于1 mm的离散颗粒的集合体通常称为粉末，其计量单位一般为微米（μm）或纳米（nm）。粉末冶金常用的金属粉末有铁、铜、铝等及其合金的粉末，要求其杂质和气体体积分数不超过1%～2%，否则会影响制品的质量。

粉末冶金用金属粉末的物理性能包括粒度及粒度分布、颗粒形状、比表面积等。

（1）粒度及粒度分布。

粉料中能分开并独立存在的最小实体为单颗粒。实际的粉末往往是团聚了的颗粒,即二次颗粒。实际的粉末颗粒体中不同尺寸所占的百分比即为粒度分布。

(2)颗粒形状。

常见的粉末颗粒的外观几何形状有球状、柱状、针状、板状和片状等,可以通过显微镜的观察确定。

(3)比表面积。

单位质量粉末的总表面积,可通过实际测定。比表面积大小影响着粉末的表面能、表面吸附及凝聚等表面特性。

粉末的工艺性能包括流动性、填充特性、压缩性及成形性等。

(1)流动性。

粉末的流动性常用50 g粉末从标准漏斗流出所需的时间表示。流动性受颗粒黏附作用的影响。

(2)填充特性。

在没有外界影响条件下,粉末自由堆积时的松紧程度。粉末的填充特性常以松装密度或堆积密度表示,与颗粒的大小、形状及表面性质有关。

(3)压缩性。

压缩性表示粉末在压制过程中被压紧的能力,用规定的单位压力下所达到的压坯密度表示,在标准模具中,在规定的润滑条件下测定。影响粉末压缩性的因素有颗粒的塑性或显微硬度,塑性金属粉末比硬、脆材料的压缩性好,颗粒的形状和结构也影响粉末的压缩性。

(4)成形性。

粉末压制后,压坯保持既定形状的能力,用粉末能够成形的最小单位压制压力表示,或用压坯的强度来衡量。成形性受颗粒形状和结构的影响。

2. 粉末冶金成形特点

粉末冶金成形具有以下特点:

①粉末冶金可以生产出组元彼此不熔合,且比重、熔点十分悬殊的金属所组成的“伪合金”(如钨-铜的电触点材料),也可生产出不能构成合金的金属与非金属的复合材料(如铁、氧化铝、石棉粉末制成的摩擦材料)。

②粉末冶金能生产出难熔合金(如钨-钼合金)或难熔金属及其碳化物的粉末制品(如硬质合金等),金属或非金属氧化物、氮化物、硼化物的粉末制品(如金属陶瓷)。它们一般用熔炼与铸造方法很难生产,例如钨丝、硬质合金、磁性材料、高温耐热材料等。粉末冶金还能生产净形和近似净形加工的优质机械零件,如多孔含油轴承、精密齿轮、摆线泵内外转子、活塞环等。

③由于烧结时主要组元没有熔化通常又都在还原性气氛或真空中进行,没有氧化烧损,也不带入杂质,因而粉末冶金成形能准确控制成分及性能。

④粉末冶金成形可直接制出质量均匀的多孔性制品,如含油轴承、过滤元件。

⑤粉末冶金成形工艺的材料利用率很高,接近100%。能直接制出尺寸准确、表面光洁的零件,一般可省去或大大缩短切削加工工时,因而制造成本可显著降低。其与机械加工的经济效益对比见表5.1。

表5.1　粉末冶金生产零件与机械加工的经济效益对比

零件名称	1 t零件的金属消耗量/t		相对劳动量		1 000个锻件的相对成本	
	机械加工	粉末冶金	机械加工	粉末冶金	机械加工	粉末冶金
油泵齿轮	1.80～1.90	1.05～1.10	1.0	0.30	1.0	0.50
钛制紧固螺母	1.85～1.95	1.10～1.12	1.0	0.50	1.0	0.50
黄铜制轴承保持架	1.75～1.85	1.13～1.15	1.0	0.40	1.0	0.35
飞机导线用铝合金固定夹	1.85～1.95	1.05～1.09	1.0	0.35	1.0	0.40

但粉末冶金成形也有一些限制：

①由于粉末冶金制品内部总有空隙，因此普通粉末冶金制品的强度比同样成分的锻件或铸件低20%～30%。

②成形过程中粉末的流动性远不如液态金属，因此对产品形状有一定限制。

③压制成形所需的压强高，因而制品的质量受限制，一般小于10 kg。

④压模成本高，只适用于成批或大量生产的零件。

3. 粉末冶金成形的应用

(1)机械零件类。

可以采用粉末冶金方法制造的机器零件很多，如铁基或铜基的含油轴承，铁基粉末冶金的齿轮、凸轮、滚轮、链轮、枪机、模具，铜基或铁基加上石墨、二硫化钼、氧化硅、石棉粉末制成的摩擦离合器、刹车片等。

(2)工具类。

如碳化钨与金属钴粉末制成的硬质合金刀具、模具、量具，用氧化铝、氮化硼、氮化硅等与合金粉末制成的金属陶瓷刀具，以及用人造金刚石与合金粉末制成的金刚石工具等。

(3)其他方面。

粉末冶金成形还被广泛用于制造一些特殊性能的元件，如铁镍钴永磁体，接触器或继电器上铜钨、银钨触点，以及一些耐高温的火箭、宇航与核工业零件。

5.1.2　粉末冶金工艺

粉末冶金制品的工艺过程包括粉末的制备、预处理、冶金成形、烧结与后处理等工序。

1. 粉末的制备

机械行业所用的粉末一般由专门生产粉末的工厂按规格要求供应。粉末越细，同样质量粉末的表面积就越大，表面能也越大，烧结之后制品的密度与机械性能也越高，但成本也越高。制备方法决定着粉末的颗粒大小、形状、松装密度、化学成分、压制性、烧结性等。

金属粉末的制备方法分为两大类：机械粉碎法和物理化学法。机械粉碎法是用机械力将原材料粉碎而化学成分基本不发生变化的工艺过程，包括球磨法和雾化法等。物理化学法是借助物理或化学作用，改变物料的化学成分或聚集状态而获取粉末的方法，包括还原法、电解法和热离解法等。

(1)球磨法。

球磨法是用钢球或硬质合金球对金属块或颗粒原料进行球磨，适宜制备一些脆性的金属粉末，或者经过脆性化处理的金属粉末（如经过氢化处理变脆的钛粉）。

(2)雾化法。

雾化法是利用高压气体或高压液体对经由坩埚嘴流出的金属或合金熔液流进行喷射，通过机械力和激冷作用使金属或合金熔液浓雾化，形成直径小于 150 μm 的细小液滴，冷凝而成为粉末。

(3)还原法。

用还原剂还原金属氧化物及盐类来制取金属粉末是一种广泛采用的制粉方法，其方法简单、生产费用低，如铁粉、钨粉等就是主要由氧化铁粉、氧化钨粉通过还原法生产的。

(4)电解法。

电解法是采用金属盐的水溶液电解析出或熔盐电解析出金属颗粒或海绵状金属块，再用机械粉碎法进行粉碎。

2. 粉末的预处理

粉末的预处理包括粉末退火、筛分、混合、制粒等。

(1)退火。

粉末的预先退火可以使氧化物还原，降低碳和其他杂质的含量，提高粉末的纯度，同时还能消除粉末的加工硬化、稳定粉末的晶体结构。金属粉末的种类不同则退火温度不同，通常为金属熔点的(0.5～0.6)T_m。如电解铜粉的退火温度约为 300 ℃，电解铁粉或电解镍粉的退火温度约为 700 ℃，不能超过 900 ℃。退火一般用还原性气氛，有时也用真空或惰性气氛。

(2)筛分。

筛分的目的在于把颗粒大小不均匀的原始粉末进行分级，使粉末能够按照粒度分成大小范围更窄的若干等级，以适应成形工艺要求，常用标准筛网进行筛分。

(3)混合。

混合是将两种或两种以上不同成分的粉末均匀化的过程。混合基本上有两种方法：机械法和化学法，广泛应用的是机械法，将粉末或混合料机械地掺和均匀而不发生化学反应。机械法混料又可分为干混合湿混，铁基等制品生产中广泛采用干混，制备硬质合金混合料则常使用湿混。湿混时常用的液体介质为乙醇、汽油、丙酮、水等。化学法是将金属或化合物粉末与添加金属的盐溶液均匀混合，或者是各组元全部以某种盐的溶液形式混合，然后经沉淀、干燥和还原等处理而得到均匀分布的混合物。

(4)制粒。

制粒是将小颗粒的粉末制成大颗粒或团粒的工序，常用来改善粉末的流动性。常用的制粒设备有振动筛、滚筒制粒机、圆盘制粒机等。

3. 粉末的冶金成形

常用的粉末冶金成形方法有钢模压制、等静压制、粉末轧制、挤压成形、松装烧结成形、爆炸成形等。

(1)钢模压制。

钢模压制是指在常温下,用机械式压力机或液压机,以一定的比压将钢模内的松装粉末成形为压坯的方法。这种成形方法应用最多且最广泛。

室温压制时一般需要 1 t/cm^2 以上的压力,压制压力过大会影响加压工具,并且有时坯体发生层状裂纹、伤痕和缺陷等。压制压力的最大限度为 12 ~ 15 t/cm^2。超过极限强度后,粉末颗粒发生粉碎性破坏。

常用的模压方法有单向压制、双向压制、浮动模压制等。

①单向压制。单向压制是指固定阴模中的粉末在一个运动模冲和一个固定模冲之间进行压制的方法,如图 5.1(a)所示。单向压制模具简单,操作方便,生产效率高,但压制时受摩擦力的影响,制品密度不均匀,适宜压制高度或厚度较小的制品。

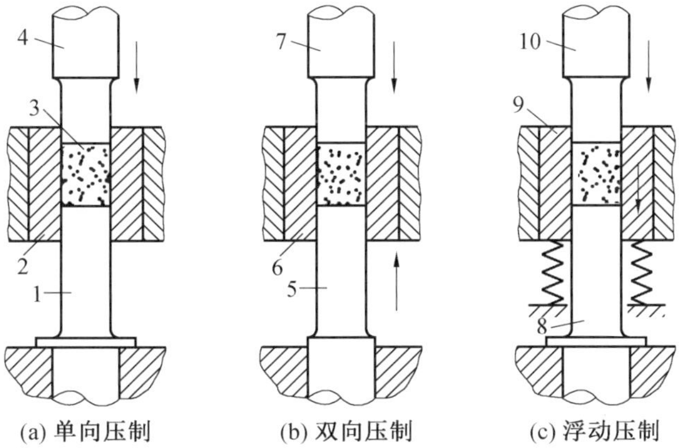

图 5.1 常用的模压方法

1、8—固定模冲;2、6—固定阴模;3—粉末;4、5、7、10—运动模冲;9—浮动阴模

②双向压制。双向压制是指阴模中粉末在相向运动的模冲之间进行压制的方法,如图 5.1(b)所示。双向压制比较适合高度或厚度较大的制品。双向压制压坯的密度较单向压制均匀,但双向同时加压时压坯的中间部分密度较低。

③浮动压制。浮动压制是指浮动阴模中的粉末在一个运动模冲和一个固定模冲之间进行压制的方法,如图 5.1(c)所示。阴模由弹簧支撑,处于浮动状态,开始加压时,由于粉末与阴模壁间摩擦力小于弹簧支撑力,只有上模冲向下移动。随着压力增大,当二者的摩擦力大于弹簧支撑力时,阴模与上模冲一起下行,与下模冲间产生相对移动,使单向压制转变为压坯的双向受压。而且压坯双向不同时受压,这样压坯的密度更均匀。

(2)等静压制。

等静压制是压力直接作用在粉末体或弹性模套上,使粉末体在同一时间内各个方向上均衡受压而获得密度分布均匀和强度较高的压坯的过程。按等静压制特性分为冷等静压制和热等静压制两大类。

①冷等静压制。冷等静压制(图5.2)是在室温下等静压制,液体为压力传递媒介。将粉末体装入弹性模具内,再置于钢体密封容器内,用高压泵将液体压入容器,利用液体均传递压力的特性,使弹性模具内的粉末体均匀受压。因此,冷等静压制压坯密度高,较均匀,力学性能较好,尺寸大且形状复杂,已用于棒材、管材和大型制品的生产。

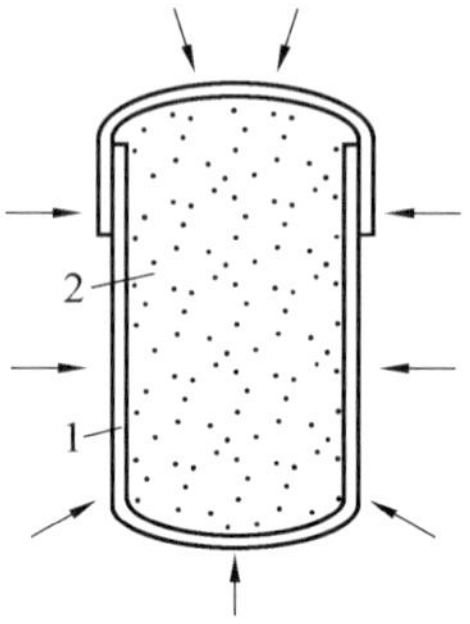

图5.2 冷等静压制原理

1—软膜;2—粉末

②热等静压制。热等静压制是指把粉末压坯或装入特制容器内的粉末体置入热等静压机高压容器中,施以高温和高压,使这些粉末体被压制和烧结成致密的零件或材料的过程。在高温下的等静压制,可以激活扩散和蠕变现象的发生,促进粉末的原子扩散和再结晶及以极缓慢的速率进行塑性变形,气体为压力传递媒介。粉末体在等静压高压容器内同一时间经受高温和高压的联合作用,强化了压制与烧结过程,制品的压制压力和烧结温度均低于冷等静压制,制品的致密度和强度高,且均匀一致,晶粒细小,力学性能高,消除了材料内部颗粒间的缺陷和孔隙,形状和尺寸不受限制。但热等静压机价格高,投资大。热等静压制已用于粉末高速钢、难熔金属、高温合金和金属陶瓷等制品的生产。

(3)粉末轧制。

粉末轧制是将粉末通过漏斗喂入一对旋转轧辊之间使其压实成连续带坯的方法。将金属粉末通过一个特制的漏斗喂入转动的轧辊缝中,可轧出具有一定厚度、长度连续、强度适宜的板带坯料。这些坯体先经预烧结、烧结,再轧制加工及热处理等工序,就可制成具有一定孔隙度的、致密的粉末冶金板带材。粉末轧制制品的密度比较高,制品的长度原则上不受限制,轧制制品的厚度和宽度会受到轧辊的限制,成材率高,为80%~90%,熔铸轧制的成材率仅为60%或更低。粉末轧制适用于生产多孔材料、摩擦材料、复合材料和硬质合金等的板材及带材。

(4)挤压成形。

挤压成形是将置于挤压筒内的粉末、压坯或烧结体通过规定的模孔压出。按照挤压条件不同,分为冷挤压和热挤压。冷挤压是把金属粉末与一定量的有机黏结剂混合在较低温度下(40~200 ℃)挤压成坯块。热挤压是指金属粉末压坯或粉末装入包套内,加热到较高温度下挤压成坯块。热挤压法能够制造形状复杂、性能优良的制品和材料。挤压成形设备简单,生产效率高,可获得长度方向密度均匀的制品。

挤压成形能挤压出壁很薄直径很小的微型小管,如厚度仅为0.01 mm、直径为1 mm的粉末冶金制品,可挤压形状复杂、物理力学性能优良的致密粉末材料,如烧结铝合金及高温合金。挤压制品的横向密度均匀,生产连续性高,因此挤压成形多用于截面较简单的条、棒和螺旋形的条、棒(如麻花钻等)。

(5)松装烧结成形。

松装烧结成形是粉末未经压制而直接进行烧结,如将粉末装入模具中振实,再连同模具一起入炉烧结成形,用于多孔材料的生产,或将粉末均匀松装于芯板上,连同芯板一起入炉烧结成形,再经复压或轧制达到所需密度,用于制动摩擦片及双金属材料的生产。

(6)爆炸成形。

爆炸成形是借助于爆炸波的高能量使粉末固结的成形方法。爆炸成形的特点是爆炸时产生的压力很高,施于粉末体上的压力速度极快。如炸药爆炸后,在几微秒时间内产生的冲击压力可达到106 MPa,比压力机上压制粉末的单位压力要高几百倍至几千倍。爆炸成形压制压坯的相对密度极高,强度极佳。如用炸药爆炸压制电解铁粉,压坯的密度接近纯铁体的理论密度值。

爆炸成形可加工普通压制和烧结工艺难以成形的材料,如难熔金属、高合金材料等,还可压制普通压力无法压制的大型压坯。

4. 烧结

粉末或压坯的烧结是在烧结炉内进行的。烧结是将型坯按一定的规范加热到规定温度并保温一段时间,使型坯获得一定的物理与机械性能(机械强度)的工序。在烧结过程中,制品质量受到多种因素的影响,必须合理控制。

(1)连续烧结和间歇烧结。

按进料的方式不同,烧结可分为连续烧结和间歇烧结两类。

①连续烧结。连续烧结利用烧结炉具有脱蜡、预烧结、烧结、制冷各功能区段,烧结时烧结材料连续地或平稳、分段地完成各阶段的烧结。连续烧结生产效率高,适用于大批量生产。常用的进料方式有推杆式、辊道式和网带传送式等。

②间歇烧结。间歇烧结是在炉内分批烧结零件的方式。置于炉内的一批零件是静止不动的,通过对炉温控制进行所需的预热、加热及冷却循环。间歇烧结生产效率较低,适用于单件、小批量生产,常用的烧结炉有钟罩式炉、箱式炉等。

(2)固相烧结和液相烧结。

按烧结时是否出现液相,可将烧结分为固相烧结和液相烧结两类。

①固相烧结。固相烧结是粉末或压坯在无液相形成状态下的烧结,烧结温度较低,但烧结速度较慢,制品强度较低。

②液相烧结。液相烧结是至少具有两种组分的粉末或压坯在形成一种液相的状态下的烧结,烧结速度较快,制品强度较高,用于具有特殊性能的制品如硬质合金、金属陶瓷等的烧结。

(3)影响粉末制品烧结质量的因素。

粉末制品的烧结质量取决于烧结温度、烧结时间和烧结气氛等因素。

烧结温度一般为基体熔点的2/3～3/4,即$T_{烧}=(2/3\sim3/4)T_{熔}$。烧结温度过高,会使产品性能下降,甚至出现烧结缺陷。烧结温度过低,又会产生欠烧而使产品的性能下降。铁基制品的烧结温度一般为1 000～2 000 ℃,硬质合金一般为1 350～1 550 ℃。

保温时间太短,不利于原子扩散和迁移,不利于成分、组分均匀化,保温时间过长易造成晶粒粗大、生产效率低、成本升高等。

烧结时通常采用还原性气氛,以防压坯烧损并可使表面氧化物还原,如铁基、铜基制品常采用炉煤气或分解氨,硬质合金、不锈钢采用纯氢。对于碱性金属或难熔金属(如铍、钛、锆、钽)、含碳化钛(TiC)的硬质合金及不锈钢等还可采用真空烧结。真空烧结可避免气氛中有害成分(H_2O、O_2、H_2)等不利影响,且可降低烧结温度(一般可降低 100 ~ 150 ℃)。

5. 后处理

后处理指压坯烧结后的进一步处理,是否进行后处理需根据产品的具体要求决定。常用的后处理方法有复压、浸渍、热处理、表面处理和切削加工等。

复压是为了提高物理或力学性能对烧结体施加压力的处理,包括精整和整形等。精整是为了达到所需尺寸而进行复压,通过精整模对烧结体施压以提高精度。整形是为了达到特定的表面形貌而进行复压,通过整形模对制品施压以校正变形且降低表面粗糙度。复压适用于要求较高且塑性较好的制品,如铁基、铜基制品。

浸渍是用非金属物质(如油、石蜡或树枝)填充烧结体孔隙的方法。常用的浸渍方法有浸油、浸塑料、浸熔融金属等。浸油即浸入润滑油,以改善自润滑性能和防锈,常用于铁基、铜基含油轴承。浸塑料常采用聚四氟乙烯分散液,经热固化后实现无油润滑,常用于金属材料减摩零件。浸熔融金属壳可提高强度及耐磨性,常采用铁基材料浸铜或铅。

热处理是把烧结体加热到一定温度,再通过控制冷却方法等处理,以改善制品性能的方法。常用的热处理方法有淬火、化学热处理等,工艺一般同致密材料。对于不受冲击而要求耐磨的铁基制件可采用整体淬火,由于孔隙的存在能减小内应力,一般可以不回火;而要求外硬内韧的铁基制件可采用表面淬火或渗碳淬火。

常用的表面处理方法有蒸汽处理、电镀、浸锌等。蒸汽处理是工件在 500 ~ 560 ℃的热蒸汽中加热并保持一定时间,使其表面及孔隙形成一层致密的氧化膜的表面处理工艺,用于要求防锈、耐磨或防高渗透的铁基制件。电镀应用电化学原理在制品表面沉积出牢固覆层,用于要求防锈、耐磨及装饰的制件。

此外,还可通过锻压、焊接、切削加工、特种加工等方法进一步改变烧结体的形状或提高精度,以满足零件的最终要求。

5.1.3 粉末冶金成形的应用

粉末冶金成形技术在材料制备中具有独特的优势,在难熔金属及合金、摩擦及减摩材料、多孔材料等的研制中具有一般熔铸工艺难以取代的地位,在铁基、铜基零部件的加工制造中具有少切削、无切削的优点,还具有节能、节材、环保等特点。粉末冶金成形是解决新材料问题的一把金钥匙,在新材料的发展中具有举足轻重的地位,粉末冶金制造的机械结构零件生产成本低,适合于大批量生产,节能效果显著。粉末冶金材料为我国国民经济建设和国防建设做出了巨大贡献,尤其是为我国航空航天、核工业、重大军事工程、机械制造、交通运输等工业的发展做出了积极而重大的贡献。

粉末冶金成形工艺的应用见表 5.2。

表 5.2 粉末冶金成形工艺的应用

工业部门	应用举例
采矿	硬质合金、金刚石-金属组合材料
机械加工	硬质合金、陶瓷刀具、粉末高速钢
汽车制造	机械零件、摩擦材料、多孔含油轴承、过滤器
机车、机床制造	机械零件、多孔含油轴承
纺织机械、冶金矿山机械	机械零件、多孔含油轴承
造船	摩擦材料、油漆用铝粉
电机制造	多孔含油轴承、铜-石墨电刷
精密仪器	仪表零件、软磁材料、硬磁材料
电气和电子	电触头材料、真空电极材料
无线电和电视	磁性材料
计算机	记忆元件
化学	过滤器、防腐零件、催化剂
石油	过滤器
军工	穿甲弹头、军械零件
航空	摩擦片、过滤器、防冻用多孔材料、粉末超合金
航天和火箭	发汗材料、难熔金属及合金、纤维强化材料
原子能工程	核燃料元件、反应堆结构材料、控制材料

5.2 3D 打印技术

5.2.1 3D 打印技术概述

3D 打印技术(three dimensional printing technology,3DPT),又称为“增材制造”(additive manufacturing,AM)技术。2009 年,美国材料与试验协会(American Society for Testing and Materials,ASTM)成立 3D 打印技术委员会,明确给出 3D 打印的定义:“Process of joining materials to make objects from 3D model data, usually layer upon layer, as opposed to subtractive manufacturing methodologies.”3D 打印技术与传统的机械加工方法截然相反,是一种基于三维计算机辅助设计(CAD)模型数据,通过增加材料逐层制造的方式,直接制造与相应数学模型完全一致的三维物理实体模型的制造方法(图 5.3)。

3D 打印的实质是以数字三维 CAD 模型文件为基础,利用计算机将成形零件的三维模型切成一系列一定厚度的“薄片”,运用高能束源或其他方式,将熔融体、液体、粉末、丝或片等特殊材料进行层堆积黏合,叠加成形,从而最终“打印”出真实而立体的固态物体。3D 打印技术内容涵盖了产品生命周期前端的“快速原型”(rapid prototyping, RP)和全生

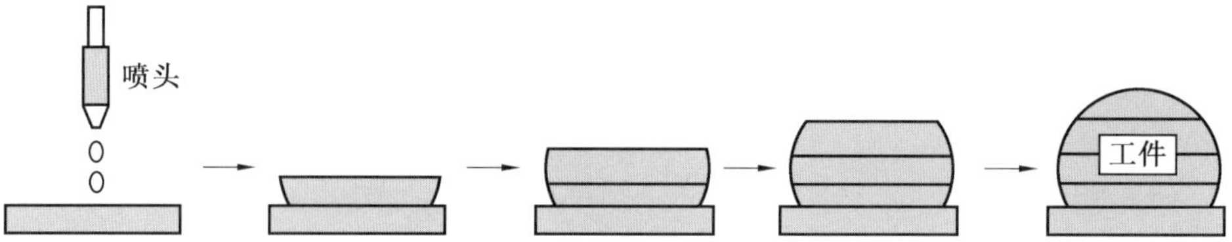

图 5.3　增材制造方法

产周期的“快速制造”(rapid manufacturing,RM)相关的所有打印工艺、技术、设备类别和应用。

3D 打印成形的通用化流程为:由设计者首先在计算机上利用三维软件建立三维模型,再用切片软件将三维模型逐层分解成多个截面,打印机逐层打印二维轮廓,堆叠成形三维实体。3D 打印成形的通用化过程如图 5.4 所示。

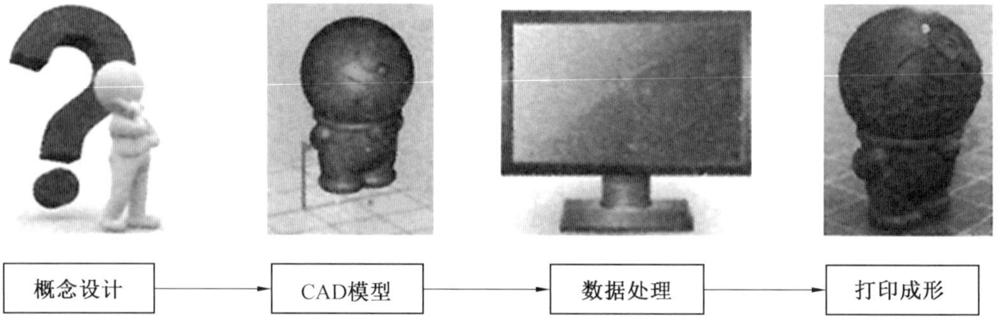

图 5.4　3D 打印成形的通用化过程

3D 打印技术带来了世界性的制造业革命,被称为最有前景的新型生产方式,促进了传统制造业的转型升级。传统的制造设计完全依赖于生产工艺能否实现,而 3D 打印技术的出现颠覆了这一生产思路,使得在制造设计时不需要考虑生产工艺的问题,通过 3D 打印机可以成形任何复杂的结构。

3D 打印技术具有如下特点:

①数字制造。借助 CAD 等软件将产品结构数字化,驱动机器设备加工制造出零件。数字化文件还可借助网络进行传递,从而实现异地分散化制造的生产模式。

②降维制造(分层制造)。即把三维结构的物体先分解成二维层状结构,逐层打印并累加形成三维实体。因此,原理上,通过 3D 打印技术可以制造出任何复杂的结构,而且制造过程更柔性化。

③堆积制造。“从下而上”的堆积方式对于实现功能梯度、非匀质材料的产品更有优势。

④直接制造。任何高性能、难成形的部件均可通过 3D 打印技术一次性直接制造出来,不需要通过组装拼接等复杂过程来实现。

⑤快速制造。3D 打印技术工艺流程短、全自动,可实现现场制造,因此制造更快速、更高效。

5.2.2 3D 打印基础理论

1. 数字建模

三维模型的获取是3D打印技术实现的第一步，是后续操作的基础。三维模型的精度决定了3D打印成形零件的精度和表面质量。获取三维模型的方法主要有两种：一是使用建模工具生成模型的正向设计方法；二是通过曲面重构生成模型的逆向设计方法。

正向建模是指将想象中的物体，根据其外形、结构、色彩、质感等特点，利用计算机辅助软件（如 AutoCAD、Solidworks、Pro/E、UG、CATIA、3Dmax、Ma－ya、Rhino、ZBrush 和 Mimics 等）模拟并制作实物的设计过程，这是传统的模型设计技术。根据建模思想的不同，一般将建模方法分为实体建模、曲面建模和参数化建模3种类型。

逆向建模是将实物转化为CAD模型相关的数字化技术、几何模型重建技术和产品制造技术的总称。逆向建模的解决方案为：实物样品→CAD模型→产品，是将已有产品或实物模型转化为工程设计模型和概念模型，在此基础上对已有产品进行解剖、深化和再创造。逆向建模就专门为制造业提供了一个全新、高效的重构手段，实现了制件从实体到几何模型的转换。

正逆向混合建模是指从测量数据中提取出可以重新进行参数化设计的特征及设计意图，进行再设计，最终完成CAD模型。目前，建模方法的混合形式大致分为3种：①基于特征与自由形状的逆向建模方法的混合；②基于截面线与基于面的曲面重建方法的混合；③几何形状创建过程中曲线曲面的特征形式表达与NURBS形式表达的混合。正逆向混合建模结合了正向建模与逆向建模的优势，其具体方法是：对产品进行三维扫描，获得点云数据，再对工件进行对齐、封装、修复、填充等处理，建立网格面模型，然后通过特征提取、草图设计、定位对齐等过程来进行正向设计，以此获得CAD模型。分析模型，判断是否满意，如满意就可加工模型获得新的模型。反之，需再次进行正向设计。

2. 模型处理

三维模型获得后，即完成了3D打印的第一步，后续还要进行模型处理，最后才能将数据传输到3D打印机中打印出实体零件。模型处理分为两部分：模型前处理和模型后处理。模型前处理主要包括数据格式文件的转换和模型修复；模型后处理主要有模型添加支撑、模型分层切片及生成加工路径。模型数据处理流程图如图5.5所示。

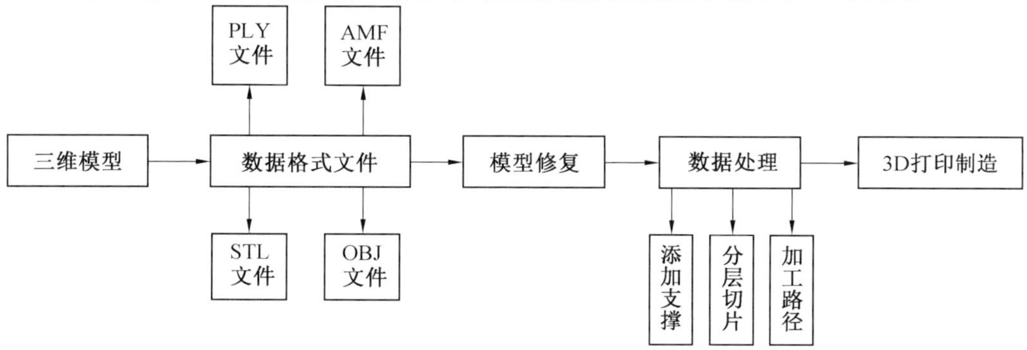

图5.5 模型数据处理流程图

(1)数据格式文件。

目前,存储三维实体模型的数据文件格式有:3DS、COLLADA、PLY、STL、PTX、V3D、PTS、APTS、OFF、OBJ、XYZ、GTS、TRI、AMF、X3D、X3DV、VRML、ALN。适合作为3D打印的格式有:STL、OBJ、PLY、AMF。其中,STL文件格式是目前3D打印制造系统使用的一种标准化格式。

当前绝大多数3D打印厂商都采用STL接口作为CAD和打印机之间的数据接口,几乎所有3D打印机内置的切片软件都支持该格式。STL标准已成为行业内的默认标准,很多CAD/CAM软件系统都增加了输出STL文件的功能模块,比如UG、3Dmax、AutoCAD、Ma-ya、Pro/E、Solidworks等都支持STL文件的输出。STL格式简单易懂,应用广泛,但STL数据无法保存模型的颜色、纹理、材质等信息,也无法表达物体的中空结构。STL文件格式是一种用三角形面片表达实体表面数据的文件格式,是若干空间小三角形面片的集合,每个三角形面片用三角形的3个顶点和指向模型外部的法向量表示。这种文件格式类似于有限元的网格划分,即将物体表面划分成很多小三角形,用很多个三角形面片去逼近CAD实体模型。它所描述的是一种空间封闭的、有界的、正则的、唯一表达物体的模型,它包含点、线、面的几何信息,能够完整表达实体表面信息。

PLY(polygon file format)格式也被称作斯坦福三角形档案(Stanford triangle format),是由斯坦福大学的Turk等人开发出来的格式。PLY格式借鉴了DBJ格式的优点,主要用于储存立体扫描结果的三维数值,通过多边形片面的集合描述三维物体,相对其他格式较为简单,可以储存颜色、透明度、表面法向量、材质坐标与资料可信度等信息,并能对多边形的正反两面设定不同的属性。

AMF(additive manufacturing file)格式是一种基于XML语言的文件格式,由美国材料与试验协会在2011年7月份发布,目前最新的版本为Version1.1,编号为ASTM F2915-12。该格式弥补了STL格式的不足,缩小了CAD数据和3D打印技术之间的差距,可以储存用于3D打印的材料、颜色和内部结构信息。

(2)模型修复。

在三维重构过程中,由于重构方法选取的局限性(如计算机存储误差及计算各顶点坐标时的数值误差、各种CAD系统间的模型转换及转换算法的不完善等)和实际工程中工业现场的局限性(如数据采集装置的局限性及物体自身形面的复杂性和材质等方面)原因,所得点云数据可能存在局部数据缺失或局部模型数据不符合使用要求,如存在裂缝、三角形网孔退化、孔洞、重叠、自交、孤立面等几何缺陷,这就需要对所得点云数据进行变形修复,以得到封闭、有效、方向一致的三角形网孔模型。

三角形网孔模型中常见的缺陷有以下几种:法向量错误、相邻面不共顶点、孔洞、孤立面等(图5.6)。其产生的原因是多方面的,由物体形面自身的复杂性导致的采集数据的不完整、数据存储误差、各种CAD模型与三角形网孔模型间的转换偏差都有可能带来此类问题,甚至在修复某一缺陷的同时又会带来一些新的问题。

(3)模型数据处理。

目前所有的3D打印技术都基于分层制造原理。实现分层制造首先需要对三维模型(STL模型)进行切片处理,生成二维截面数据,然后把二维截面数据转换为加工路径和

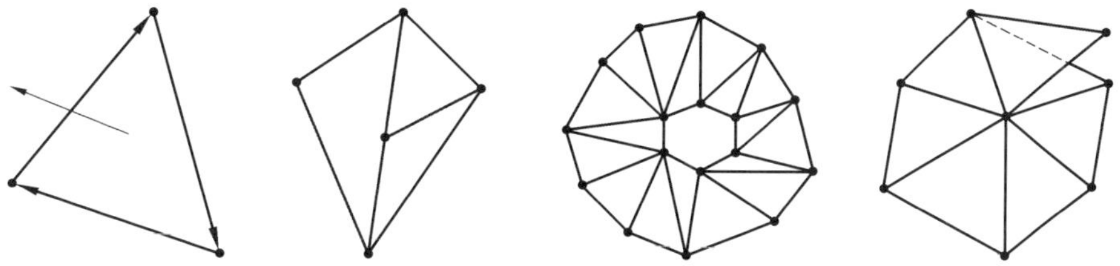

图5.6 三角形网孔模型常见缺陷

填充路径，最后才能驱使3D打印机进行打印。对于某些悬臂结构，还需要先生成支撑结构，才能完整地实现整个零件的3D打印。所以，3D打印前的数据处理有模型支撑的添加、模型分层切片和路径扫描。

在3D打印过程中，由于模型是自下而上分层累积形成的，那么模型的部分区域可能会处于悬空状态，如果不添加支撑结构会导致模型打印不成功或者产生翘曲变形。支撑结构不仅能防止模型在打印过程中某些狭长的悬臂结构处于悬空状态，而且对于大面积的区域，也可以解决打印过程中由于散热不均匀而导致的翘曲变形，从而保证模型的成形质量和精度。3D打印技术的模型支撑添加一般应该满足以下几项原则：①待支撑区域的面积应当尽量小，这样可减少支撑结构与模型表面的接触面积，不仅有利于减小模型表面粗糙度，还能保证打印结束后支撑结构易于去除；②设计的支撑结构在保证能满足应有功能的前提下，应当尽量结构简单，体积小，这样不仅可缩短打印时间，而且能节省一部分的打印材料，降低成本。

分层切片是指工件的STL格式的3D模型转化为一系列2D截面图形，并根据这些图形生成3D打印机的控制指令。模型分层方向是三维打印过程中的首要步骤，同一个模型可以有不同的分层方向，分层方向不同，模型表面粗糙度、模型加工时间和待支撑区域等都会有所不同，而确定最优的分层方向，可以使模型表面精度和加工时间都达到比较理想的水平。3D打印机上一般都配备了切片软件。切片处理的实质是将几何模型用轮廓线表达，这些轮廓线代表模型在切片层上的边界，它由一系列以Z轴正方向为法向的平面与STL格式模型经相交计算所得的交点连接而成。根据这些轮廓线可以确定3D打印成形的路径，并生成3D打印机的控制指令。切片厚度称为分层厚度，通常取恒定值，这种分层切片方式称为等厚度分层切片。分层厚度愈小，成形工件的精度和表面品质愈好，但成形时间愈长。分层厚度的范围为0.015～0.6 mm，通常为0.1 mm左右。

在3D打印系统中，扫描路径的设计合理与否直接影响着产品的几何质量、强度、刚度及成形的效率。目前，3D打印系统中的扫描路径主要有往复直线扫描路径、轮廓偏置扫描路径、分形扫描路径、蜂窝状扫描路径等。不同类型的扫描路径各有其特点。往复直线扫描路径（见图5.7(a)）算法简单，易实现，但打印过程中温度场分布不均匀，容易产生翘曲变形。轮廓偏置扫描路径（见图5.7(b)）可实现高表面精度模型的打印，但其算法复杂，需处理环自交与相交的问题。分形扫描路径（见图5.7(c)）温度场分布比较均匀，不易产生翘曲变形，但是扫描方向频繁突变，设备易产生振动和冲击。蜂窝状扫描路径（见图5.7(d)）节省材料，但路径的连续性较差，同一层面上存在大量的空行程和跳刀。

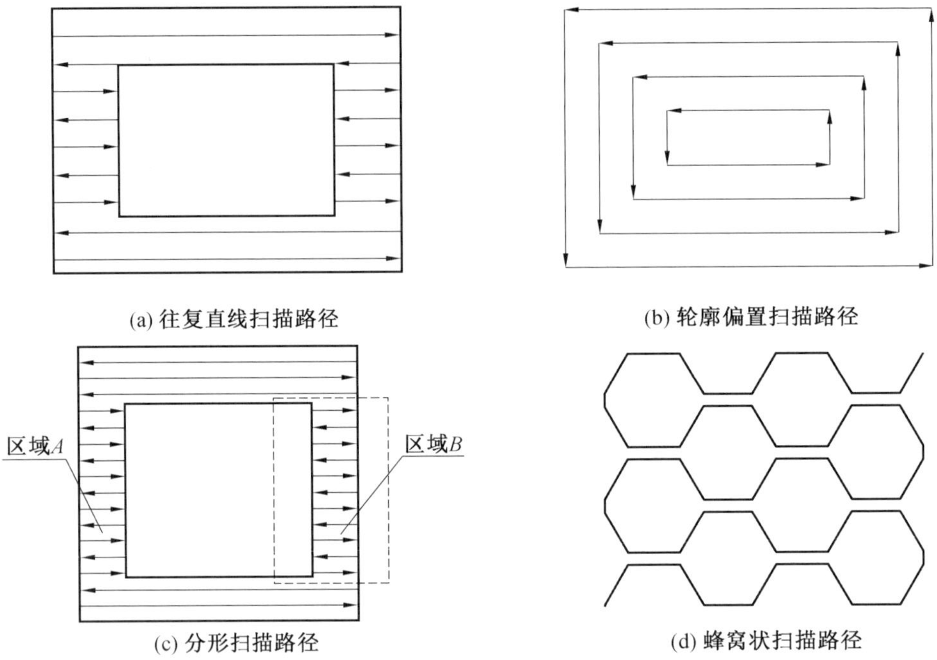

图 5.7　不同类型的扫描路径

5.2.3　3D 打印成形工艺

1. 光固化成形

光固化成形(stereo lithography apparatus,SLA)技术是 1987 年推出的技术,该技术利用光的波长和热作用使液态树脂材料发生聚合反应,对液态树脂进行有选择地固化、叠层成形。成形时,光束在聚合物的液体表面逐层扫描物体,被照射到的表面形成固态并逐层相互固化,从而达到造型的目的。SLA 技术也被称为立体印刷、立体光刻和光造型等,是世界上研究最深入、技术最成熟、应用最广泛的一种 3D 打印成形技术。目前,SLA 中的光源已经不再是单一的激光,还有其他新的光源,如紫外光等。但是,各种 SLA 的成形材料依然是对某种光束敏感的树脂。

SLA 成形原理示意图如图 5.8 所示。以光敏树脂为原料,在计算机控制下,紫外光按零件各分层截面数据对液态光敏树脂表面进行逐点扫描,使被扫描区域的树脂薄层产生光聚合反应而固化,形成零件的一个薄层。一层固化完毕后,工作台下降,在原先固化好的树脂表面再涂覆一层新的液态树脂以便进行下一层扫描固化,新固化的一层牢固地黏结在前一层上。如此重复,直到整个零件制作完毕。

成形材料使用液态光敏树脂。通过计算机控制紫外光扫描指定区域,将扫描区域的光敏树脂固化,逐层堆积。制件的性能相当于工程塑料或蜡模。经过多年的发展,SLA 技术已经日益成熟、可靠。SLA 具有以下显著的特点:

①系统工作稳定,整个成形过程自动运行。

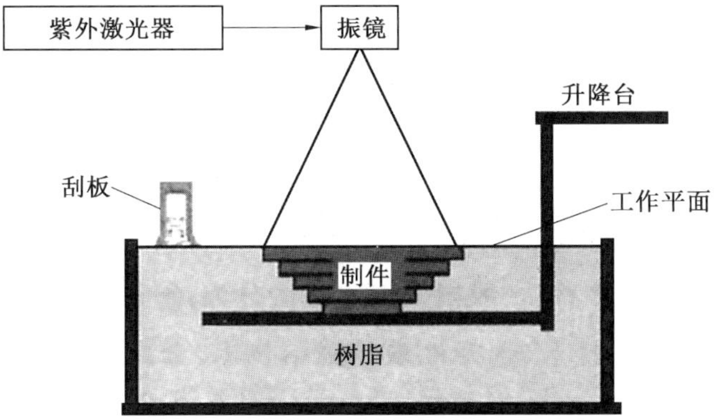

图5.8 SLA成形原理示意图

②成形精度高,一般均在0.1 mm以内,这是其他的成形技术所无法达到的。

③成形尺寸大,可以加工600 mm×600 mm以内的大尺寸工件。

④表面质量好,所成形的工件表面光滑,后处理的工作量小,在很多场合工件甚至无须后处理即可直接投入使用。

⑤系统分辨率高,能构建复杂结构的工件,可以加工复杂表面的薄壁件,壁厚最小可达到0.5 mm,这也是其他的成形技术所无法达到的。

⑥加工速度极快,可以达到8 m/s。

⑦材料消耗后,可采用添加的方法进行补充,因此材料利用率极高,接近100%。

2.熔融沉积制造

熔融沉积制造(fused deposition modeling,FDM),又称熔丝沉积,是由美国Scott Crump博士于1988年提出的。FDM技术将热塑性材料加热熔化后从喷嘴均匀挤出,使之呈细丝状,同时喷嘴在数控系统的控制下,按照切片软件规划好的连续薄层数据沿一定路径移动进行填充,丝状材料冷却后黏结而形成一层层薄的截面,最终层层叠加,形成三维实体。FDM的成形材料主要是线材(也有直接采用塑料粉末加热,经喷嘴挤出成形的),要求其熔融温度低、黏度低、黏性好和收缩率小等,主要有铸造石蜡、聚酰胺(俗称尼龙)、ABS塑料、PLA塑料、低熔点金属和陶瓷等。

图5.9为FDM成形原理示意图。在计算机或SD卡中Gcode程序(Gcode代码即为G代码,是数控程序中的指令,一般都称为G指令)控制下,打印机喷头在XY平面内做水平移动,喷头中的送丝机构可以控制喷头喷出打印材料的速度,底板随着打印过程的进行逐步下降。打印机运行时,首先要确定各层之间的距离(即分层厚度)、路径宽度(与喷头直径相等),计算机通过相应的软件对三维模型进行切片,生成打印路径及进丝量的Gcode程序,随后打印机对Gcode程序进行解析以控制喷头的运动,喷头喷出的材料黏结在工作台上或者前一层材料上,打印完一层之后,底板下降一个分层厚度的距离,喷头继续打印上一层,如此循环直至打印完所设计的三维模型。待温度冷却之后取下工件即可。

FDM工艺采用电能来加热塑料丝,使其在挤出喷头前达到熔融状态,喷头在计算机的控制下将熔融的塑料丝喷涂到工作平台上,从而完成整个零件的加工过程。这种方法的能量传输和材料叠加均不同于以激光为能源的光固化工艺及采用微滴喷射技术的3D

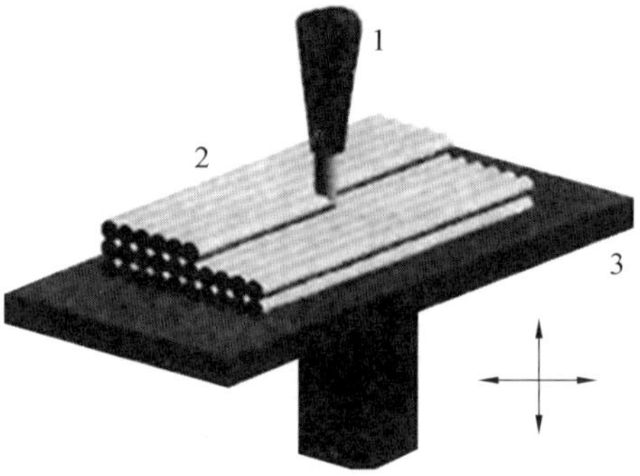

图 5.9　FDM 成形原理示意图
1—打印机喷头;2—已成形部分;3—打印底板

打印工艺。适用于 FDM 工艺的线材种类很多,大量热塑性材料均可作为打印材料使用。目前市场上较普遍、能购买到的线材包括 ABS、聚乳酸(PLA)、聚乙烯醇(PVA)、尼龙、木质材料等。FDM 工艺具有以下特点:

①能源价格相对低,设备成本低,日常维护成本也较低。

②成形材料广泛,热塑性材料均可应用,如各种色彩的工程塑料 ABS、PLA、聚碳酸酯(PC)、聚砜(PSF)及医用 ABS 等。

③环境友好,制件过程中无化学变化,也不会产生颗粒状粉尘。

④设备体积小巧,易于搬运,适用于办公环境。

⑤原材料利用率高,且废旧材料可进行回收再加工,并可实现循环使用。

⑥由于喷头的运动是机械运动,速度有一定限制,所以成形时间较长。

⑦与光固化成形工艺及 3D 打印工艺相比,成形精度较低,表面有明显的台阶效应。

⑧成形过程中需要加支撑结构,支撑结构手动剥除困难,同时影响制件表面质量。

3. 选择性激光烧结

选择性激光烧结(selective laser sintering,SLS)技术的概念是 1986 年美国 Texas 大学的研究生 Deckard 提出来的,他在 1989 年获得了第一个 SLS 技术专利,随后成立了 DTM 公司,1992 年该公司推出了 Sinterstation 2000 系列商品化选择性激光烧结成形机。SLS 技术是增材制造(或称 3D 打印)技术的一种,它采用 CO_2 激光器作为能量源,通过选择性地熔化高分子粉末材料来制作三维实体零件。SLS 技术具有成形材料多样化(高分子材料、陶瓷、金属、覆膜砂及其复合粉末等均可作为成形材料)、用途广泛、成形过程简单、材料利用率高等优点,特别是不受零部件形状复杂程度的限制,可以在没有工装夹具或模具的条件下,迅速制造出形状复杂的功能件或铸造用蜡模和砂型,是最具发展前景的 3D 打印技术之一。

SLS 技术的基本原理如图 5.10 所示。首先,CAD 模型需要在计算机程序中利用分层软件逐层切割以获得每层的加工数据信息。在 SLS 成形时,工艺条件如预热温度、激光功率、扫描速度、扫描路径、分层厚度等应根据制件要求进行调节,工作室中的预热温度升高到预定值并保持其不变。送料筒上升,铺粉滚筒移动,在平台上铺一层粉末,由精密导轨、伺服控制系统控制激光束对粉末进行扫描烧结,形成一层实体轮廓。第一层烧结完成,工作台下降一个分层厚度，由铺粉滚筒再铺上一层粉末进行下一层烧结，循环往复、层层叠加而形成三维的实体。

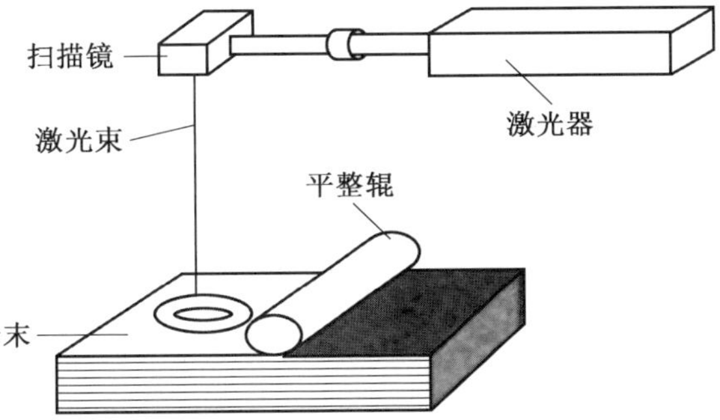

图5.10 SLS技术的基本原理

SLS最初只能使用蜡粉和塑料粉进行成形，后来开发出用于SLS成形的金属粉，从而将SLS技术推向了更广的领域。目前用于SLS成形的材料主要是各类粉末，美国、日本、德国等在SLS成形材料的研发方面领先于其他国家。美国推出了第一种用于SLS成形的尼龙材料，随后又推出了铜-尼龙复合材料，采用这些材料的成形件表面质量好、成形精度高，并具有良好的力学性能。此外，德国还开发了Direct Steel系列粉材。我国在SLS成形材料开发领域也取得了长足进步，目前国内一些科研院校及企业开发了一系列成熟的SLS成形材料，包括覆膜砂、覆膜陶瓷、覆膜金属、塑料粉及精铸蜡粉等。SLS成形具有以下特点：

①SLS技术可以用于制造复杂的几何形状零件，而不像传统机械加工方法，由于刀具无法到达某些型面，其应用受到限制。

②制造过程中不需要设计模具，也不需要传统的刀具或工艺装备安装等生产准备工作，加工过程只需在一台设备上完成，成形速度快。SLS技术用于模具制造，可以大大缩短产品开发周期，降低费用，一般只需传统加工方法30%～50%的工时和20%～35%的成本。

③实现了设计制造一体化。CAD数据的转化（分层和层面信息处理）可100%地自动完成，根据层面信息可自动生成数控代码，驱动成形机完成材料的逐层加工和堆积。

④属非接触式加工，加工过程中没有振动、噪声和切削废料。

⑤材料利用率高，并且未被烧结的粉末可以对下一层烧结起支撑作用，因此SLS工艺不需要设计和制作复杂的支撑系统。

⑥成形材料多样性是SLS最显著的特点，理论上凡经激光加热后能在粉末间形成原子连接的粉末材料都可作为SLS成形材料。

4. 选区激光熔化

选区激光熔化（selective laser melting，SLM）技术于1995年由德国Fraun-hofer提出。SLM技术以光斑很小的高功率激光器快速、完全熔化粉末材料（这些材料可以是单一金属粉末、合金粉末甚至陶瓷粉末）。SLM技术综合运用了新材料技术、激光技术、计算机技术等前沿技术，受到国内外的高度重视，成为新时代极具发展潜力的高新技术。SLM技术给制造业，尤其是给快速精密加工、快速模具制造、个性化医学产品、航空航天零部件和汽车零配件生产行业的发展带来了无限活力。

SLM 成形的原理与 SLS 类似。但 SLS 是通过低熔点金属或黏结剂的熔化使高熔点的金属粉末或非金属粉末黏结在一起，而 SLM 是将金属粉末完全熔化，因此其要求的激光功率密度要明显高于 SLS。图 5.11 为 SLM 成形原理示意图。激光束开始扫描前，水平铺粉辊先把金属粉末平铺到成形室的基板上，然后激光束将按当前层的轮廓信息选择性地熔化基板上的粉末，加工出当前层的轮廓。可升降系统下降一个分层厚度，滚动铺粉辊再在已加工好的当前层上铺金属粉末，激光再将新铺的金属粉末熔化。设备调入下一分层进行加工，如此层层加工，直到整个零件加工完毕。整个加工过程在真空或通有保护气体的成形室中进行，以避免金属在高温下与其他气体发生反应。

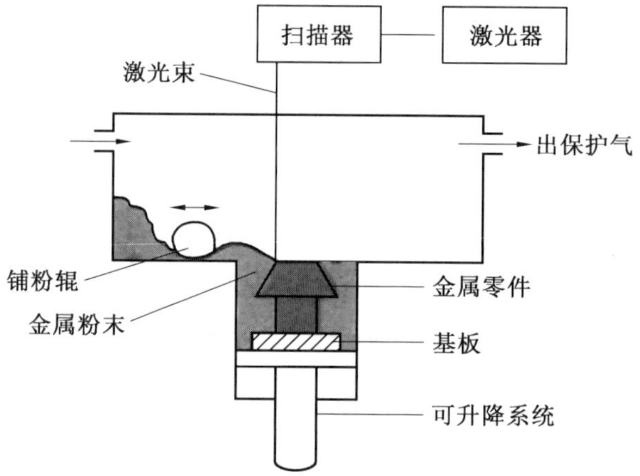

图 5.11　SLM 成形原理示意图

SLM 技术的特征是材料的完全熔化和凝固。因此，SLM 技术主要适合于金属材料的成形，并且其优点之一就是能够利用大部分金属材料，包括纯金属粉末、合金粉末及混合粉末等。SLM 技术作为 3D 打印技术的一种，相对于传统加工方法，主要具有以下特点。

(1)成形工艺简单，产品性能优良。

SLM 成形能直接制成终端金属产品，不借助铸模锻模技术，不用任何后处理工艺或只需要简单的表面处理，通过简单的 CAD 造型和材料选择即可加工出能直接使用的零件，提高了生产效率。使用具有高功率密度的激光器，以光斑很小的激光束加工金属，能得到非平衡态过饱和固溶体，组织均匀细小，相对密度几乎能达到 100%，零件力学性能与锻造工艺相当，尺寸精度可达到 0.1 mm，表面粗糙度值 Ra 可达到 30 ~ 50 μm。

(2)易成形复杂结构，材料利用率高。

适合制造各种复杂形状的工件，尤其是内部有复杂异型结构(如空腔、三维网格)及用传统方法无法制造的复杂工件。SLM 成形制造零件消耗的材料基本与零件实际用料相等，未用完的粉末材料可以重复利用，材料的利用率高达 90% 以上。

(3)满足个性化需求，应用领域广

利用 SLM 技术可以满足一些个性化的制造需求。如制造人的牙齿，由于人的牙齿各不相同，不适合批量制造，这时便可以采用 SLM 技术。通过扫描牙齿获得三维数据，利用逆向建模构建出牙齿的三维模型，最后通过 SLM 成形机打印出来，这样就可省去使用传统方法制造一个个牙齿模具的工艺过程，缩短生产周期，提高生产效率。SLM 基于其独特的成形技术，在航空航天、生物医学等高新领域已经崭露头角，有大放异彩之势，日益受到国内外各行各业专家的广泛关注。

5. 三维印刷成形

三维印刷成形（three dimensional printing, 3DP）技术由美国麻省理工学院（Massachusetts Institute of Technology, MIT）的 Sachs 等人率先提出，并于 1989 年申请了专利。1997 年 Z Corporation 公司得到美国麻省理工学院的 3DP 技术授权后，开始生产 Z 系列黏结剂喷射式 3D 打印机，这种打印机是实现黏结剂喷射式工艺的一类增材制造装备。3DP 成形工艺分为基于喷墨打印原理的 3D 打印成形工艺和黏结剂喷射式 3D 打印成形工艺，本节主要介绍黏结剂喷射式 3D 打印成形（后文简称 3DP）工艺。3DP 工艺与 SLS 工艺类似，但固化方式不同：首先以铺粉作为基底，按照原型零件分层截面轮廓，喷头在每一层铺好的材料上有选择性地喷射黏结剂，喷过黏结剂的粉末材料被黏结在一起，其他地方仍为松散粉末，层层黏结后去除未黏结的粉末就得到了三维实体。工作过程中喷射方式类似于普通喷墨打印机，3DP 使用的粉末材料有金属粉末、陶瓷粉末、石膏粉末和塑料粉末等。

3DP 成形原理示意图如图 5.12 所示，其工作过程如下：①铺粉辊将供粉缸活塞上方的一层粉末（例如石膏粉）铺设至成形缸活塞上方；②喷头按照经计算机辅助设计（CAD）确定的工件截面层轮廓信息，在水平面上沿 X 轴方向和 Y 轴方向运动，并在铺好的一层粉末上，有选择地喷射黏结剂，黏结剂渗入部分粉末的微孔中并使其黏结，形成工件的第一层截面轮廓；③一层成形完成后，成形缸活塞下降一个分层厚度（一般为 0.1 ~ 0.2 mm），供粉缸活塞上升一个分层厚度，再进行下一层的铺粉；④在下一层上有选择地喷射黏结剂，形成工件的下一层截面轮廓。如此循环，直到完成最后一层的铺粉与黏结，形成 3D 工件为止。

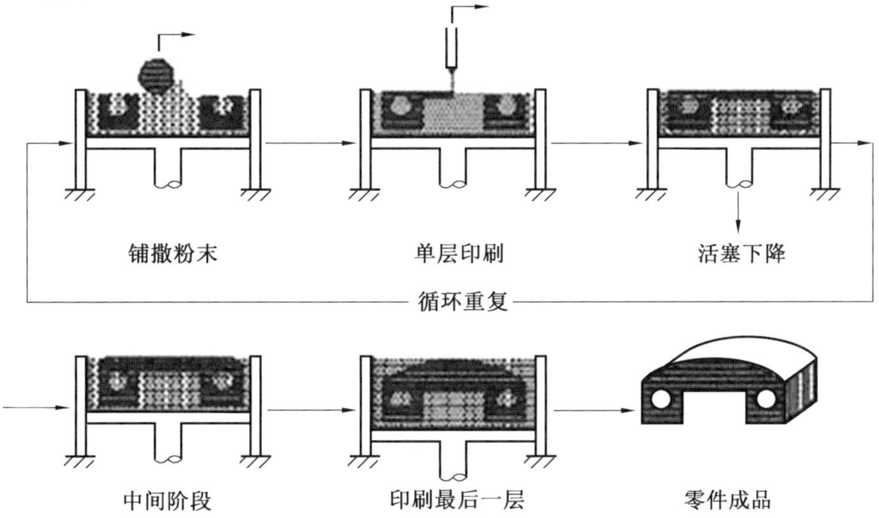

图 5.12 3DP 成形原理示意图

在这种3D打印机中,未黏结的粉末自然构成支撑,因此不必另外制作支撑结构,成形完成后也可免除剥离支撑结构的麻烦。此外,喷头还可以喷射多种颜色的黏结剂,以便成形彩色工件。

3DP技术最大的特点就是能够制作彩色产品,多用于商业、办公、科研和个人工作室,具体成形工艺的特点如下:

①成形速度快,完成一个产品的加工有时只需半小时。

②不需要激光器,设备具有较低的制造成本与运行成本。

③可使用多种粉末材料及多种色彩的黏结剂,制造彩色零部件。

④不需要添加支撑,成形过程中不需要单独设计与制作支撑。

⑤高柔性,生产过程不受零件的形状结构等多种因素的限制,能够完成各种复杂形状零件的制造。

⑥成形材料无味、无毒、无污染,成本低,品种多,性能高。

6. 叠层实体制造

叠层实体制造(laminated object manufacturing,LOM)是在1984年被Michael Feygin首次提出的,他于1985年组建了Helisys公司,于1992年推出了第一台商业成形机LOM-1015。LOM系统一般利用CO_2激光器作为加工能量源。叠层实体制造首先对薄层材料进行选择加工,然后将其层叠成形。薄层材料主要有涂覆纸、低熔点金属箔片、陶瓷片等。这些材料都具有一定的厚度(如纸片),这个厚度和数据信息分层切片处理中的分层厚度一致。

LOM成形原理示意图如图5.13所示。薄层材料单面涂覆一层热熔胶,通过热压装置使材料表面达到一定温度,从而使各薄层黏结在一起。随后位于其上方的CO_2激光器按照对CAD模型进行切片分层所获得的数据,在薄层材料上切割出零件在该层的内外轮廓,当每层完成后再将Z轴平台下移一个分层高度,使新的一层加工材料黏附在上面,用热压辊在最上面的加工材料上滚压,从而使已成形层和新材料黏合在一起。然后继续新一层面片模型的加工,直到模型加工完成为止。最后去除模型废料,即可得到实体模型。成形材料使用涂覆有热熔胶的纤维纸,通过计算机控制激光来切割纤维纸的成形轮廓,并

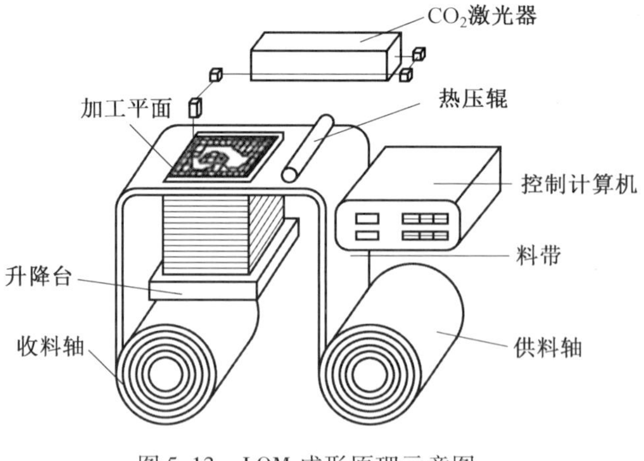

图5.13 LOM成形原理示意图

压实黏结到前一层纤维纸上，逐层堆积。由此所得制件的性能相当于高级木材制件。

LOM 成形材料为涂有热熔胶的薄层材料，层与层之间的黏结是靠热熔胶保证的，一般由薄片材料和热熔胶两部分组成。LOM 成形技术有如下特点：

①材料适应性强，可切割纸、塑料、金属箔材及复合材料等。

②成形速率高，不需要激光扫描整个模型截面，只要切出内外轮廓即可。

③价格低廉，使用的小功率 CO_2 激光器价格低廉且寿命长，成形材料一般为涂有热熔胶及添加剂的材料，制件价格便宜。

④成形件几何尺寸稳定性好，成形过程无材料相变，内应力小，不存在收缩和翘曲变形，无支撑结构。

5.3 拓展阅读

随着国家“十四五”规划中关于构建特色食品工业体系的提出，再到 2024 年中央一号文件中强调“树立大农业观，大食物观，多渠道拓展食物来源……”，传统的食品加工技术也向着构建多元化的创新型技术转变。食品 3D 打印技术因具备个性化定制、加工精度高、营养均衡和绿色生产的优势，为构建特色创新型食品加工方式提供新思路。首先，食品 3D 打印技术能够实现食品的个性化生产，所打印的食物外形精美、色泽艳丽、口感优良、营养价值均衡，符合当今人们对于饮食个性化、定制化和美观化的追求。其次，3D 打印技术可以准确控制食品的营养成分和口感，对于有特殊饮食需求的人群，如糖尿病患者和过敏者，具有重要意义。通过 3D 打印技术能够有效利用食品原料，提高生产效率，降低成本并减少浪费，有利于实现可持续发展。此外，食品 3D 打印技术为食品设计提供了更大的创意空间，能够引领食品行业向数字化、智能化方向发展，推动行业转型升级。

1. 基于凝胶挤出的食品 3D 打印技术

凝胶是一种柔软潮湿的材料，低摩擦属性低，具有材料渗透性和生物相容性等独特性。将凝胶混入打印材料中，便可使材料具备较高的流动性、黏性甚至热塑性。最重要的是大多数凝胶是无毒并且可食用的物质，如食用明胶、琼脂等，这些凝胶的主要成分均为多糖、蛋白质或脂肪，可消化，对人体无害。在实际使用的时候，可以根据对打印材料流动性、热塑性的要求的不同选择合适的凝胶浓度配比，部分凝胶由于其自身属性，在配制浓度时还需要进行水浴加热。其原理是将混制好的凝胶材料通过活塞的挤压从喷头挤出，逐层堆叠成三维模型。图 5.14 为挤出型食品 3D 打印成品。

2. 美国陆军调研采用 3D 打印技术为士兵生产军粮

美国陆军纳蒂克士兵研发与工程中心正在研究如何利用 3D 打印技术为士兵生产军粮，其使命是推进新型食品技术的发展，使其能够满足军事领域的食物供给需求。

美国陆军研究人员称，如果所有食物都可以实现按需打印，那么采用 3D 打印技术生产食物将能降低成本。他们参观了美国麻省理工学院的林肯实验室，探讨使用 3D 打印技术生产创新型军用口粮的可行性。目前军队的即食军粮（MRE）有为期 3 年的保质期要求，如何根据士兵的营养需求量身定制，再应用新工艺在需要的情况下保持供货稳定是未来的发展方向。

(a) 3D 打印芋头糊

(b) 3D 打印芋头糊

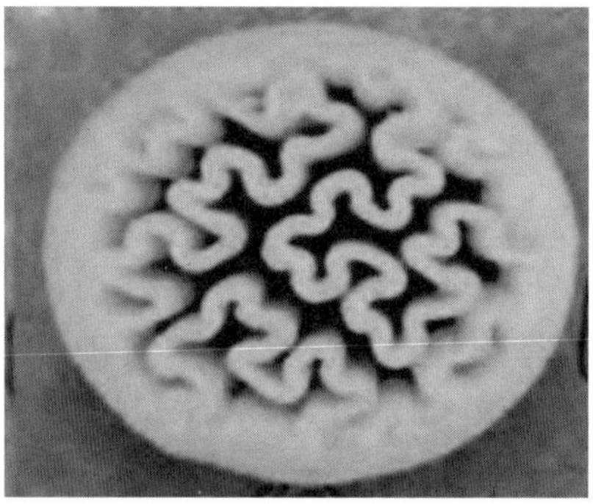

(c) 3D 打印马铃薯泥

(d) 3D 打印大豆分离蛋白(SPI)、南瓜和甜菜根混合物

图 5.14　挤出型食品 3D 打印成品

3D 打印设备利用一个单独的打印头就可以制造复杂的材料产品。为了打印食物,可将打印食材装在打印盒中进行逐层沉积。3D 打印食物为实现完全可定制的营养开辟了新的途径,并且有助于将备选食材转换为对健康和环境都有益的美味食品。

美国陆军研究人员正在考虑生产体积小的紧凑快餐超声集聚技术,将其与 3D 打印技术相结合,从而获得营养密集、供货稳定的产品。

第 6 章

材料成形方法的选择

6.1 成形方法选择的原则

大量事实证明,某些机械零件的质量差、寿命低等问题与材料成形方法的选择不合理有关。好的制件应具有物美价廉的特征,只有这样才会具有市场竞争力。工程设计人员应根据制件的使用要求、性能要求、经济指标(如生产条件、生产批量、造价等)等方面进行结构设计,选用材料,选择成形方法,确定工艺路线。因此,必须注意不同的制件结构与材料的适应性和不同成形方法对材料性能与零件质量的影响。

材料成形方法的选择还与零件的生产周期和成本、生产条件和批量等因素密切相关。制件的结构设计、材料选用、成形方法、经济性相互影响,它们之间既可协调统一,也可相互矛盾。因此,设计时应根据它们之间的相互作用及其相对重要性进行分析比较,确定最佳方案。制造一个质量好的成形件一般有好几种成形方法,有的可用先进的近净成形新方法直接把原材料制成成品。也有的用普通的铸造、锻造、冲压、焊接等成形方法制成毛坯件,再经切削加工制成。如何选择材料的成形方法,不仅涉及产品的质量,还涉及产品的使用性能、制造成本等因素。又由于机械零件成形的材料、形状、尺寸、结构和生产批量各不相同,故其成形方法也不尽相同。因此,正确选择材料成形方法是从事机械产品设计与制造的工程技术人员必须具备的基本技能。

6.1.1 使用性能原则

使用性能主要指零件在使用状态下所表现出来的力学性能、物理性能和化学性能,使用性能是保证零件在使用状态下实现规定功能的必要条件,不同零件对使用要求是不一样的,有的零件要求强度高、有的零件要求耐磨性好、有的零件要求外观造型美观等。在材料使用要求上就有较大的差别，即使同一类零件其使用要求也是不同的。例如，机床的主轴和手柄（图6.1），同属于轴类零件，但其使用要求不同，主轴是机床的关键零件，尺寸、形状和加工精度要求很高，受力复杂，在长期使用中不允许发生过量变形，应选用45钢或40Cr钢等具有良好综合力学性能的材料，经锻造成形及严格切削加工和热处理制成。而手柄则采用低碳钢圆棒料或普通灰铸铁件为毛坯，经简单的切削加工即可制成。又如燃气轮机叶片与风扇叶片，虽然同样具有空间几何曲面形状，但前者应采用优质合金钢经精密锻造成形，而后者则可采用低碳钢薄板冲压成形。

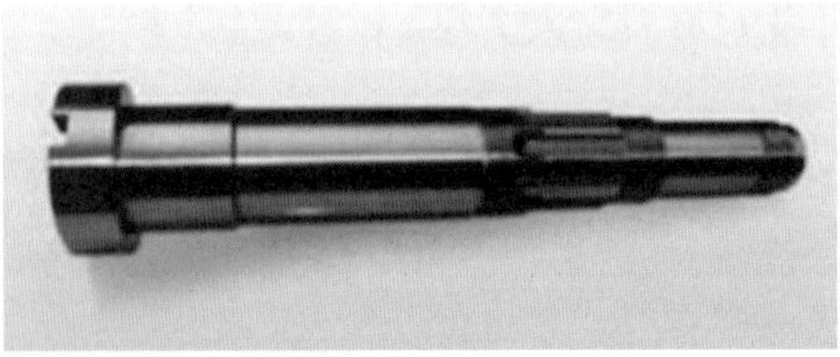

(a) 主轴

(b) 手柄

图6.1　轴类零件

由此可见，材料成形方法的选择要根据零件在设备上的具体使用要求来确定，其成形方法要适应使用性能的要求。

6.1.2　工艺性能原则

工艺性能是指材料适应成形加工方法的能力。各种成形方法都要求零件的结构具有相应的成形加工工艺性，成形加工工艺性能的好坏对零件制造的难易程度、生产效率、生产成本等起着十分重要的作用，选择成形方法时，必须注意零件结构与材料所能适应的成形加工工艺性。

当零件形状比较复杂，尺寸较大时，用锻造成形难以实现，应采用铸造成形或焊接成形，但铸造成形的减振性和耐磨性更好，适合有一定批量的零件生产。在单件、小批量生产时，可考虑焊接成形，对于少数重型机械如轧钢机、大型压力机的床身，可选用中碳钢或合金钢铸造成形，特别大型的机械还可采用铸钢焊接成形。

当零件形状不太复杂，但力学性能要求较高，则可采用锻造成形。单件、小批量生产时，则可采用自由锻造成形；大批量生产时，则可采用模型锻造成形。

当零件形状比较简单，尺寸不大，批量较大时，可采用冷锻成形工艺，并通过形变强化的手段来提高零件的力学性能，因此成形方法要适应工艺性能的要求。

6.1.3　经济性原则

经济性原则是要求在满足使用要求的前提下，尽量降低产品总成本，提高经济效益。应把满足使用要求与降低成本统一起来，脱离使用要求，对成形加工提出过高要求，会造成无谓的浪费。反之，不顾使用要求，片面强调降低成形加工成本，则会导致零件达不到工作要求、提前失效，甚至造成重大事故。因此，为了能够有效降低成本，应合理选择零件材料与成形方法。例如,汽车、拖拉机发动机的曲轴,承受交变、弯曲与冲击载荷,设计时主要是考虑强度和韧度的要求,曲轴形状复杂,具有空间弯曲轴线,多年来选用调质钢(如40、45、40Cr、35CrMo等)模锻成形。现在普遍改用疲劳强度与耐磨性较高的球墨铸铁(如QT600-3、QT700-2等),砂型铸造成形,不仅可满足使用要求,而且成本降低了50%~80%,加工工时缩短了30%~50%,还提高了耐磨性。

材料成形件的经济性与成形工艺、生产批量有很大关系。当单件、小批量生产时,应选用常用材料,一定的设备与工具和低精度、低生产效率的成形方法。当大批量生产时,应选用专用材料、专用工装,虽然增加了设备和工装的费用,但材料的总消耗量会大幅度降低,切削加工工时缩短,总制造成本也较低。一般说来,当单件、小批量生产时,用铸造成形时,可用手工砂型铸造,锻造成形可选用自由锻造或胎模锻。焊接成形则以手工焊或半自动焊为主。在大批量生产时,可分别选用机器造型,模锻,埋弧焊或自动、半自动气体保护焊。通过高效率的工艺方法来降低产品制造的成本。如单件生产大、重型零件时,一般工厂往往不具备重型与专用设备,此时可采用板、型材焊接,或者将大件分成几小块铸造、锻造或冲压,再采用铸-焊、锻-焊、冲-焊联合成形工艺拼成大件,这样不仅成本较低,而且一般工厂也可以生产。图6.2为大型水轮机空心轴的3种成形工艺方案,工件净重为4.73 t,3种成形工艺具体如下:

①整轴在水压机上自由锻造,两端法兰锻不出,采用余块,机械加工余量大,材料利用率只有22.6%,切削加工需1 400台时。

②两端法兰用砂型铸造成形的铸钢件,轴筒采用水压机自由锻造成形,然后将轴筒与两个法兰焊接成形为一体,材料利用率提高到35.8%,切削加工量下降为1 200台时。

③两端法兰用铸钢件时,轴筒用厚钢板弯成两个半筒形,再焊成整个筒体,然后与法兰焊成一体,材料利用率可高达47%,切削加工只需1 000台时,且不需大型熔炼与锻压设备。

3种成形工艺的相对直接成本(即材料成本与工时成本之和)依次为2.2∶1.4∶10,若再计算重型与专用设备的维修管理折旧费,工艺①的生产总成本将超出工艺③的3倍。

又如机床油盘零件,通常采用薄钢板冲压成形,但如果现场条件不够,也可采用铸造成形或旋压成形来代替冲压成形。

再如,有一个规模不大的机械工厂,承接了每年生产2 000件摩托车附件的生产任务,该产品由一些小型锻件、铸件和标准件组成。这些锻件若能采用锤上模锻成形的方法生产最为理想,但该厂无模锻锤,经过技术、经济分析,认为采用胎模锻成形比较切实可行和经济合理,然后把有限的资金用于对铸造生产进行技术改造,增置了造型机,使铸件生产全部采用机器造型,并实现了铸造生产过程的半机械化,不仅提高了铸件质量,也提高了该厂的铸造生产能力。

成形方法的选择也要全面考虑生产过程的总成本,要综合分析设计试验费、材料费、毛坯加工费、切削加工费、使用维修费等,要全面权衡利弊,结合产品质量和使用性能要求,选择最佳的成形方案。在选择材料与成形方法时,还要考虑生产现实的可能性,所选择的毛坯材料应保证供应上有可能,要符合我国资源情况及市场供应的可能性,尽可能用国产材料代替进口材料,尽可能用库存的材料。

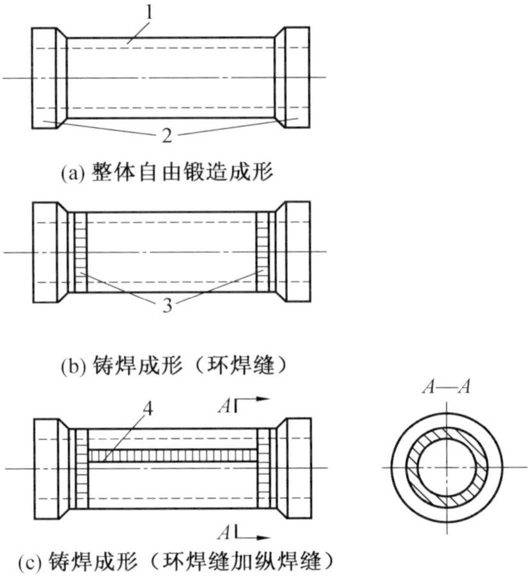

图 6.2　大型水轮机空心轴的 3 种成形工艺方案

1—轴筒;2—法兰;3、4—焊缝

选择成形方法时,在保证零件使用要求的前提下,对几个可供选择的方案应从经济上进行分析比较,从中选择成本低廉的成形方法。如生产一个小齿轮,可以从圆棒料切削而成,也可以采用小余量锻造齿坯,还可用粉末冶金制造,至于最终选择何种成形方法,应该在比较全部成本的基础上确定。因此,成形方法要适应经济性的要求。

6.1.4　安全环保性原则

近年来,由于工业生产的迅速发展,人们对工业生产中环保问题越来越重视,在工业生产中,必须用引起不良后果的事件的可能性及发生率来表示安全性。事件的后果可能是伤残、疾病,甚至死亡,同时还包括生产损失、设备损失、环境污染等严重问题。因此,在选择成形方法时应充分考虑安全生产问题,要充分认识成形生产过程中的一些典型的不安全因素。如避免生产系统过载,在长期超载运转后造成破坏,或可靠性差,或由于维修不善、人机误差、工人缺乏技术培训、管理不善、工作环境欠佳等造成的可靠性降低,因此必须建立起一个安全、有效的生产环境。如合理地进行工艺设计,尽量采用少或无切削加工的新工艺生产,少用或不用煤、石油等直接作为加热燃料,避免排出大量 CO_2 气体,导致地球温度升高。注意减少贵重材料的用量,在满足制件使用要求的前提下,尽量采用普通原材料,不使用对环境有害和会产生对环境有害物质的材料,采用加工废弃物少、容易再生处理、能够实现回收利用的材料。要考虑从原料制成材料,然后经成形加工成制品再经使用至损坏而废弃,以及回收、再生、再利用整个过程中所消耗的全部能量,考虑 CO_2 气体排放量,以及在各阶段产生的废弃物、有毒气体、废水等情况。因此,成形方法要适应安全和环保性能的要求。

6.1.5 新技术新工艺利用的原则

随着工业的发展、市场的繁荣，人们已不再满足于规格化的、粗制制品，而是要求多变的、个性化的、精制制品。这就要求产品的生产由少品种、大批量转变成多品种、小批量，产品的类型更新快和生产周期短，产品的质量优而成本低。在这种激烈的市场竞争形势下，选择成形方法就不应只着眼于一些常用的传统工艺，而应扩大对新工艺、新技术、新材料的应用，如精密铸造、精密锻造、精密冲裁、冷挤压、液态模锻、特种轧制、超塑性成形、粉末冶金、注塑成形、等静压成形、复合材料成形及快速成形等，采用少或无余量成形方法，以显著提高产品质量、经济效益与生产效率。

使用新的材料往往从根本上改变成形方法，并显著提高制品的使用性能。例如，在酸和碱介质下工作的各种阀、泵体、叶轮、轴承等零件，均有耐蚀、耐磨的要求，最早采用铸铁制造，性能差，寿命很短。随后改用不锈钢铸造成形制造，自塑料工业发展后就改用塑料注射成形制造，但塑料的耐磨性不够理想，随着陶瓷工业的发展，又改用陶瓷注射成形或等静压成形制造。

要根据用户的要求不断提高产品质量，改进成形方法。图6.3为炒菜铸铁锅的铸造成形，传统工艺是采用砂型铸造成形，由于锅底部残存浇口疤痕，既不美观，又影响使用，甚至产生渗漏，且铸锅的壁厚不能太薄，故较粗笨。而改用挤压铸造新工艺生产，是定量浇入铁液，不用浇口，直接由上型向下挤压铸造成形，铸出的铁锅外形美观、壁薄、精致轻便、不渗漏、质量好、使用寿命长，并可节约铁液，便于组织机械化流水线生产。

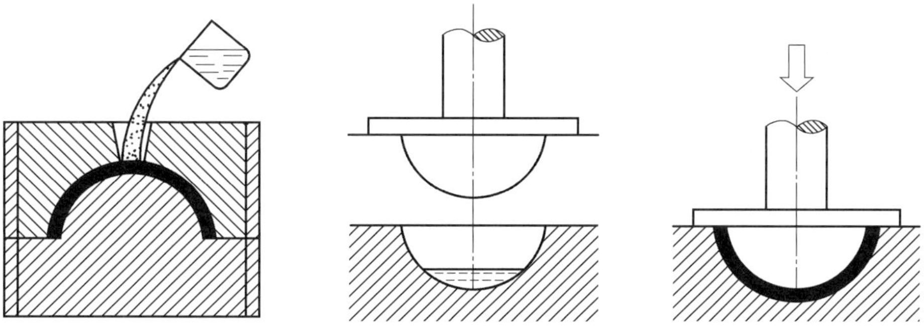

(a) 砂型铸造　　(b) 挤压铸造

图6.3　炒菜铸铁锅的铸造成形

在几种成形工艺都可用于制品生产时，应根据生产批量与条件，尽可能采用先进的成形工艺取代落后的旧工艺。如图6.4所示的发动机气门零件，材料为耐热钢，有下列几种成形工艺方案可供选择。

(1)胎模锻造成形。

选用直径较气门杆粗的棒坯，采用自由锻拔长杆部，再用胎模镦粗头部法兰。此方法劳动强度大，生产效率低，适合小批量生产。

(2)平锻机模锻成形。

用与气门杆部直径相同的棒坯，在平锻机锻模模膛内需对头部进行5个工序的局部镦粗，形成法兰。平锻机设备和模具费用昂贵，且法兰头部成形效率不高，适用于大批量

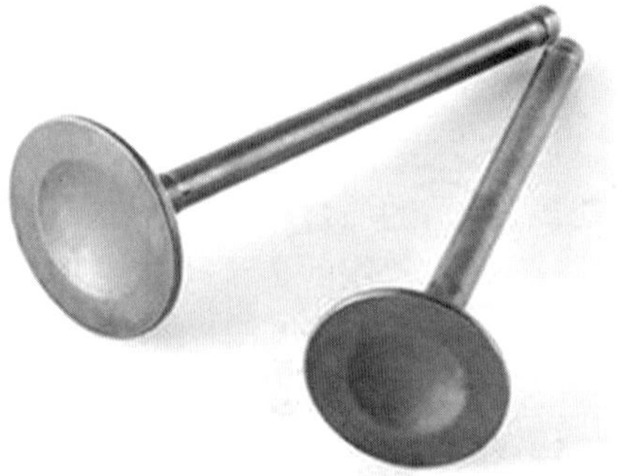

图 6.4　发动机气门零件

生产。

(3)电热镦粗成形。

按气门杆部直径选择棒坯,对头部进行电热镦粗,再在摩擦压力机上将法兰终(模)锻成形。电热镦粗时,毛坯加热与镦粗是局部连续进行的,坯料镦粗长度不受长径比规则的限制,因此镦粗可一次完成,效率得到提高,且机械加工余量小,材料利用率高,劳动条件好,并可采用结构简单的通用性强的工具,可用于中、小批量生产。

(4)热挤压成形。

选用直径较气门杆粗、较法兰头细的棒坯,在热模锻压力机上挤压成形杆部,闭合镦粗头部形成法兰。热挤压成形较电热镦粗成形更具优越性,主要是热挤压成形工艺采用热轧棒坯,在三向压应力状态下成形,因此原材料价格低,制品内在与外表质量优。而电热镦粗成形采用冷拔棒坯,价格较高,且镦粗部分表面处于拉应力状态,易产生裂纹。另外,热挤压成形的生产效率也远高于电热镦粗成形。目前,工业发达国家已普遍采用热挤压成形工艺生产气门零件。

总之,在具体选择材料成形方法时,应具体问题具体分析,在保证使用要求的前提下,力求做到质量好、成本低和制造周期短,要密切关注新工艺、新技术、新材料的利用。

6.2　常用成形件的成形特点

6.2.1　铸造成形件

铸造成形件(即铸件)是将熔融的液体材料浇注到具有一定形状的型腔中经冷却凝固而形成的,其特点是尺寸、形状、大小几乎不受限制,常应用于形状复杂、精度要求不太高的场合。今天,铸造已是第五大工业领域,年产数千万吨铸件。如果没有铸造,汽车、家用器具、机械设备等的价格一定会变得很高。

因此,铸造成为优先选用的金属材料的成形工艺。凡是要求耐磨、减振、价廉、必须用铸铁制造的零件(如活塞环、汽缸套、汽缸体、机床床身、机座等),以及一些形状复杂、用其他方法难以成形的零件(如各类箱体、泵体、叶轮、燃气机涡轮等),几乎只能用铸造成形工艺来制造。按质量计算，在机床、内燃机等机械中，铸件占70%～90%；在拖拉机中，铸件占50%～70%；在农业机械中，铸件占40%～70%。铸件中的80%是铸铁件，而且绝大部分是用砂型铸造生产的。

1. 金属铸件

铸件成形方法依生产批量、铸件材料、零件的质量不同而各不相同。通常大多数金属铸件的成形都是采用砂型铸造方法，当单件、小批量生产、铸件精度要求不高时，采用手工砂型铸造；当大批量生产，铸件精度要求较高时，采用机器砂型铸造。砂型铸造铸件的材料可不受限制，铸铁件应用最多，铸钢和非铁合金件也有一定应用。

尺寸、形状精度要求较高的优质铸件一般采用特种铸造方法，如熔模铸造、金属型铸造、离心铸造和压力铸造等。

熔模铸件的精度高，表面粗糙度值低，形状较为复杂，熔模铸造适用于高熔点和难切削合金铸件的成形。

金属型铸件的精度高，表面质量好，其生产效率高，可一型多用，适用于非铁合金件的批量生产。

离心铸造件的内部组织致密，力学性能好，特别是外表面的质量好于内表面，离心铸造适用于钢铁金属及铜合金中空状毛坯的成形。

铸造件的精度高，表面粗糙度值低，加工量小，压力铸造可在铸件上铸出各种花纹图案、文字等较复杂结构，但需要专用的压铸设备，适用于形状较复杂、尺寸不大、铸壁相对较薄铸件的大批量生产。

2. 非金属铸件

工程塑料件的材料主要是热固性塑料（也有少数热塑性塑料），一般采用压力加工成形，但也可采用液态成形。其工艺过程是在液态的树脂中加入适量的固化剂和添加剂，混合均匀后浇注到模具中，物料在常压或低压及常温下通过化学反应逐渐固化，成形塑料制品。此种方法设备简单、成本低、工艺简单，但生产效率不高，产品形状受到一定限制。

陶瓷件也有采用液态成形方法的，如工业陶瓷制品成形大多数采用注浆，利用石膏模作为铸型，将陶瓷泥浆浇注到石膏模中成形。这种方法一般多用于家庭洁具制造。

6.2.2 压力加工成形件

压力加工成形件是材料受外力作用发生塑性变形而获得的，其特点是除了自由锻件外，都需要专用模具来成形，其形状复杂程度受到较大限制，常用于较大批量生产的场合。用压力加工成形工艺制造的金属零件，其晶粒组织较细，没有铸件那样的内部缺陷，其力学性能优于相同材料的铸件。所以，一些要求强度高、抗冲击、耐疲劳的重要零件，多采用压力加工成形工艺来制造。但与铸造成形工艺相比，压力加工成形工艺一般难以获得形状复杂，特别是一些带复杂内腔的零件。

1. 金属成形件

金属成形件主要有锻件、冲压件、挤压件。锻件是用锻造方法获得的毛坯件，可采用自由锻和模锻两种方法。自由锻锻件不使用专用模具，生产效率低、机械加工余量大、精度低，一般只适用于单件、小批量生产。

模锻件需要专用模具,尺寸精度高,机械加工余量小,生产效率高,可以锻造形状较为复杂的毛坯件,适用于中、小型锻件的批量生产。

冲压件主要用于8 mm以下金属薄板的冲压成形。冲压件的尺寸精度较高,机械加工余量小,一般不需要机械加工,适用于大批量生产。

挤压件是一种生产效率很高,少或无切削加工的成形件,其尺寸精确,表面粗糙度值低,可制成薄壁、深孔、异形截面等形状复杂的零件,适用于大批量生产。

2. 非金属成形件

非金属材料的受压成形主要指受挤压和模压成形。如工程塑料的挤压成形件就是将颗粒状和粉末塑料放入挤压机的料筒内,经加热熔融成黏流态,依靠柱塞(推杆)的压力,使黏流态塑料以连续状不断地挤入模腔,冷却后成为一定形状的塑料制品。如塑料管、塑料棒、板等。而模压成形件是将粉状、颗粒状或纤维状的物料放入具有一定温度的模腔中合模压型,然后升温,最后取出成形件。如工程塑料的模压成形和陶瓷材料的压制成形等。目前,此类方法在工程上应用很广。

6.2.3 焊接成形件

焊接成形件是将可焊材料通过焊接方法制成的工件,如梁柱、桁架、管道、容器等金属结构件。一些单件生产的大型机件,如机架、立柱、箱体、底座、水轮机机体、蜗壳、转子与空心转轴等,有些是采用焊接成形工艺制造的。焊接成形工艺具有非常灵活的特点,它能以小拼大,焊件不仅强度与刚度好,且质量轻,还可进行异种材料的焊接,材料利用率高,工序简单,工艺准备和生产周期短,一般不需要专用重型设备。产品的改型较方便。例如一些受力复杂的大型机械零件,对强度、刚度要求均高,若采用锻件必须为之先铸钢锭,钢锭锻造之前还要截头去尾,材料利用率低,且大件自由锻造所用的巨型水压机不是一般工厂所能具备的。若采用铸钢件,则需用大容炼钢炉,还需要巨大的模样与专用砂箱等工艺装备,不但工艺准备周期长,而且单件生产采用这些大型专用装备的成本也很高,产品改型时必须改变所有工艺装备,十分复杂。而采用钢板或型材焊接,或采用铸-焊、锻-焊或冲-焊联合成形工艺,其优点就十分明显。

焊接件的特点是生产过程简单、周期短、运用范围广,缺点是成形过程是一个不均匀的加热和冷却过程,焊接结构内部容易产生应力与变形,同时焊接结构上的热影响区的力学性能也会有所下降。因此,若工艺措施不当,焊件可能产生不易发现的缺陷,这些缺陷有时还会在使用过程中逐步扩展,导致焊件突然失效,酿成事故。焊接结构应尽可能采用同种金属材料焊接,采用异种金属材料焊接时,往往由于两者热物理性能不同,在焊接处会产生很大的压力,甚至造成裂纹,选择焊接材料时要特别慎重。重要的焊件必须进行无损探伤,并且做定期检查。

6.2.4 粉末冶金成形件

粉末冶金是用金属粉末或金属与非金属粉末的混合物作为原料,经压制、烧结等工序后,制得某些金属制品或金属材料的成形工艺。粉末冶金既是一种生产特种金属材料的方法,又是一种少或无切削生产零件的新工艺,是近十几年来快速发展的一种新方法。其特点是材料利用率高，效率高，无须机械加工或少量加工，适合生产形状复杂的零件及各种材料或各种具有特殊性能材料配在一起的零件。但需要专用模具，模具成本高，材料成本相对较高。

粉末冶金成形可制造的机械零件有铁基或铜基含油轴承，铁基齿轮、凸轮、滚轮、链轮、气门座圈、顶杆套、枪机、模具，铜基或铁基加石墨、二硫化钼、氧化硅、石棉粉末制成的摩擦离合器和刹车片等，还可制造各种刀具、工模具及一些特殊性能的元件，如硬质合金刀具、模具量具、金刚石工具、金属陶瓷刀具、接触点及极耐高温的火箭、宇航零件与核工业零件。

将粉末冶金与精密锻造成形联合加工，形成粉末冶金锻造成形工艺，制品质地均匀，晶粒细化，无各向异性现象，其性能甚至超过模锻件，可降低模锻设备吨位，减少工装与设备的投资，缩短工艺准备周期，提高材料利用率。这种联合工艺主要用于汽车工业与农业机械上的齿轮、凸轮、阀头、小型曲轴、连杆等零件的制造。

6.2.5 其他成形件

1. 陶瓷件成形

陶瓷是指用天然或人工合成的粉状化合物经过成形和高温烧结而制成的一类无机非金属材料，它具有高强度、高硬度、耐磨损、耐高温、耐氧化等优点，作为结构材料在许多方面能承担金属材料和高分子材料所不能胜任的工作，同时它的某些特殊性能又可使它作为功能材料使用，如压电陶瓷用作内燃机的点火系统、导弹的引爆信管等。

陶瓷制品的生产过程包括配料、成形、烧结3个阶段。烧结是通过加热使粉体产生颗粒激结，经过物质迁移使粉体产生高强度并导致致密化和再结晶的过程。陶瓷由晶体、玻璃体和气孔组成。显微组织及相应的性能都是经烧结后产生的。烧结过程直接影响晶粒尺寸与分布、气孔尺寸与分布等显微组织结构。陶瓷经成形、烧结后还可根据需要进行磨削加工和抛光，甚至切削加工。通过研磨、抛光，陶瓷表面可达镜面的光洁水平。

2. 复合材料成形

(1)颗粒、晶须短纤维增强复合材料。

颗粒、晶须短纤维增强复合材料的制备方法通常包括下面3个步骤。

①混合。基体材料熔化(溶化)为液态，采用搅拌方法均匀混入增强材料；或者制成粉末，采用滚筒或球磨等方法混入增强材料，并均匀化。

②制坯。采用铸造、液态模锻、喷射、粉末热压等方法使复合成分凝固或固化，制备出复合材料坯体或零件。

③成形。根据需要，通过挤压、轧制、锻造机加工等二次加工，制备出性能、形状均满足要求的零件。

(2)纤维增强体增强复合材料。

纤维增强体增强复合材料的制备方法通常包括下面两个基本步骤。

①增强体预成形。按设计要求将增强纤维(或纤丝)排列成特定形状或模式，对长纤维(或纤丝)，采用缠绕、织物铺层、三维编织等方法成形。对晶须或较短的纤维，采用磁力、静电、振荡、压延或悬浮法进行预处理，再用挤压等方法成形。

②复合。将基体材料与增强体复合,通常采用粉末冶金法、液态浸透法、化学气相沉积法等。

常用成形方法的比较见表6.1。

表6.1 常用成形方法的比较

比较内容	成形方法			
	铸造	锻造	冷冲压	焊接
成形特点	液态成形	固态塑性成形	固态塑性成形	永久连接
对原材料工艺性要求	流动性好,收缩率低	塑性好,变形抗力小	塑性好,变形抗力小	强度高,塑性好,液态下化学稳定性好
常用材料	铸铁、铸钢、非铁合金	低、中碳钢,合金结构钢	低碳钢薄板、非铁合金薄板	低碳钢、低合金结构钢、不锈钢、非铁合金
适宜成形的形状	一般不受限制,相当复杂,尤其是内腔	自由锻简单;模锻较复杂,但有一定限制	较复杂,但有一定限制	一般不受限制
适宜成形尺寸与质量	砂型铸造不受限制,特种铸造受限制	自由锻不受限制;模锻受限制,一般小于150 kg	最大板厚为8 ~ 10 mm	不受限制
材料利用率	高	自由锻低,模锻较高	较高	较高
适宜的生产批量	砂型铸造不受限制	自由锻单件、小批量;模锻成批、大量	大量	单件、小批量、成批
生产周期	砂型铸造较短	自由锻短,模锻长	长	短
生产效率	砂型铸造低	自由锻低,模锻较高	高	中、低
应用举例	机架、床身、底座、工作台、导轨、变速箱、泵体、阀体、带轮、轴承座、曲轴、凸轮轴、齿轮等形状复杂的零件	机床主轴、传动轴、齿轮、连杆、凸轮、螺栓、弹簧、曲轴、锻模、冲模等对力学性能(尤其是强度和韧度)要求较高的零件	汽车车身覆盖件、仪器仪表与电器的外壳及零件、油箱、水箱等各种用薄板成形的零件	锅炉、压力容器、化工容器、管道、厂房构架、吊车构架、桥梁、车身、船体、飞机、重型机械的机架、立柱、工作台等各种金属结构件和组合件,还可用于零件修补

6.3 常用机械零件的成形方法

常用机械零件按其形状和结构特征可分为轴杆类，盘套类，机架、箱体类零件，由于形状和结构的差异，生产批量和用途不同，其成形方法也各不相同。下面分别介绍各类零件成形的一般方法。

6.3.1 轴杆类零件

1. 工作条件

轴杆类零件是机械工业中重要的基础零件之一，一切做回转运动的零件都装在轴上。轴杆类零件的结构特点是轴向（纵向）尺寸远大于径向（横向）尺寸，这类零件包括各类传动轴、机床主轴、光杠、丝杠、曲轴、凸轮轴、连杆等。大多数轴杆类零件的工作条件为：

①传递扭矩，同时还承受一定的交变、弯曲应力。

②细颈承受较大的摩擦。

③大多承受一定的过载或冲击载荷。

2. 失效形式与性能要求

根据工作特点，轴杆类零件失效的主要形式有疲劳、断裂、磨损、变形。

（1）疲劳。

由交变载荷长期作用造成疲劳断裂，主要是扭转疲劳，也有弯曲疲劳。这是轴杆类零件最主要的失效形式。

（2）断裂。

由于大载荷或冲击载荷的作用，发生折断或扭断。

（3）磨损。

由于润滑剂中的杂质微粒、轴瓦材料选择不当、主轴副装配不良、间隙不均等，均造成轴杆类零件的磨损失效。

（4）变形。

对于在规定弹性变形范围内工作的轴，往往由于刚度不足引起弹性变形失效，由于强度不足而发生塑性变形失效。

根据工作条件的失效形式，可以对轴杆类零件的加工材料提出如下性能要求：

①应具有优良的综合力学性能，即要求有高的强度和韧性，以防变形和断裂。

②应具有高的疲劳强度，防止疲劳断裂。

③应具有良好的耐磨性。

3. 成形工艺的选择

轴类零件一般按强度、刚度计算和结构要求两方面进行设计、选材及热处理。通过强度、刚度计算保证轴的承载能力，防止过量变形和断裂失效。结构要求是保证轴上零件的可靠固定与拆装，并使轴具有合理的结构工艺性及运转的稳定性。

轴类零件的形状、尺寸及受力情况差别很大，汽轮机转子轴的直径可在 1 m 以上，受力很大，如普通机床主轴的直径大多在 100 mm 左右，而钟表轴的直径在 0.5 mm 以下。

因此，轴的选材及热处理也是多种多样的。

制造轴类零件的材料主要是碳素结构钢和合金结构钢。轻载、低速、不重要的轴，可选用 Q235、Q255、Q275 等普通碳钢，这类钢通常不进行热处理。受中等载荷而且精度要求不高的轴类零件，常用优质碳素结构钢，如 35 钢、45 钢、50 钢等，其中 45 钢应用最多。为了改善其力学性能，一般需进行正火和调质处理。为了提高轴表面的耐磨性，还可进行表面淬火及低温回火。对于受较大载荷或要求精度高的轴，以及需在高温、低温等恶劣条件下工作的轴，应选用合金钢，常用的合金钢有 20Cr、40MnB、40Cr、40CrNi、20CrMnTi、12CrNi3、38CrMoAl、9Mn2V、GCr15 等。依据合金钢的种类及轴的性能要求，应采用适当的热处理，如调质、表面淬火、渗碳、氮化等，以充分发挥合金钢的性能潜力。

近年来，球墨铸铁和高强度铸铁已越来越多地作为制造轴的材料，如汽车发动机的曲轴、普通机床的主轴等都可以用铸铁材料制造，其热处理方法主要是退火、正火及表面淬火等。

【例 6.1】 以 CA6140 车床主轴为例进行分析。

CA6140 车床为广泛使用的普通机床，其主轴转速中等，运转平稳，冲击载荷不大，承受中等循环载荷，故主轴具有一般综合力学性能即可。主轴在滚动轴承中转动，主轴上大端的内锥孔和外锥体与顶尖、卡盘经常有相对摩擦，为防止磨损保证精度，要求轴颈和大端的内锥孔、外锥体有较高的耐磨性。综上分析，该主轴的选材、热处理及加工工艺路线如下：

主轴材料：45 钢。

主轴热处理技术条件：整体调质，硬度为 220～250 HBW；内锥孔与外锥体局部淬火，硬度为 45～50 HRC；轴颈部位高频淬火，硬度为 45～50 HRC。

主轴的加工工艺路线：

下料→锻造→正火→粗车加工→调质→半精车加工→内锥孔、外锥体的局部淬火、回火→轴颈高频淬火、回火→磨削。

【例 6.2】 内燃机曲轴的选材和加工工艺分析。

内燃机曲轴是内燃机中形状复杂的轴件之一，它的作用是输出内燃机功率，驱动机械做功，并通过曲柄连杆机构带动活塞上下往复运动，使内燃机连续工作。曲轴是内燃机的关键性零件之一。曲轴的工作条件、失效形式及性能要求如下：曲轴工作时，受到连杆传来的周期性燃气压力、曲柄连杆机构的惯性力、扭转和弯曲应力及冲击力等复杂应力的共同作用，曲轴轴颈除担负很大载荷外，还受到严重的滑动摩擦。曲轴的主要失效形式是磨损和疲劳断裂，表面磨损尤以连杆轴颈最为严重，疲劳断裂多数是弯曲疲劳造成的。由于弯曲应力的作用，在轴颈与曲柄过渡的圆角处及油孔等应力集中处形成疲劳裂纹，然后向曲轴深处扩展造成断裂。此外，还可能由于曲轴刚度不足，而引起扭转振动，影响活塞连杆的正常工作，甚至扭断。

综上分析，曲轴的主要性能要求是：要有优良的综合力学性能，高的疲劳强度和足够的刚度，轴颈表面要有良好的耐磨性。

曲轴用材及热处理：根据内燃机类型、功率、转速和轴承材料等条件进行综合考虑，以便确定曲轴材料及热处理工艺。曲轴根据制造工艺分为锻钢曲轴和铸铁曲轴。

锻钢曲轴的常用材料为中碳钢和合金调质钢,应用最多的是45钢和35CrMo。轻型载重汽车、小型载重汽车、轿车和拖拉机的内燃机曲轴,多采用45钢制造,中速大功率的柴油机曲轴多采用35CrMo钢制造,高速大功率柴油机曲轴可采用42CrMo、50CrMo、40CrNiMo等制造。

锻钢曲轴多采用全纤维模锻件毛坯,保证内部纤维组织连续,受力状态分布合理,以提高曲轴承载能力和使用寿命。中碳钢曲轴通常先正火,硬度为163~229 HBW。粗加工后调质处理(207~269 HBW),然后在轴颈处进行中频淬火、低温回火。合金钢曲轴一般先退火,粗加工后调质处理,再对轴颈进行中频淬火及低温回火。如需更高的耐磨性,可对轴颈进行渗氮处理。

铸造曲轴常用的材料有:球墨铸铁、珠光体可锻铸铁、合金铸铁等。球墨铸铁曲轴的静强度、过载特性、耐磨性和缺口敏感性比45钢锻钢曲轴好,且制造成本低,可以代替部分锻钢曲轴。

6.3.2 盘套类零件

盘套类零件的结构特点是零件长度一般小于直径或两个方向尺寸相差不大的零件,此类零件包括各种齿轮、飞轮、联轴器、盘、轴承环、手轮等。这类零件在机械设备中的使用要求和工作条件不同,其材料选择和成形工艺也有所不同。下面阐述齿轮类零件的成形工艺选择。

1. 齿轮的工作条件

一对齿轮副在运转工作中,因传递动力而使齿根部受到弯曲应力,而齿面的啮合运动使齿面存在相互滚动和滑动摩擦的摩擦力,同时在齿面接触处承受很大交变接触压应力。此外,由于换挡、起动或啮合不均,齿轮常受到一定的冲击载荷、瞬间过载作用。若是开式齿轮,还会受到外来磨粒的摩擦作用。

2. 失效形式与性能要求

齿轮在上述工作条件下,主要的失效形式有轮齿断裂、表面疲劳磨损(点蚀)、齿面磨损和齿面塑性变形。

(1)轮齿断裂。

轮齿断裂中多数为疲劳断裂,主要是由于轮齿根部所受的弯曲应力超过了材料的抗弯强度而引起的。而过载断裂是由于短时过载或冲击过载而引起的,多发生在硬齿面齿轮或韧性不足的材料制造的齿轮中。

(2)表面疲劳磨损(点蚀)。

在交变接触应力作用下,齿面产生微裂纹,微裂纹的扩展引起齿面点状剥落。

(3)齿面磨损。

因齿面接触区的摩擦作用,使齿厚变小。

(4)齿面塑性变形。

齿面塑性变形主要是因为齿轮强度不足和齿面硬度较低,在低速重载、频繁启动和过载的传动齿轮中容易产生。

为保证齿轮的正常运转,防止早期失效,其主要性能要求有:

①具有高的接触疲劳强度，高的表面硬度和耐磨性，防止齿面损伤。

②具有高的抗弯强度，适当的心部强度和韧性，防止疲劳、过载及冲击断裂。

③齿轮材料应具有良好的可加工性能和热处理工艺性能，以获得高的加工精度，提高齿轮抗疲劳能力。

此外，在齿轮副中，因小齿轮的齿根薄，轮齿受载次数多，其硬度应比大齿轮高。一般两齿轮齿面硬度差：软齿面为 30 ~ 50 HBW，硬齿面为 5 HRC 左右。

3. 成形工艺选择

主要根据齿轮的传动方式（开式或闭式）、载荷性质与大小、传动速度和精度要求等工作条件而确定齿轮的成形工艺。齿轮用材绝大多数是钢（锻钢与铸钢），某些开式传动的低速轻载齿轮可用铸铁，特殊情况下还可采用有色金属及工程塑料等。

（1）钢制齿轮。

钢制齿轮毛坯主要通过型材的切削加工和锻造（自由锻或模锻）两种方法获得。由于锻造齿轮毛坯的纤维组织分布合理，综合力学性能好，因此重要用途的齿轮都采用锻造毛坯。钢质齿轮按齿面硬度分为硬齿面齿轮和软齿面齿轮。齿面硬度低于 350 HBW 为软齿面，高于 350 HBW 为硬齿面。

①轻载、低速或中速、冲击载荷小、精度要求较低的一般齿轮，通常选用中碳钢如 Q255、Q275、40、45、50、50Mn 等制造，常用正火或调质等热处理制成软齿面齿轮，正火硬度为 160 ~ 200 HBW，调质硬度一般为 200 ~ 280 HBW，一般不超过 350 HBW。因硬度适中，精切齿廓可在热处理后进行，工艺简单、成本较低，但承载能力不高。主要应用于标准系列减速器齿轮，冶金机械、机床，重型机械中的一些次要齿轮。

②中载、中速、受一定冲击载荷、运动较为平稳的齿轮，选用中碳钢或合金调质钢，如 45、50Mn、40Cr、42SiMn 等。其最终热处理采用高频火及低温回火，齿面硬度可达到 50 ~ 55 HRC，齿心部保持原正火或调质状态，具有较好的韧性。由于感应加热表面淬火的轮齿变形较小，若精度要求不高（如 7 级以下）时，可不必再磨齿。机床中大多数齿轮就是这种类型的齿轮。应当指出，对表面硬化的齿轮，应注意控制硬化层深度及其沿齿廓的合理分布。

③重载、高速或中速，且承受较大冲击载荷的齿轮，选用低碳合金渗钢或碳氮共渗钢，如 20CrMnTi、20MnVB、20CrMo、18Cr2Ni4WA 等。其热处理是渗碳、淬火、低温回火，齿轮表面硬度为 58 ~ 63 HRC。因淬透性较高，齿轮心部可获得较高的强度和韧度。这种齿轮表面耐磨性、抗接触疲劳强度、抗弯强度及心部抗冲击能力都比表面淬火的齿轮高，但热处理变形较大。精度要求较高时，最后要安排磨削。主要适用于汽车、拖拉变速器和后桥中的齿轮。

碳氮共渗工艺与渗碳相比，具有热处理变形小、生产周期短、力学性能好等优点，许多齿轮可用碳氮共渗来代替渗碳工艺。

④精密传动齿轮或磨齿有困难的硬齿面齿轮（如内齿轮），主要要求精度高，热处理变形小，宜采用氮化钢，如 35CrMo、38CrMoAl 等。热处理为调质及氮化处理。氮化后齿面硬度高，通常可达 850 ~ 1 200 HV，热处理变形小，热稳定好，并具有一定的耐蚀性。其缺点是硬化层较薄，不耐冲击，故不适于载荷频繁变化的重载齿轮，而多用于载荷平稳、润

滑良好的精密传动齿轮或磨齿困难的内齿轮。

近年来，由于软氮化和离子氮化工艺的发展，使工艺周期缩短，可选用的钢种增加，氮化齿轮的应用也不断增加。

(2)铸钢齿轮。

某些尺寸较大(如400～600 mm)、形状复杂并承受一定冲击的齿轮，其毛坯用锻造难以成形时，需要进行铸造。常用的碳素铸钢有ZG230-450、ZG270-500、ZG310-570等。载荷较大的齿轮采用合金铸钢，如ZG40Cr、ZG35CrMo、ZG42MnSi等。

铸钢齿轮的热处理，通常是在加工前进行正火或退火处理，以消除铸件内应力，改善组织和性能不均以提高切削性能。一般要求不高，转速较低的铸钢齿轮可以在退火或正火状态下使用，耐磨性要求高的可进行表面淬火。

(3)铸铁齿轮。

一般开式传动齿轮多用灰铸铁制造。灰铸铁组织中的石墨可起润滑作用，故其减摩性较好，不易胶合，可加工性好，成本低。灰铸铁的缺点是抗弯强度低、较脆，不能承受冲击。灰铸铁只适于制造轻载、低速、不受冲击且精度要求不高的齿轮。

常用的灰铸铁牌号有HT200、HT250、HT300等。在闭式齿轮传动中，可用球墨铸铁(如QT600-3、QT450-10、QT400-15等)代替铸钢。

(4)非铁金属材料齿轮。

在仪器、仪表及有腐蚀性介质中工作的轻载齿轮，常选用耐磨、耐蚀的非铁金属来制造，如黄铜、铝青铜、锡青铜、硅青铜等。

(5)工程塑料齿轮。

随着工程塑料力学性能的不断提高，采用尼龙、ABS、聚甲醛等塑料制造的齿轮得到了越来越广泛的应用。塑料齿轮具有摩擦系数小、减振性好、噪声小、质量轻、耐腐蚀等一系列优点，但其弹性模量低，强度、硬度不高，使用温度受到一定限制。因此，塑料齿轮主要用于制造轻载、低速、耐蚀、无润滑和少润滑条件下工作的齿轮，如仪表齿轮、无声齿轮等。

法兰、套环、垫圈等零件根据受力情况、形状、尺寸的不同，可分别采用铸造成形锻造成形或直接用圆钢或钢板下料成形，各种模具毛坯一般采用合金钢通过锻造成形。

6.3.3 机架、箱体类零件

机架、箱体类零件的结构特点是壁厚均匀，有不规则的外形和内腔，结构比较复杂，质量从几千克到数十吨，工作条件相差较大，是机械设备很重要的支撑件，如各类机械的机身、底座、支架、齿轮箱、轴承座、内燃机缸体等。

这类零件常以承压为主，要求有较好的刚度和减振性。有些机身支架同时受压、拉和弯曲应力的联合作用，甚至有冲击载荷。而工作台和导轨等零件则要求有较好的耐磨性，箱体类零件还要求有较大的刚性和较好的密封性。

这类零件大多数都结构复杂，一般多用铸造方法生产，故几乎所有的箱体类零件都是用铸造合金浇注而成的。

一些受力较大和要求高强度、高韧性，甚至在高温下工作的零件，如汽轮机机壳，应选用铸钢件；一些受力不大，且主要承受静力、不受冲击的箱体类零件，可选用灰铸铁；如果该零件服役时与其他零件发生相对运动，其间有摩擦、磨损发生，则应选用珠光体基体的灰铸铁；对于受力不大和要求质量轻、散热较好的箱体，如飞机发动机汽缸体，可选用铸造铝合金；对于受力很小和要求自重轻的零件，可考虑选用工程塑料；对于受力较大，但形状简单的单件、小批量生产的支架类零件，可选择型钢焊接而成。

不论是铸造毛坯还是焊接毛坯，都存在不同程度的内应力，为避免使用过程中因变形而失效，机械加工前应进行去应力退火或时效处理。

参 考 文 献

[1] 沈其文. 材料成形工艺基础[M]. 2 版. 武汉：华中科技大学出版社，2001.
[2] 汤酞则. 材料成型工艺基础[M]. 长沙：中南大学出版社，2003.
[3] 童幸生. 材料成形工艺基础[M]. 2 版. 武汉：华中科技大学出版社，2019.
[4] 刘万辉. 材料成形工艺[M]. 北京：化学工业出版社，2014.
[5] 李弘英，赵成志. 铸造工艺设计[M]. 北京：机械工业出版社，2005.
[6] 叶荣茂. 铸造工艺设计简明手册[M]. 北京：机械工业出版社，1997.
[7] 李传栻. 造型材料新论[M]. 北京：机械工业出版社，1992.
[8] 李远才. 铸造手册. 第 4 卷，造型材料[M]. 4 版. 北京：机械工业出版社，2020.
[9] 苏仕方，中国机械工程学会铸造分会. 铸造手册. 第 5 卷，铸造工艺[M]. 4 版. 北京：机械工业出版社，2021.
[10] 吕志刚. 铸造手册. 第 6 卷，特种铸造[M]. 4 版. 北京：机械工业出版社，2021.
[11] 余欢. 铸造工艺学[M]. 北京：机械工业出版社，2019.
[12] 徐春杰. 砂型铸造工艺及工装课程与生产设计教程[M]. 北京：机械工业出版社，2020.
[13] 陈维平，李元元. 特种铸造[M]. 北京：机械工业出版社，2018.
[14] 陆文华. 铸造合金及其熔炼[M]. 北京：机械工业出版社，2005.
[15] 安勇良，宋良. 特种铸造[M]. 哈尔滨：哈尔滨工业大学出版社，2019.
[16] 陈宗民，于文强. 铸造金属凝固原理[M]. 北京：北京大学出版社，2014.
[17] 宋仁伯. 材料成形工艺学[M]. 北京：冶金工业出版社，2019.
[18] 吴树森，柳玉起. 材料成形原理[M]. 3 版. 北京：机械工业出版社，2017.
[19] 祖方遒. 材料成形基本原理[M]. 3 版. 北京：机械工业出版社，2016.
[20] 卢志文，赵亚忠. 工程材料及成形工艺[M]. 2 版. 北京：机械工业出版社，2019.
[21] 孙玉福，张春香. 金属材料成形工艺及控制[M]. 北京：北京大学出版社，2010.
[22] 王立军，胡满红. 航空工程材料与成形工艺基础[M]. 北京：北京航空航天大学出版社，2010.
[23] 徐萃萍，孙方红，齐秀飞. 材料成型技术基础[M]. 北京：清华大学出版社，2013.
[24] 邓文英. 金属工艺学[M]. 4 版. 北京：高等教育出版社，2000.
[25] 陈继民，曾勇. 3D 打印技术基础[M]. 北京：化学工业出版社，2023.
[26] 邹俭鹏. 粉末冶金材料学[M]. 北京：科学出版社，2017.
[27] 吴玉程. 粉末冶金致密化过程控制与数值模拟[M]. 北京：科学出版社，2022.
[28] 杨慧智. 工程材料及成形工艺基础[M]. 3 版. 北京：机械工业出版社，2006.
[29] 姜焕中. 焊接方法及设备[M]. 北京：机械工业出版社，1981.
[30] 中国机械工程学会锻压学会. 锻压手册. 第 1 卷，锻造[M]. 2 版. 北京：机械工业

出版社，2002.
[31] 中国机械工程学会锻压学会. 锻压手册. 第2卷，冲压[M]. 2版. 北京：机械工业出版社，2002.
[32] 中国机械工程学会焊接学会. 焊接手册. 第1卷,焊接方法及设备[M]. 3版. 北京：机械工业出版社，2016.
[33] 中国机械工程学会焊接学会. 焊接手册. 第3卷,焊接结构[M]. 3版. 北京：机械工业出版社，2015.
[34] 中国机械工程学会焊接学会. 焊接手册. 第2卷,材料的焊接[M]. 4版. 北京:机械工业出版社,2015.
[35] 张广成，史学涛. 塑料成型加工技术[M]. 西安：西北工业大学出版社，2016.
[36] 齐晓杰. 塑料成型工艺与模具设计[M]. 2版. 北京：机械工业出版社，2012.
[37] 方洪渊. 焊接结构学[M]. 2版. 北京：机械工业出版社，2017.
[38] 陈维平，李元元. 特种铸造[M]. 北京：机械工业出版社，2018.
[39] 范春华，赵剑峰，董丽华. 快速成形技术及其应用[M]. 北京：电子工业出版社，2009.
[40] 史玉升，刘锦辉，闫春泽，等. 粉末材料选择性激光快速成形技术及应用[M]. 北京：科学出版社，2012.
[41] 坎贝尔. 先进复合材料的制造工艺[M]. 戴棣，朱月琴,译. 上海：上海交通大学出版社，2016.
[42] 王宗杰. 熔焊方法及设备[M]. 2版. 北京：机械工业出版社，2016.
[43] 占佳凤，邓秋华. 粮油加工装备存在的问题与发展前景论述[J]. 食品安全导刊，2015(3)：45–46.
[44] 杨正中，李育磊. 磨辊材料及成型技术[J]. 面粉通讯，2007，21(6)：15–18.
[45] 谢晓利. 磨辊材料及铸造强化技术的研究进展[J]. 铸造技术，2016，37(3)：452–454.
[46] 邓滏炎，魏佳. 压力设备在食品行业中的应用[J]. 科技创新导报，2015，12(20)：234.
[47] 王翌欢. 机械工业食品装备的设计方案分析[J]. 科技风，2015(7)：16.
[48] 曹润平，王克勇. 不锈钢等离子弧焊焊接技术及其应用[J]. 包头职业技术学院学报，2019，20(1)：4–8.
[49] 管建主. 国内顺丁橡胶生产现状及其发展趋势[J]. 石化技术，2023，30(7)：259–260.
[50] 姚中海，陈小刚，赵峰，等. 国内外小麦制粉三大主机加工制造现状对比分析[J]. 粮食加工，2024，49(6)：58–61.
[51] 童强,佟垚,吴豪,等. 3D打印技术在食品领域中的研究进展[J]. 食品与发酵工业，2025,51(7):1–12.
[52] 丁可盈，金晶，任玉，等. 3D打印技术在食品中的研究进展[J]. 南京农业大学学报，2025，48(1)：70–84.

[53] 李兴军，刘畅，王梦雅. 臭氧在粮食储运行业的应用研究进展[J]. 粮食问题研究，2025(1)：46–52.

[54] 师平，白亚琼. 3D 打印技术在食品加工领域中的应用[J]. 食品工业，2021，42(10)：231–235.

[55] 徐林，曾本忠，王超，等. 我国高性能合成橡胶材料发展现状与展望[J]. 中国工程科学，2020，22(5)：128–136.

[56] 张池，刘文，黄丽容，等. 基于传力特性的内高压成形工艺研究进展[J]. 塑性工程学报，2021，28(4)：1–8.